普通高等院校新工科"人工智能+"系列教材

大学计算机基础与计算思维

主　编　王巧玲　郭　丹

副主编　赵　博　史迎馨

参　编　王　成　刘　滢　赵颖群

科学出版社

北　京

内 容 简 介

本书是学习计算机基础理论知识，掌握计算机基础应用技能的实用教材。全书共分 8 章，包括计算机基础知识与计算思维、计算机资源管理、计算机网络与信息安全、多媒体技术、程序设计与算法、文字处理软件 Word 2016、电子表格软件 Excel 2016、演示文稿软件 PowerPoint 2016。本书集知识性与应用性于一体，内容通俗易懂、实用性强，重点章节的重点知识配有相应的视频，学生能够边看边学。本书可与《大学计算机基础与计算思维习题与实验指导》（赵颖群、王巧玲主编，科学出版社出版）配套使用。

本书既可作为普通高等学校非计算机专业计算机基础相关课程的教材，也可作为计算机爱好者入门学习的参考书。

图书在版编目（CIP）数据

大学计算机基础与计算思维/王巧玲，郭丹主编. —北京：科学出版社，2023.8

ISBN 978-7-03-075519-3

Ⅰ. ①大… Ⅱ. ①王… ②郭… Ⅲ. ①电子计算机-高等学校-教材② 计算方法-思维方法-高等学校-教材 Ⅳ. ①TP3②O241

中国国家版本馆 CIP 数据核字（2023）第 081572 号

责任编辑：杨 昕 戴 薇 / 责任校对：王万红
责任印制：吕春珉 / 封面设计：东方人华平面设计部

科 学 出 版 社 出版
北京东黄城根北街 16 号
邮政编码：100717
http://www.sciencep.com
三河市良远印务有限公司印刷
科学出版社发行 各地新华书店经销
*

2023 年 8 月第 一 版 开本：787×1092 1/16
2023 年 8 月第一次印刷 印张：16 1/2
字数：389 000
定价：55.00 元
（如有印装质量问题，我社负责调换〈良远〉）
销售部电话 010-62136230 编辑部电话 010-62138978-2032

前　　言

根据教育部高等学校计算机科学与技术教学指导委员会发布的《关于进一步加强高等学校计算机基础教学的意见暨计算机基础课程教学基本要求（试行）》和《高等学校非计算机专业计算机基础课程教学基本要求》，结合《中国高等院校计算机基础教育课程体系》报告，以及党的二十大报告关于办好人民满意的教育，全面贯彻党的教育方针，落实立德树人根本任务，培养德智体美劳全面发展的社会主义建设者和接班人的重要论述，本书编者对计算机基础课程进行了深入的教学改革，课程内容不断推陈出新，教学形式和方法更加多元，书中教学案例的选配与配套实验指导书中实验内容的设计都体现了上述特点。

本书的编写在注重基础理论的同时，着重突出对学生应用能力的培养，使其能在各自的专业领域运用计算思维的理念解决问题。本书针对不同专业、不同层次学生的需要，增加了多媒体技术基础、程序设计基础等方面的内容，以满足分类教学的需要。教师可以有选择地针对不同大类（理工类、文史类、艺术类）的学生进行不同侧重点讲解。理工类对应程序设计与算法部分，文史类对应办公信息处理部分，艺术类对应多媒体技术基础部分。

本书共 8 章，主要内容如下。

第 1 章　计算机基础知识与计算思维：主要介绍计算机的发展、分类、特点、应用领域，计算机系统的基本组成、计算机的基本工作原理、计算机信息处理过程、计算思维主要内容、计算思维基本特征等。

第 2 章　计算机资源管理：主要内容包括操作系统概念、操作系统功能、Windows 10 操作系统、Windows 10 的主要功能、Windows 10 的系统设置。

第 3 章　计算机网络与信息安全：主要内容包括计算机网络基础知识、Internet 基础、Internet 信息服务、网络安全、计算机病毒等。

第 4 章　多媒体技术：主要内容包括多媒体技术概述、多媒体软硬件组成、多媒体技术的应用、多媒体关键技术，以及音频信息处理、图形图像处理、视频信息处理等常用多媒体编辑软件。

第 5 章　程序设计与算法：主要内容包括程序设计基础知识、算法与数据结构等。

第 6 章　文字处理软件 Word 2016：主要内容包括 Word 2016 的基本操作、基本排版知识、表格制作、图文混排等。

第 7 章　电子表格软件 Excel 2016：主要内容包括 Excel 2016 的基本操作、公式和常用函数的使用、工作表数据管理、图表的使用，以及工作表的打印等。

第 8 章　演示文稿软件 PowerPoint 2016：主要内容包括演示文稿的基本操作与文本编辑，演示文稿的动画及多媒体效果设计等。

本书还提供微课视频、案例教学、演示文稿，注重实用性和可操作性。

本书适合 36～60 学时（包括上机学时）的教学需要，在内容编写上既考虑计算机学科发展快、更新快的特点，力求反映新内容，又兼顾其现实可行性。

本书编者都是工作多年的一线教师，具有丰富的教学经验，在案例选取上注重从学习和工作的需要出发，文字叙述深入浅出，通俗易懂。

由于编者水平有限，书中不足之处在所难免，恳请同行和广大读者提出宝贵意见。

目　录

第1章

计算机基础知识与计算思维

计算机是 20 世纪人类科学技术的伟大成就之一，其应用已渗透到社会生活的各个领域，有力地推动了整个信息化社会的发展，成为现代人类不可缺少的工具。熟练使用计算机已成为每个现代人必备的基本技能之一。本章主要介绍计算机的基础知识与计算思维的相关知识，包括计算机的发展历程、分类和特点，计算机系统的组成，计算机信息处理过程，计算思维概述等。

1.1 计算机概述

计算机能够自动、高速、精确地对信息进行获取、表示、存储、传输和处理。

1.1.1 计算机的诞生发展历程

人类使用计算工具可以追溯到数千年前。在漫长的人类文明史上，为了提高计算速度，人类不断发明和改进各种计算工具，如我国的算盘，欧洲的加法计算器、分析机等。到了 20 世纪 40 年代，原有的计算工具已经无法满足科学技术发展的需求，人们对计算量、计算精度、计算速度的要求不断提高，同时，计算理论、电子学及自动控制技术等飞速发展，这些都为计算机的出现提供了可能。

世界上第一台通用计算机于 1946 年 2 月在美国宾夕法尼亚大学诞生，它的全称为电子数字积分计算机（electronic numerical integrator and calculator，ENIAC）（图 1-1）。该机器使用了 18000 多只电子管，约 1500 个继电器，重达约 30 吨，占地面积约为 170m^2，耗电功率约 150kW，每秒计算 5000 次加法或 400 次乘法。虽然它的功能还比不上今天最普通的一台计算机，但是在当时运算速度是最快的，并且运算的精确度和准确度也是史无前例的。ENIAC 的研制奠定了计算机发展的基础，开辟了计算机科学技术的新纪元。1952 年，华罗庚与清华大学闵乃大、夏培肃、王传英组建了我国第一个计算机科研小组。自此，中国计算机科学开始萌芽。我国计算机科学早期的发展地点经历了从清华大学电机系、中国科学院数学研究所到中国科学院近代物理研究所的转移。在《十二年科学技术发展远景规划》制定后，我国计算机科学开始蓬勃发展。

1. 发展历程

在过去的 70 多年中，计算机技术飞速发展。根据计算机采用的电子元器件的不同，计算机的发展可分为以下 4 代（表 1-1）。

1）第一代计算机

第一代计算机（1946~1958 年）采用电子管作为基本电子元器件，其使用的主存储器主要有水银延迟线、静电存储器、磁鼓等。在第一代计算机中，几乎没有软件配置，仅使用机器语言或汇编语言来编写程序。这一代计算机体积巨大、耗电量大、运算速度低、存储容量小、价格高昂，应用也仅限于科学计算和军事领域。

图 1-1   ENIAC

表 1-1   计算机发展历程

发展历程	起止年份	主要元器件	外存储器	处理速度 （指令数/s）	特点与应用领域
第一代	1946～1958 年	电子管	纸带、卡片、磁带和磁鼓	几千至几万	计算机发展的初级阶段，体积巨大，耗电量大，运算速度低，存储容量小，价格昂贵，主要用来进行科学计算和军事领域
第二代	1959～1964 年	晶体管	磁盘、磁带	几十万	体积减小，耗电量较少，运算速度较高，价格下降，不仅用于科学技术，还用于数据处理和事务管理，并逐渐用于工业控制
第三代	1965～1970 年	中小规模集成电路	磁盘、磁带	几百万	体积、功耗进一步减小，可靠性及速度进一步提高，应用领域进一步拓展到文字处理、企业管理、自动控制和城市交通管理等方面
第四代	1971 年至今	大规模和超大规模集成电路	磁盘、光盘、大容量存储器	上亿	性能大幅提高，价格大幅下降，广泛用于社会生活的各个领域，逐步进入办公室和家庭

2）第二代计算机

第二代计算机（1959～1964 年）采用晶体管作为基本电子元器件，主存储器呈现重大变革，使用的磁芯存储器技术彻底改变了继电器的工作方式，也大幅缩小了存储器的体积。外存储器有了磁盘、磁带，外部设备（简称外设）种类也有所增加。软件方面开始出现操作系统，一些高级程序设计语言也相继问世。与第一代计算机相比，第二代计算机体积小、成本低、功能强、可靠性高，应用领域从科学计算扩展到事务处理。

3）第三代计算机

第三代计算机（1965～1970 年）采用中小规模集成电路作为基本电子元器件，半导体存储器取代了磁芯存储器的主存储器地位。同时，计算机软件技术也有了较大的发展，出现了很多高级程序设计语言。这一代计算机的体积和耗电量越来越小，速度越来越快，价格越来越低，并且朝着标准化、多样化、通用化方向发展，开始广泛应用于各个领域。

4）第四代计算机

第四代计算机（1971 年至今）采用大规模和超大规模集成电路作为主要功能部件，主存储器使用了集成度更高的半导体存储器，外存储器采用大容量的软、硬磁盘，并开始引入光盘，外设出现了扫描仪、激光打印机和各种绘图仪等。计算机软件更加丰富，出现了网络操作系统、分布式操作系统及各种实用软件。这一代计算机的运算速度高达几亿次/秒，甚至数百万亿次/秒，成为人类社会生活中的必备工具。

2. 未来计算机的发展趋势

新一代计算机系统（future generation computer system，FGCS）也称未来计算机，具有智能特性、知识表达和推理能力，能模拟人的分析、决策、计划和其他智能活动。目前，研制新一代计算机系统可能用到的技术至少有 4 种：纳米技术、光技术、生物技术和量子技术。

1）能识别自然语言的计算机

未来的计算机将在模式识别、语言处理、句式分析和语义分析的综合处理能力上获得重大突破。它可以识别孤立单词、连续单词、连续语言，以及特定或非特定对象的自然语言（包括口语）等。

2）超导计算机

高速超导计算机的耗电仅为半导体器件计算机的几千分之一，执行一条指令只需十亿分之一秒，运算速度是半导体器件计算机的几十倍。以目前的技术制造的超导计算机的集成电路芯片尺寸只有 3～5mm^2。

3）激光计算机

激光计算机是利用激光作为载体进行信息处理的计算机，又称光脑，运算速度是普通电子计算机的上千倍。它依靠激光束进入由反射镜和透镜组成的阵列中对信息进行处理。与电子计算机相似之处是，激光计算机也靠一系列逻辑操作来处理和解决问题。光束在一般条件下的互不干扰特性，使得激光计算机能够在极小的空间内开辟很多平行的信息通道，密度大得惊人。一块截面面积等于 5 分硬币大小的棱镜，其通过能力超过全球现有全部电缆的许多倍。

4）分子计算机

分子计算机的运算速度是目前计算机的 1000 亿倍，最终将取代硅芯片计算机。

5）量子计算机

量子计算机利用原子的多重自旋进行信息处理。量子计算机可以在量子位上计算，即可以在 “0” 和 “1” 之间计算。理论上，量子计算机的性能能够超过任何可以想象的标准计算机。

6）DNA 计算机

科学家研究发现，脱氧核糖核酸（deoxyribonucleic acid，DNA）有一种特性，能够携带生物体的大量基因物质。数学家、生物学家、化学家及计算机专家从中得到启迪，正在合作研究制造未来的液体 DNA 计算机。这种 DNA 计算机的工作原理是以瞬间发生的化学反应为基础，通过与酶的相互作用，将发生过程进行分子编码，把二进制数翻译成遗传密码的片段，每一个片段就是著名的双螺旋的一个链，然后对问题以新的 DNA 编码形式加以解答。

7）神经元计算机

人类神经网络的强大与神奇是众所周知的。将来，人们将制造能够完成类似人脑功能的计算机系统，即人工神经元网络。神经元计算机最有前景的应用领域是国防：它可以识别物体和目标，处理复杂的雷达信号，决定要击毁的目标。

8）生物计算机

生物计算机主要是以生物电子元器件构建的计算机。它利用蛋白质的开关特性，用蛋白质分子作为元件制作生物芯片，其性能由元器件与元器件之间电流启闭的开关速度所决定。用蛋白质制作的计算机芯片，一个存储点只有 1 个分子大小，所以它的存储容量可以达到普通计算机的十亿倍。由蛋白质构成的集成电路，其大小只相当于硅片集成电路的十万分之一，而且运行速度更快，运算一次只需 10^{-11} 秒，大大超过人脑的思维速度。

1.1.2 计算机的分类及其特点

根据计算机的用途及其使用范围，可以将计算机分为通用计算机和专用计算机两类。通用计算机通用性强，具有很强的综合处理能力，能解决多种类型的问题，应用领域广泛；专用计算机功能比较单一，用于解决某个特定方面的问题，如工业控制机、卫星图像处理用的大型并行处理机等。

根据计算机处理对象的不同，可以将计算机分为数字计算机、模拟计算机和数字模拟混合计算机 3 类。数字计算机的输入输出都是离散的数字量；模拟计算机直接处理连续的模拟量，如电压、温度等；数字模拟混合计算机的输入输出既可以是数字量，也可以是模拟量。

根据计算机的运算速度、存储容量、软件配置等多方面的综合性能指标，可以将计算机分为巨型机、大型机、小型机、微型机、工作站和服务器。

1. 巨型机

巨型机也称为超级计算机，是目前处理速度最快、处理能力最强的计算机，主要用来承担重大的科学研究、国防尖端技术和大型计算课题的计算，以及数据处理任务等。近年来，我国巨型机的研发取得了重大的进展，推出了"曙光""银河""联想"等代表国内较高水平的巨型机系统，并应用于国民经济的关键领域。

2010 年，我国发布的天河一号 A 千万亿次超级计算机采用先进的中央处理器（central processing unit，CPU）+图形处理单元（graphics processing unit，GPU）异构混合加速体系架构，以 2.56 PFLOPS 的 LINPACK 性能夺取了 2010 年 11 月世界超级计算机 TOP500 排行榜的第一名。

2013 年，我国的高性能计算机科研工作者再接再厉，刻苦攻关，勇攀高峰，于 2013 年 6 月凭借由国防科技大学研制的天河二号超级计算机，再次夺取世界超级计算机 TOP500 排行榜第一名。

2016 年，我国超级计算系统不仅连续 8 次夺取世界超级计算机 TOP500 排行榜第一名，连续两次夺取 TOP500 数量冠军，更是在 SC2016 大会上首次获得戈登贝尔奖。同年，中国科学技术大学由安虹教授带领的大学生团队代表我国一举夺取了世界大学生集群大赛的 LINPACK 单项冠军和总冠军。

2018 年 11 月公布的世界超级计算机 TOP500 榜单中，我国以 227 台数量远超第二名美国的 109 台。2019 年 11 月公布的世界超级计算机 TOP500 排行榜中，我国以 228 台数量远超第二名美国的 117 台。2020 年 11 月公布的世界超级计算机 TOP500 排行榜中，我国继续以 213 台数量远超第二名美国的 113 台。

这充分说明了我国超级计算机发展已经牢牢占据世界领先地位。超级计算机作为计算科学的必备基础设施，已经成为国家之间的战略必争点和创新转型的利器，以超级计算机系统为核心的算力经济时代已经到来。

2. 大型机

大型机的规模比巨型机小，但通用性较强，具有较快的处理速度和较强的处理能力。大型机一般作为大型客户机/服务器（client-server，C/S）系统的服务器或终端/主机系统的主机。大型机主要用来处理日常大量繁忙的业务，多应用于一些规模较大的银行、公司、研究所等的信息系统中。

3. 小型机

小型机的规模较小、结构简单、操作方便、成本较低，应用领域广泛，既可用于工业自动控制、大型分析仪器，也可用于医疗设备中的数据采集、分析计算等，还可作为巨型机和大型机的辅助机，用于企业管理及研究所的科学计算等。

4. 微型机

微型机又称个人计算机（personal computer，PC），简称微机，通称计算机，俗称电脑。微机体积小、价格低、功能全、操作方便，其应用已经遍及社会的各个领域，也是近年来各类计算机中发展较快的。

微机的种类很多，主要分为 4 类：台式计算机（desktop computer）、笔记本（notebook）式计算机、掌上电脑（personal digital assistant，PDA）和平板电脑。

5. 工作站

工作站是一种介于微机与小型机之间的高档微机系统，是专门用来处理某类特殊事务的一种独立的计算机类型。工作站的特点是易于联网，内存储器容量较大，具有较强的网络通信功能，多用于计算机辅助设计（computer aided design，CAD）、图像处理、三维动画等领域。

6. 服务器

服务器是一种在网络环境中为多个用户提供服务的共享设备。根据所提供的服务，服务器可分为文件服务器、通信服务器、打印服务器等。

1.1.3　计算机的应用领域

自第一台计算机诞生以来，人们一直在探索计算机的应用模式，尝试利用计算机去解决各领域中的问题，电子计算机以其卓越和旺盛的生命力，在科学技术、国民经济及生产生活等各个方面都得到了广泛的应用。从航天飞行到交通通信，从产品设计到生产过程控制，从天气预报到地质勘探，从图书馆管理到资料的收集检索等，计算机都发挥着其他任何工具都不可替代的作用。根据计算机的应用特点，其用途可以归纳为科学计算、信息处理、过程控制、计算机辅助系统、多媒体技术、电子商务、网络教育、人工智能和虚拟现实等几大类。

1. 科学计算

科学计算也称数值计算，即应用计算机来解决科学研究和工程设计等方面的数学计算问题，是计算机应用最早的领域。例如，在气象预报、天文研究、水利设计、原子结构分析、生物分子结构分析、人造卫星轨迹计算、宇宙飞船的研制等许多领域，计算机的应用大幅节约了人力、物力和时间。

2. 信息处理

信息处理主要是指非数值形式的数据处理，包括对数据资料的收集、存储、加工、分类、排序、检索和发布等一系列工作。据统计，目前全球 80%的计算机用于信息处理，涉及办公自动化（office automation，OA）、企业管理、情报检索、报刊编辑，以及金融、财务会计、经营、教育、科研、医疗、人事、档案和物资管理等领域。

3. 过程控制

过程控制也称实时控制，即利用计算机对动态过程进行控制、指挥和协调。这一过程利用计算机收集被控对象运行状态数据，再通过计算机的分析处理后，按照某种最佳的控制规律发出控制信号，以控制过程的进展。过程控制对计算机速度的要求不高，但要求高可靠、响应及时。应用计算机进行实时控制可以克服许多非人力能胜任的高温、高压、高速的工艺要求，大幅提高了生产自动化水平，确保安全、节能降耗、提高劳动效率与产品质量。过程控制在工业和军事领域的应用较多，如冶金、炼钢、炼油、电力、化工、导弹自动瞄准系统、飞行控制调动等。

4. 计算机辅助系统

计算机辅助系统包括计算机辅助设计、计算机辅助制造（computer aided manufacturing，CAM）、计算机辅助教学（computer aided instruction，CAI）等。计算机辅助设计是指利用计算机进行产品设计；计算机辅助制造是指利用计算机进行生产设备的管理、控制和操作；计算机辅助教学是指将计算机所具有的功能用于教学的一种教学形态，利用计算机的交互性传递教学过程的教学信息，以实现教学，完成教学任务。

5. 多媒体技术

多媒体技术是一种以计算机技术为核心，融合现代声像技术和通信技术，将数字、文字、声音、图形、图像和动画等多种媒体有机组合起来，利用计算机、通信和广播电视技术，使它们建立起逻辑联系，并能进行加工处理（包括对这些媒体的输入、压缩和解压缩、存储、显示和传输等）的技术。目前，多媒体计算机技术的应用领域正在不断拓宽，除教育培训、商业服务、电子出版物、家庭事务管理、休闲娱乐外，在远程医疗、视频会议中也得到了极大的推广。

6. 电子商务

电子商务是指在 Internet 开放的网络环境下，为电子商户提供服务，实现消费者的网上购物、商户之间的网上交易和在线电子支付的一种新型商业运营模式，其主要内容分为 3 个方面，即信息服务、交易和支付。网上购物可以让人们足不出户，看遍世界。网上的搜索功能可以方便地让顾客货比多家。电子商务是网络技术应用的全新发展方向，具有开放性、全球性、低成本及高效率的特点。它不仅会改变企业本身的生产、经营及管理活动，以及人们的生活方式，而且将影响整个社会的经济运行结构。

7. 网络教育

网络教育（electronic learning，E-Learning）是伴随计算机网络技术和多媒体技术等新技术的发展而产生的一种新型教育形式。它主要借助互联网（internet）进行不受时间、空间限制的学习与教学活动，充分利用了现代信息技术所提供的、具有全新沟通机制与丰富资源的学习环境，成为一种全新的学习方式。E-Learning 的便捷和高效使它成为各类培训、远程教育、个性化学习的重要途径，改变了传统的教育观念和教学结构。

8. 人工智能

人工智能（artificial intelligence，AI）是指利用计算机模仿人类的智力活动，研究人类智能活动的规律，构造具有一定智能的人工系统，研究如何让计算机完成以往需要人的智力才能胜任的工作，也就是研究如何应用计算机的软硬件来模拟人类某些智能行为的基本理论、方法和技术。它是控制论、计算机科学、仿真技术、心理学等多学科结合的产物，其主要任务是建立智能信息处理理论，进而设计出可以展现某些近似于人类智能行为的计算系统。人工智能的研究和应用领域包括知识工程、机器学习、模式识别、自然语言的理解与生成、智能机器人、神经网络计算等。近年来，人工智能的研究和应用出现了许多新的领域，如分布式人工智能与智能体（agent）、计算智能与进化计算、数据挖掘与知识发现等。

9. 虚拟现实

虚拟现实（virtual reality，VR）是近年来出现的高新技术，该技术利用计算机模拟产生一个三维空间的虚拟世界，对视觉、听觉、触觉等感官进行模拟，让使用者身临其境，可以及时、没有限制地观察三维空间内的事物。该技术集成了计算机图形技术、计算机仿真技术、人工智能技术、传感技术、显示技术、网络并行处理技术等最新发展成果，是一种由计算机技术辅助生成的高技术模拟系统，已应用于城市规划、工业仿真、军事模拟、室内设计、房地产销售及教育教学等多个领域。

1.2　计算机系统组成

随着计算机技术的发展，计算机应用已渗透到人们工作和生活的方方面面。为了更好地使用计算机，必须了解计算机系统的组成、工作原理等基础知识。

1.2.1　计算机系统的基本组成

尽管计算机经历了多次更新换代，但到目前为止，计算机的整体结构始终围绕冯·诺依曼思想展开，其内容具体如下。

（1）采用二进制数表示程序和数据。

（2）能存储程序和数据，并由程序控制计算机的执行。

（3）具备运算器、控制器、存储器、输入设备和输出设备五大基本组成部分。计算机的基本结构如图1-2所示。

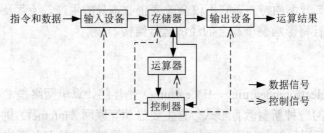

图1-2 计算机的基本结构

无论是哪种类型的计算机，一个完整的计算机系统都是由硬件系统和软件系统两部分组成的，如图1-3所示。

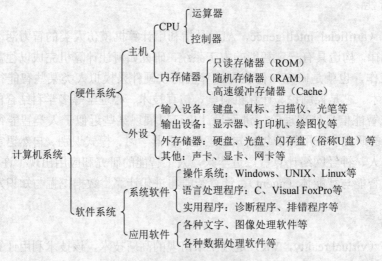

图1-3 计算机系统的组成

硬件系统是组成计算机系统的各种物理设备的总称，是计算机系统的物质基础，主要包括主机和外围设备（简称外设）两部分。软件系统是为运行、管理和维护计算机而编制的各种程序、数据和文档的总称。通常把不安装任何软件的计算机称为"裸机"，没有软件系统的计算机几乎是没有用处的。只有硬件和软件相互依存、相互影响，才能构成一个可用的计算机系统。下面以微机为例来说明硬件系统和软件系统的具体构成。

1.2.2 计算机硬件结构

在冯·诺依曼提出的计算机模型中，运算器、控制器、存储器、输入设备及输出设备是计算机硬件系统的基本构成部件。

1. 运算器

运算器又称算术逻辑单元（arithmetic and logic unit，ALU），主要功能是进行算术运算和逻辑运算。在计算机中，算术运算是指加、减、乘、除等基本运算；逻辑运算是指逻辑判断、关系比较及其他的基本逻辑运算，如非、与、或、异或等。

运算器中的数据取自内存储器，运算的结果又送回内存储器。运算器对内存储器的读写操作是在控制器的控制下进行的。

2. 控制器

控制器是计算机系统的重要部件，是计算机的神经枢纽和指挥中心，只有在它的控制下，计算机才能有条不紊地工作，自动执行程序。控制器主要由指令寄存器、译码器、程序计数器和操作控制器等组成。它的功能是依次从存储器中取出指令、翻译指令、分析指令，然后向其他部件发出控制信号，从而指挥和控制各个部件协同工作。

运算器和控制器合在一起称为 CPU（图 1-4），又称微处理器。它是一块半导体芯片。在过去几十年的发展中，CPU 的技术水平飞速提高，功能越来越强，运算速度越来越快，内部结构也越来越复杂。CPU 的生产厂商主要有英特尔（Intel）和超微半导体公司（advanced micro devices，Inc.，AMD），其中，Intel 产品先后有 8080、8085、8088、80286、80386、80486、Pentium（奔腾）系列、Itanium（安腾）系列、Core（酷睿）系列等。

图 1-4　CPU

3. 存储器

存储器的主要功能是存放程序和数据。用户可以从存储器中取出信息，不破坏原有的内容，这种操作称为存储器的读操作；也可以把信息写入存储器，原来的内容被覆盖，这种操作称为存储器的写操作。

存储器通常分为内存储器和外存储器，能够直接与 CPU 进行数据交换的存储器为内存储器，与 CPU 间接交换数据的存储器为外存储器。

1）内存储器

内存储器简称内存，又称主存，是计算机信息交流的中心，负责与各个部件进行数据交换。因此，内存储器的存取速度直接影响整个计算机的运算速度。内存储器分为随机存储器（random access memory，RAM）、只读存储器（read only memory，ROM）和高速缓冲存储器（cache）。

（1）RAM 通常是指计算机的内存储器，CPU 可直接读写其数据，一般用来存放正在运行的程序和数据，一旦关闭计算机（断电），RAM 中的信息将全部丢失。RAM 又分为静态随机存储器（static random access memory，SRAM）和动态随机存储器（dynamic random access memory，DRAM）。SRAM 存储单元的电路工作状态稳定，速度快，不需要刷新，只要不断电，数据就不会丢失。DRAM 中存储的数据以电荷形式保存在集成电路的小电容器中，由于电容器漏电，数据容易丢失，因此必须对 DRAM 进行定时刷新。现在计算机内存储器均采用 DRAM，通常安装在主板上，故又称为内存条，如图 1-5 所示。

图 1-5　内存条

（2）ROM，CPU 只能对其读取而不能写入数据。ROM 中存放的信息一般由计算机制造商写入并经固化处理，用户是无法修改的。断电后，ROM 中的信息保持不变，因此，ROM 常用来存放一些计算机硬件工作所需要的固定的程序或信息。

（3）cache 是介于 CPU 和内存储器之间的一种可高速存取信息的芯片。它能够提高运算速度，缓解高速 CPU 与低速内存储器的速度匹配问题。CPU 要访问内存储器中的数据，需要先在 cache 中查找，当 cache 中有 CPU 所需数据时，CPU 直接从 cache 中读取；如果没有，就从内存储器中读取数据，并把与该数据相关的部分内容复制到 cache，为下一次访问做好准备。

2）外存储器

外存储器设置在主机外部，简称外存，又称辅存，用来存放大量需要长期保存的程序和数据。计算机若要运行存储在外存储器中的某个程序，必须将它调入内存储器中才能执行。

外存储器主要包括硬盘、光盘、闪存盘等。

图 1-6　硬盘

（1）硬盘（图 1-6）的特点是存储容量大、数据存取方便、价格便宜，目前已成为保存用户数据的重要外部存储设备。硬盘由涂有磁性材料的铝合金或玻璃制成的盘片组成，每个盘片有两个盘面，每个盘面划分成若干同心圆，各个盘面上相同大小的同心圆称为一个柱面，每个同心圆称为一个磁道，磁道又等分成若干段，每段称为一个扇区。硬盘的盘面上各有一个读/写磁头，磁头用来存取信息。

（2）光盘的特点是记录数据密度高、存储容量大、数据保存时间长，但存取速度要低于硬盘。光盘通过光学方式读取信息，用激光束照射盘片并产生反射，然后根据反射的强度来判定数据。光盘的类型有很多，主要包括 CD（compact disk）、DVD（digital versatile disk）等。CD 是高密度盘，DVD 是数字多用途光盘，存储容量比 CD 大。CD-ROM 和 DVD-ROM 是只读型光盘，CD-R 和 DVD-R 是一次性刻录光盘，CD-RW 和 DVD-RW 是可擦写光盘。CD 和 DVD 都通过光盘驱动器（简称光驱）读取数据，如图 1-7 所示。

图 1-7　光盘和光驱

刻录机是一种类似光盘驱动器的设备，主要用于存储和备份数据。普通的光盘驱动器不具备写入功能，只有刻录机才能完成此工作。使用刻录机刻录时，必须使用空白的 CD-R 或 CD-RW，如果使用的是 CD-ROM 或者已经刻满了数据的 CD-R，则无法再写入数据。

图 1-8　闪存盘

（3）闪存盘（图 1-8）又称 U 盘，是一种采用闪存（flash memory）芯片作为存储介质，通过通用串行总线（universal serial bus，USB）接口与计算机交换数据的可移动存储设备。它具有即插即用的功能，在读写、复制、删除数据等操作上非常方便，同时具有外观小巧、携带方便、抗振等优点。

（4）移动硬盘由台式计算机或笔记本式计算机的硬盘改装而成，采用 USB 接口。这类外存储器有较高的性价比，且容量大、成本低、速度快。

3）内存储器与外存储器的区别

内存储器与外存储器有许多不同之处：一是外存储器磁盘上的信息可以永久保存；二是外存储器的容量内存储器大得多；三是外存储器的存取速度慢，而内存储器的存取速度快。

4）存储器术语

（1）地址（address）。存储器由许多存储单元构成，所有的存储单元都按顺序编号，并且编号是唯一的，这些编号称为地址，与宾馆中每个房间必须有唯一的房间号一样。

（2）位（bit）。在存储器中，每个存储单元只能存放一位二进制数据，可以是"0"也可以是"1"。位是存储容量中的最小单位。

（3）字节（byte）。8 个二进制位为 1 字节（B）。为了便于衡量存储器容量的大小，统一用 B 为单位，因此，B 是存储容量中最基本的单位。另外，容量还可以用 KB、MB、GB、TB、PB 来表示，它们之间的关系是 1KB=1024B，1MB=1024KB，1GB=1024MB，1TB=1024GB，1PB=1024TB，其中 $1024=2^{10}$。例如，现在硬盘的容量有 500GB、2TB 等。

（4）字长。CPU 在单位时间内能一次处理的二进制数的位数称为字长。字长越长，计算机运算速度越快，执行的指令数就越多，功能也就越强。按字长可以将计算机划分为 8 位机、16 位机、32 位机和 64 位机。

（5）存取周期。存储器进行一次"读"或"写"操作所需的时间称为存储器的访问时间（或读写时间），而连续启动两次独立的"读"或"写"操作所需的最短时间，称为存取周期。存取周期反映了内存储器的存取速度，通常为几十纳秒（ns）到几百纳秒（$1ns=10^{-9}s$）。

4. 输入设备

输入设备是外界向计算机传送信息的装置，用来接收用户输入的原始数据和程序，并将它们转换成计算机可以识别的形式（二进制代码）存入内存储器中。在计算机中，常用的输入设备有键盘、鼠标和扫描仪等。

1）键盘

键盘是输入数据的主要设备，用户可以通过键盘向计算机输入各种指令、数据，从而指挥计算机工作。键盘有机械式和电容式、有线和无线之分。

机械式键盘采用类似金属接触式开关的方式使触点导通或断开，具有工艺简单、维修方便、噪声大、易磨损的特点。这类键盘在长时间使用后会频繁出现故障，现在已基本被淘汰。电容式键盘采用按键改变电极间的距离使电容量变化的方式，形成允许通过的振荡脉冲。这类键盘具有磨损率极小、噪声小、手感好的特点，一直沿用到现在。

键盘有多种规格，目前普遍使用的是 104 键键盘，如图 1-9 所示。主键区是键盘的主要使用区，包含了所有的数字键、英文字母及标点符号等。小键盘区又称数字键区，财会、统计、金融等专业人员在此可以方便地输入数字，从而提高工作效率。控制键区用于移动光标、进行插入（改写）、删除、翻页等编辑操作。功能键区包括 Esc 键和 F1～F12 12 个功能键，Esc 键的功能为退出，其他 12 个功能键的功能可以由软件进行定义，以方便操作。

图 1-9　104 键键盘

2）鼠标

鼠标也是一种常用的输入设备，广泛应用于图形用户界面环境。它将频繁的击键动作转换成简单的移动、单击、双击。鼠标有机械式和光电式、有线和无线之分；根据按键数目，鼠标还可分为单键鼠标、两键鼠标、三键鼠标及滚轮鼠标。日常常见的鼠标如图 1-10 所示。

图 1-10　鼠标

3）扫描仪

扫描仪是一种光机电一体化的输入设备，可以将图形和文字转换成可由计算机处理的数字数据。照片、文本页面、图样、美术图画、照相机底片，甚至纺织品、标牌面板、印制板样品等三维对象都可作为扫描对象，扫描仪可将原始的线条、图形、文字、照片、平面实物转换成可以编辑的对象并加入文件中。

扫描仪有滚筒式扫描仪和平面扫描仪，近几年又出现了笔式扫描仪、便携式扫描仪。日常常见的扫描仪如图 1-11 所示，其主要技术指标有分辨率、灰度级、色彩级、扫描幅面和扫描速度。

另外，输入设备还有光笔、传声器、数码设备等。

图 1-11　扫描仪

5. 输出设备

输出设备用于将存放在内存储器中的计算机处理结果转换为人们所能接受的形式。常用的输出设备有显示器、打印机、绘图仪等。

1）显示器

显示器是计算机最常用也是最主要的输出设备，能以数字、字符、图形和图像等形式显示运行结果或信息的编辑状态。计算机使用的显示器主要有两类：阴极射线管（cathode ray tube，CRT）显示器和液晶显示器（liquid crystal display，LCD），如图 1-12 所示。

CRT 显示器工作时，电子枪发出电子束轰击屏幕上的某一点，使该点发光，每个点由红、绿、蓝三基色组成，通过对轰击强度的控制即可合成各种不同的颜色。电子束从左到右、从上到下，逐点轰击，就可以在屏幕上形成图像。CRT 显示器价格低，使用寿命长，但不便于移动办公，主要用于台式机，目前已基本淘汰。

图 1-12　显示器

LCD 工作时，利用的是液晶材料的物理特征，通电时，液晶中的分子排列有序，使光线通过；不通电时，液晶中的分子排列混乱，阻止光线通过。根据光线的强弱，就能在屏幕上显示图像。LCD 具有轻薄、完全平面、没有电磁辐射、能耗低等特点，是目前应用的主流。

显示器的主要技术参数如下。

（1）屏幕尺寸：显示器屏幕对角线的长度，用于表示显示屏幕的大小，以英寸（1in=2.54cm）为单位。

（2）点距：屏幕上荧光点间的距离，用于衡量图像的清晰程度。点距越小，单位面积容纳的像素点越多，图像越清晰。现有的点距规格有 0.20mm、0.25mm、0.26mm、0.28mm 等。

（3）显示分辨率：屏幕像素的点阵，通常写成"水平像素点数×垂直像素点数"的形式。分辨率越高，屏幕上显示的像素越多，图像越清晰、越细腻，常用的有 800×600、1024×768、1600×1200 等。

（4）刷新频率：每秒屏幕画面更新的次数，单位为 Hz。刷新频率越高，画面闪烁时间越短，一般为 60～90Hz。

2）打印机

打印机是计算机常用的一种输出设备，能将输出结果打印在纸张上。根据工作原理，打印机又分为针式打印机、喷墨打印机和激光打印机。根据打印出的颜色，打印机又分为单色打印机和彩色打印机。

针式打印机利用打印头内的钢针撞击打印色带，在打印纸上产生打印效果。针式打印机的打印速度慢、噪声大，主要耗材为色带，价格便宜。喷墨打印机使用喷墨来代替针打，当打印头横向移动时，喷墨口可以按一定的方式喷出墨水到打印纸上。喷墨打印机价格便宜，体积小，噪声小，打印质量高，但墨水的消耗量大。激光打印机是激光技术和电子照相技术的复合产物，类似复印机，使用墨粉，但光源不是灯光，而是激光。激光打印机打印质量高、打印速度快、噪声小，主要耗材为硒鼓，但价格稍高，如图 1-13 所示。

图 1-13　激光打印机

打印机的主要技术参数如下。

（1）打印速度：打印机每分钟打印出的纸张页数，通常用页/分钟（ppm）表示。目前，市场上的激光打印机，打印速度可以达到 10～35ppm。

（2）打印分辨率：打印输出在横向和纵向两个方向上每英寸最多能够打印的点数，通常用点/英寸（dpi）表示。目前，一般激光打印机的分辨率均在 600dpi 以上。打印分辨率决定打印机的输出质量，分辨率越高，可显示的像素点就越多，从而呈现出更多的信息和更清晰的图像。

（3）硒鼓寿命：打印机硒鼓可以打印纸张的数量，一般为 2000～20000 页。硒鼓不仅决定了打印质量，还决定了用户使用的成本。

图 1-14　绘图仪

3）绘图仪

绘图仪（图 1-14）是一种将计算机的输出信息以图形的形式输出，并能按照人们的要求自动绘制图形的设备，主要用于绘制各种管理图表、统计图、测量图及建筑图等。根据结构和工作原理，绘图仪可分为滚筒式绘图仪和平台式绘图仪。

另外，输出设备还包括音箱等。

在计算机硬件系统的五大部件中，通常把控制器、运算器和内存储器称为计算机的主机，把输入设备、输出设备和外存储器称为计算机的外设。输入输出设备称为 I/O 设备。实际上，整个计算机硬件系统除了这五大部件外，还有一些重要的辅助部件，如主板、总线等。

6. 主板

主板（图 1-15）是计算机中重要的部件，主板的设计决定了计算机性能是否能够充分发

图 1-15　主板

挥，硬件功能是否完善，硬件是否兼容等。主板与 CPU 的关系密切，不同类型的 CPU 往往需要不同类型的主板与之匹配。

主板大多是多层长方形印制电路板，上面集成了 CPU 插座、内存储器插槽、芯片组、各种外设控制芯片、键盘与鼠标插座、机箱面板的控制开关及指示灯连线插座等相关元器件，下面主要是线路连接线。主板的主要功能是传输各种电子信号，部分芯片也负责处理一些外围数据。

7. 总线

总线是计算机内部传输各种信息的通道，各个基本组成部分之间是用总线连接的。总线由多条信号线路组成，1 条信号线路可以传输 1 位二进制信号，32 位总线意味着可以传输 32 位二进制信号，传输方式往往是并行的。在计算机中也有串行总线，但较少使用。

一般总线可以分为 3 种类型：数据总线、地址总线和控制总线。数据总线用来在各个设备或者单元之间传输数据和指令，是双向传输的。地址总线用来指定数据总线上数据的来源与去向，一般是单向传输的。控制总线用来控制对数据总线和地址总线的访问与使用，也是双向传输的。

8. 接口

接口是指计算机系统中，在两个硬件设备之间起连接作用的逻辑电路，其功能是在各个组成部件之间进行数据交换。主机与外设之间的接口称为输入输出接口，简称 I/O 接口。

主板上配置的接口有硬盘和光盘驱动器接口、串行/并行接口、键盘/鼠标接口、音箱/传声器接口等。

9. 其他设备

（1）显卡。显卡（图 1-16）是一个控制计算机发送信号到显示器的扩充插件板，直接决定计算机的视觉效果。不管是二维应用还是三维应用，选购显卡注重的都是其呈现的画面效果。

（2）声卡。声卡（图 1-17）是多媒体计算机处理声音信息必不可少的设备。使用声卡需要连接传声器和音箱，连接音箱，可以播放计算机中的声音；连接传声器，可以将传声器的声音通过声卡传送给计算机，并把它转换为数字波形，最后传送给音箱播放出声音。

图 1-16　显卡

图 1-17　声卡

（3）网卡。网卡（图 1-18）是一种将计算机连接到网络上的设备，可以实现多台计算机之间的连接，使每台计算机都可以访问局域网中所有联网计算机的资源。

（4）调制解调器（modem）。调制解调器，俗称"猫"，其功能是将计算机与电话线连接起来，通过电话线实现计算机与 Internet 的连接或两台计算机之间的相互通信。

调制解调器的工作原理是实现模拟信号与数字信号之间的转换，即将电话线传送过来的模拟信号转换为计算机能识别的数字信号，然后传送给计算机；或者将计算机传送过来的数字信号转换为模拟信号，再经电话线传送出去。调制解调器一般分为两种：内置式和外置式。外置式调制解调器如图 1-19 所示。

图 1-18　网卡　　　　　　　　　图 1-19　外置式调制解调器

1.2.3　计算机的基本工作原理

计算机的工作过程实际上就是执行程序的过程，程序是由若干条指令组成的，即计算机的工作就是快速执行指令，从而完成一项特定的工作。因此，只有了解指令的执行过程，才能理解计算机的基本工作原理。

1. 指令系统

指令是能被计算机识别并执行的二进制代码，规定了计算机能完成的某种操作。程序由一系列指令组成，这些指令在内存储器中是有序存放的。任何一条指令都由两部分组成：操作码和操作数。

操作码指明该指令要完成的操作类型和性质，如取数、做加法或输出数据等。操作数指明操作对象的内容或所在的存储单元地址（地址码），可以是源操作数的存放地址，也可以是操作结果的存放地址。

一台计算机的所有指令的集合称为计算机的指令系统。不同类型的计算机，其指令系统的指令条数有所不同。无论哪种类型的计算机，指令系统都应具有如下功能的指令。

（1）数据传送指令：将数据在内存储器与 CPU 之间进行传送。

（2）数据处理指令：将数据进行算术、逻辑或关系运算。

（3）程序控制指令：控制程序中指令的执行顺序，如条件转移、无条件转移、调用子程序、返回等。

（4）输入输出指令：用来实现外设与主机之间的数据传输。

（5）其他指令：对计算机的硬件进行管理等。

2. 工作原理

计算机的工作原理基于指令的执行过程，指令的执行过程主要分为以下 4 个步骤。

① 取指令：按照程序计数器中的地址，从内存储器中取出指令，并送到指令寄存器，

然后，程序计数器加1指向下一条指令地址。

　　② 分析指令：对指令寄存器中存放的指令进行分析，由译码器对操作码进行译码，分析其指令性质。如果指令要求操作数，则由地址码确定操作数地址。

　　③ 执行指令：由操作控制线路发出完成该操作所需的一系列控制信息，执行指令规定的操作。

　　④ 结果写回：将执行单元的处理结果写回内存储器，然后回到步骤①。

　　一般将计算机完成一条指令所花费的时间称为一个指令周期。指令周期越短，指令执行速度越快。计算机在运行时，CPU 不断地取指令、分析指令、执行指令，这就是程序的执行过程，也就是计算机的工作过程。一条指令的功能虽然有限，但是由一系列指令组成的程序可以完成的任务是无限的。

　　3. 计算机的主要性能指标

　　计算机的主要性能指标如下。

　　1）运算速度

　　计算机的运算速度是一项综合性的指标，包括 CPU 速度、总线速度等，是多种因素的综合衡量，其单位是百万条指令/秒（million instructions per second，MIPS）。

　　2）主频

　　主频也称时钟频率，是指 CPU 在单位时间（秒）内所发出的脉冲数，单位为兆赫兹（MHz）或吉赫兹（GHz）。它在很大程度上决定了计算机的运算速度，时钟频率越高，运算速度越快。

　　3）字长

　　字长是指 CPU 能够同时处理二进制数据的位数。它直接关系到计算机的运算速度、精度和性能。当前主流的 CPU 字长一般为 64 位。

　　4）内存容量

　　内存容量是指内存储器中能存储信息的总字节数。内存容量越大，运行速度越快。当前常见的内存储器配置为 4GB、8GB，甚至更高。

　　5）存取速度

　　存取速度是反映存储器性能的一个重要参数。存储器连续进行读写操作所允许的最短时间间隔称为存取周期。存取周期越短，存取速度就越快。通常，存取速度的快慢决定了运算速度的快慢。

　　6）磁盘容量

　　磁盘容量是指硬盘存储量的大小，反映了计算机存取数据的能力。目前，台式计算机磁盘的容量通常为 500GB、1TB，甚至更大。

1.2.4　计算机软件

　　1. 计算机软件

　　计算机软件是计算机系统重要的组成部分，是与计算机硬件相互依存的另一部分，是程序、数据及其相关文档的完整集合。计算机软件一般分为系统软件和应用软件两大类。

　　1）系统软件

　　系统软件是计算机软件系统中最靠近硬件的，其他软件都通过系统软件发挥作用。系统软件主要负责管理、控制和维护计算机的各种软硬件资源，为用户提供一个友好的操作界面，同时又是服务于应用软件的资源环境。通常系统软件包括操作系统、数据库管理系统、语言处理程序及诊断程序等。

操作系统（operating system，OS）是计算机系统中最重要的系统软件。操作系统能对计算机系统中的软件和硬件资源进行有效的管理和控制，合理地组织计算机的工作流程，为用户提供一个使用计算机的工作环境，起到用户和计算机之间接口的作用。只有在操作系统的支持下，计算机系统才能正常运行。如果操作系统遭到破坏，整个计算机就无法正常工作。操作系统一般包括进程管理、作业管理、存储管理、设备管理、文件管理等功能。目前，常用的操作系统有 Windows 操作系统、Linux 操作系统、UNIX 操作系统等。

2）应用软件

应用软件是指为解决某一领域的具体问题而开发的软件产品。随着计算机应用领域的不断拓展和广泛普及，应用软件的种类越来越多，如办公软件 Microsoft Office、计算机辅助绘图软件 AutoCAD、图形图像处理软件 Photoshop、动画创作软件 Flash 等。

2. 计算机语言

人们使用计算机要通过计算机语言与计算机"交谈"，用计算机语言编写程序的过程称为程序设计。计算机语言又称为程序设计语言，通常分为机器语言、汇编语言和高级语言 3 类。

1）机器语言

机器语言是以二进制代码表示的指令集合，是计算机唯一能够直接识别和执行的语言。机器语言占用内存储器空间小，执行速度快，但不易记忆和理解，难以修改和维护，可移植性差，所以现在很少直接用机器语言来编写程序。

2）汇编语言

汇编语言与机器语言基本上是一一对应的，但引入了助记符，在表示方法上有了根本性的改进。相对于机器语言，汇编语言容易记忆、阅读和修改，但计算机不能直接识别和运行，必须通过汇编程序将汇编语言转换成机器语言后才能运行。

3）高级语言

高级语言是一种比较接近自然语言和数学表达的语言。用高级语言编写的程序便于阅读、修改和调试，而且可移植性强，如 C、C++、Visual FoxPro、Java 等语言。但计算机不能直接识别和执行高级语言编写的程序，必须通过解释程序或编译程序将高级语言转换为机器语言后才能执行。

解释程序对高级语言编写的程序逐条进行翻译并执行，最后得出结果，即解释程序对高级语言程序是一边翻译一边执行的。编译程序是将高级语言编写的程序翻译成计算机可直接执行的机器语言程序。

汇编程序、解释程序和编译程序统称为语言处理程序。

1.3　计算机信息处理过程

在日常生活中，人们可能会遇到不同进制的数，如十进制数、十二进制数，其中最常用的是十进制数，计算机中存放的是二进制数，为了书写和表示方便，还引入了八进制数和十六进制数。

1.3.1　数制

数制也称计数制，是指用一组固定的符号和统一的规则来表示数值的方法。按照进位的方法进行计数，称为进位计数制。在进位计数制中有基数和位权两个概念。

基数是指在某种进位计数制中，每个数位上所能使用的数码的个数。例如，一个十进制数中每个数位上可以使用的数码为0、1、2、3、4、5、6、7、8、9，共10个数码，即其基数为10。十六进制数有16个数码，即0、1、2、3、4、5、6、7、8、9、A、B、C、D、E、F，其基数为16。

位权简称权，是指某种数制中每个数位对应的单位值。例如，十进制数中，小数点左边第1位为个位数，其位权为10^0；第2位为十位数，其位权为10^1；第3位为百位数，其位权为10^2……小数点右边第1位为十分位数，其位权为10^{-1}；第2位为百分位数，其位权为10^{-2}；第3位为千分位数，其位权为10^{-3}……

任何一种R进制数都可以用位权表示法来表示。例如，十进制数652.19可表示为

$$652.19=6\times10^2+5\times10^1+2\times10^0+1\times10^{-1}+9\times10^{-2}$$

为了区分不同的进制数，规定在数字的后面加上不同的标识符号来表示不同的进制数。十进制数加字母D或省略不加，二进制数加字母B，八进制数加字母O，十六进制数加字母H。例如，11D或11都表示十进制数，11B表示二进制数，11O表示八进制数，11H表示十六进制数。也可以用基数作下标表示，如$(101)_{10}$或101表示十进制数，$(101)_2$表示二进制数，$(101)_8$表示八进制数，$(101)_{16}$表示十六进制数。表1-2给出了上述各进制之间0~17数值的对应关系。

表1-2　各进制之间0~17数值的对应关系

十进制	二进制	八进制	十六进制	十进制	二进制	八进制	十六进制
0	0	0	0	9	1001	11	9
1	1	1	1	10	1010	12	A
2	10	2	2	11	1011	13	B
3	11	3	3	12	1100	14	C
4	100	4	4	13	1101	15	D
5	101	5	5	14	1110	16	E
6	110	6	6	15	1111	17	F
7	111	7	7	16	10000	20	10
8	1000	10	8	17	10001	21	11

1.3.2　数制转换与运算

在进行不同进制数之间的转换时，需要掌握以下转换方法和规则。

1. R进制数转换成十进制数

R进制数转换成十进制数的方法是将各个R进制数按位权表示法展开求和。

例如，将二进制数10011.101转换成十进制数：

$$(10011.101)_2=1\times2^4+1\times2^1+1\times2^0+1\times2^{-1}+1\times2^{-3}=(19.625)_{10}$$

再如，将八进制数26.47转换成十进制数：

$$(26.47)_8=2\times8^1+6\times8^0+4\times8^{-1}+7\times8^{-2}=(22.609375)_{10}$$

又如，将十六进制数 A12 转换成十进制数：

$$(A12)_{16}=A\times16^2+1\times16^1+2\times16^0=(2578)_{10}$$

2. 十进制数转换成 R 进制数

十进制数转换成 R 进制数时，需要先将此数分成整数与小数两部分分别转换，然后拼接起来。

整数部分转换的方法是除 R 取余法，即将十进制整数不断除以 R 取余数，直到商为 0，先得到的余数在二进制数的低位，后得到的余数在二进制数的高位（也称逆序取余法）。

小数部分转换的方法是乘 R 取整法，即将十进制小数不断乘以 R 取整数，直到小数部分为 0 或达到所求的精度为止，先得到的整数在二进制数的高位，后得到的整数在二进制数的低位（也称顺序取整法）。

例如，将十进制数 134.625 转换成二进制数：

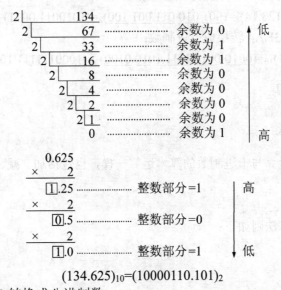

$$(134.625)_{10}=(10000110.101)_2$$

再如，将十进制数 283 转换成八进制数：

```
  8 | 283
    8 | 35 ············· 余数为 3   ↑ 低
      8 | 4 ············· 余数为 3   |
        0 ············· 余数为 4   高
```

$$(283)_{10}=(433)_8$$

又如，将十进制数 45 转换成十六进制数：

```
 16 | 45
   16 | 2 ············· 余数为 D   ↑ 低
      0 ············· 余数为 2   高
```

$$(45)_{10}=(2D)_{16}$$

3. 二进制数转换成八进制数、十六进制数

二进制数、八进制数和十六进制数之间存在特殊关系：$8^1=2^3$，$16^1=2^4$，即 1 位八进制数相当于 3 位二进制数，1 位十六进制数相当于 4 位二进制数，因此转换方法比较简单。

二进制数转换成八进制数的方法是：以小数点为中心向左右两边分组，每 3 位为 1 组，不足 3 位补 0。

例如，将二进制数 1101101110.110101 转换成八进制数：
$$(001\ 101\ 101\ 110.110\ 101)_2=(1556.65)_8$$

二进制数转换成十六进制数的方法是：以小数点为中心向左右两边分组，每 4 位为 1 组，不足 4 位补 0。

例如，将二进制数 1101101110.110101 转换成十六进制数：
$$(0011\ 0110\ 1110.1101\ 0100)_2=(36E.D4)_{16}$$

4. 八进制数、十六进制数转换成二进制数

根据上述二进制数、八进制数和十六进制数之间存在的关系，八进制数或十六进制数转换成二进制数的方法是将 1 位转换为 3 位或 4 位即可。

例如，将八进制数 123.14 转换成二进制数：
$$(123.14)_8=(001\ 010\ 011.001\ 100)_2=(1010011.0011)_2$$
再如，将十六进制数 23F.A4 转换成二进制数：
$$(23F.A4)_{16}=(0010\ 0011\ 1111.1010\ 0100)_2=(1000111111.101001)_2$$

1.3.3 二进制数的运算

1. 二进制数的算术运算

二进制数的算术运算与十进制数的算术运算一样，也包括加、减、乘、除四则运算，但运算更为简单。

1）加法运算

二进制数加法运算法则如下：

（1）0+0=0。

（2）0+1=1+0=1。

（3）1+1=10。

即逢 2 进 1。

例如，二进制数$(1101)_2+(1110)_2$的算式如下：

```
    被加数    1101
    加数      1110
+   进位      1100
─────────────────
    和       11011
```

由上述执行加法运算的过程可以看出，两个二进制数相加时，每位最多有 3 个数相加，即被加数、加数和从低位来的进位（进位为 1，否则为 0）。

2）减法运算

二进制数的减法运算法则如下：

（1）0-0=1-1=0。

（2）1-0=1。

（3）0-1=1。

即向高位借位，借 1 当 2。

例如，二进制数$(11011)_2-(1101)_2$的算式如下：

$$
\begin{array}{r}
被减数\quad 1\,1\,0\,1\,1 \\
减数\quad 1\,1\,0\,1 \\
-\quad 借位\quad 1\,1\,0\,0 \\
\hline
差\quad 1\,1\,1\,0
\end{array}
$$

由上述执行减法运算的过程可以看出，两个二进制数相减时，每位最多有 3 个数相减，即被减数、减数和向高位的借位（借位为 1，否则为 0）。

3）乘法运算

二进制数的乘法运算法则如下：

（1）$0\times0=0$。

（2）$0\times1=1\times0=0$。

（3）$1\times1=1$。

例如，二进制数$(1010)_2\times(1101)_2$的算式如下：

$$
\begin{array}{r}
被乘数\quad 1\,0\,1\,0 \\
\times\quad 乘数\quad 1\,1\,0\,1 \\
\hline
部分积\quad 1\,0\,1\,0 \\
0\,0\,0\,0 \\
1\,0\,1\,0 \\
1\,0\,1\,0 \\
\hline
乘积\quad 1\,0\,0\,0\,0\,0\,1\,0
\end{array}
$$

由上述执行乘法运算的过程可以看出，两个二进制数相乘时，每个部分的积都取决于乘数相应位的值是 0 还是 1。若乘数相应位的值为 0，则此次部分积为 0；若乘数相应位的值为 1，则此次部分积就是被乘数。每次的部分积依次左移一位，将各部分积累加起来，就得到最终的乘积。

4）除法运算

二进制数的除法运算法则如下：

（1）$0\div0=0$。

（2）$0\div1=0$。

（3）$1\div1=1$。

注意：$1\div0$无意义。

例如，二进制数$(1001110)_2\div(1101)_2$的算式如下：

$$
\begin{array}{r}
110\quad 商 \\
除数\;1101\overline{\big)1001110}\quad 被除数 \\
1101 \\
\hline
1101 \\
1101 \\
\hline
0\quad 余数
\end{array}
$$

二进制数除法与十进制数除法很类似。可先从被除数的最高位开始，将被除数（或中间余数）与除数相比较，若被除数（或中间余数）大于除数，则用被除数（或中间余数）减去除数，商为 1，并得到相减之后的中间余数，否则商为 0。再将被除数的下一位移下补充到中间余数的末位，重复以上过程，就可得到所要求的各位商数和最终的余数。

2. 二进制数的逻辑运算

在逻辑运算中，二进制数的值 0 和 1 可代表真与假、是与非、对与错、有与无，这种具有逻辑性的变量称为逻辑变量。逻辑变量之间的运算称为逻辑运算。

在计算机中，逻辑运算主要包括 3 种基本运算：逻辑与、逻辑或和逻辑非。

1）逻辑与运算

逻辑与也称逻辑乘，通常用"×"、"·"或"∧"符号表示两个逻辑变量间的与关系，其运算法则如下：

（1）0×0=0 或 0·0=0 或 0∧0=0。

（2）0×1=0 或 0·1=0 或 0∧1=0。

（3）1×0=0 或 1·0=0 或 1∧0=0。

（4）1×1=1 或 1·1=1 或 1∧1=1。

在给定的逻辑变量中，只有参与运算的逻辑变量同时取 1 时，其逻辑与运算的结果才为 1；若其中有一个逻辑变量的值为 0，则逻辑与运算的结果都为 0。

例如，二进制数$(10111110)_2$ 和$(11110000)_2$ 的逻辑与运算如下：

$$
\begin{array}{r}
10111110 \\
\wedge \quad 11110000 \\
\hline
10110000
\end{array}
$$

即$(10111110)_2 \wedge (11110000)_2 = (10110000)_2$。

2）逻辑或运算

逻辑或也称逻辑加，通常用"+"或"∨"符号表示两个逻辑变量间的或关系，其运算法则如下：

（1）0+0=0 或 0∨0=0。

（2）0+1=1 或 0∨1=1。

（3）1+0=1 或 1∨0=1。

（4）1+1=1 或 1∨1=1。

在给定的逻辑变量中，只要参与运算的逻辑变量有一个值为 1，那么逻辑或运算的结果就为 1；只有当所有参与运算的逻辑变量的值都为 0 时，逻辑或运算的结果才为 0。

例如，二进制数$(11101101)_2$ 和$(11000110)_2$ 的逻辑或运算如下：

$$
\begin{array}{r}
11101101 \\
\vee \quad 11000110 \\
\hline
11101111
\end{array}
$$

即$(11101101)_2 \vee (11000110)_2 = (11101111)_2$。

3）逻辑非运算

逻辑非也称逻辑否定，运算符号为$\overline{A}$，表示对 A 的否定运算，其运算法则如下：

（1）$\overline{0} = 1$。

（2）$\overline{1} = 0$。

例如，二进制数$(00001010)_2$ 的逻辑非运算如下：

$$\overline{(00001010)_2} = (11110101)_2$$

1.3.4　数据与编码

1. 数据的概念

数据是可由人工或自动化手段加以处理的那些概念、事实、场景等的表示形式，包括数值、文字、声音、图形和图像等。数据可以在物理介质上进行记录或传输，并通过外设被计算机接收，经过处理得到结果。

计算机系统中的每个操作都是对数据进行某种处理，所以数据和程序一样，是软件的基本处理对象。

根据计算机处理数据的过程，可以把数据分为数值数据和非数值数据两类，其中，非数值数据包括西文字符和中文字符两类。

任何形式的数据，进入计算机都必须转换为"0"和"1"的二进制编码，采用二进制编码的优点如下。

（1）物理结构上容易实现，可靠性强，电子元器件大多具有两种稳定的状态，如电压的高和低，晶体管的导通与截止，电容的充电与放电等。电子元器件的特性决定了其工作状态稳定，抗干扰能力强。这两种状态用二进制的两个数码"0"和"1"来表示。

（2）运算简单，通用性强。二进制加法运算只有 3 种：1+0=0+1、0+0=0、1+1=1（0），十进制的加法运算规则有 55 种。

（3）计算机中的二进制数"0""1"与逻辑量"真""假"吻合，便于进行逻辑量的表示和运算。

二进制形式适用于各种类型数据的编码，进入计算机的各种数据，都要进行二进制编码的转换；与此对应，从计算机输出的数据，也要进行逆向转换。

2. 数值编码

在计算机中，数值型数据的处理有若干种形式，如定点数和浮点数的表示，带符号数中原码、反码和补码的表示等。计算机将十进制数转换成二进制数时，还存在一种中间数值编码的形式，即二进制编码的十进制（binary code decimal，BCD）码，也称 8421 码。它将 1 位十进制数表示为 4 位二进制数，如 $(27)_{10}=(0010\ 0111)_{BCD}$。值得注意的是，不要将 BCD 码与二进制数混淆，两者与十进制数的对比关系如表 1-3 所示。

表 1-3　BCD 码与二进制数、十进制数的对比关系

十进制数	二进制数	BCD 码	十进制数	二进制数	BCD 码
0	0000	0000	8	1000	1000
1	0001	0001	9	1001	1001
2	0010	0010	10	1010	0001 0000
3	0011	0011	11	1011	0001 0001
4	0100	0100	12	1100	0001 0010
5	0101	0101	13	1101	0001 0011
6	0110	0110	14	1110	0001 0100
7	0111	0111	15	1111	0001 0101

3. ASCII

西文字符主要包括字母、数字、标点符号和一些特殊符号，其中的每个符号都有一个数字编码，称为字符的二进制编码。目前，计算机使用最广泛的西文字符编码是美国信息交换标准代码（American standard code for information interchange，ASCII）。

ASCII 采用一个字节（8 位）表示一个字符，但只使用字节的低 7 位，字节的最高位为 0，所以它可以表示 128（2^7）个字符，其中有 34 个是控制字符，其余 94 个为一般字符。例如，字母 A 的 ASCII 值为 1000001（十进制数为 65），"+"的 ASCII 值为 0101011（十进制数为 43）等。表 1-4 列出了一般字符的 ASCII 值。

表 1-4　一般字符的 ASCII 值

低 4 位	高 3 位					
	010	011	100	101	110	111
0000	<空格>	0	@	P	`	p
0001	!	1	A	Q	a	q
0010	"	2	B	R	b	r
0011	#	3	C	S	c	s
0100	$	4	D	T	d	t
0101	%	5	E	U	e	u
0110	&	6	F	V	f	v
0111	'	7	G	W	g	w
1000	(	8	H	X	h	x
1001	)	9	I	Y	i	y
1010	*	:	J	Z	j	z
1011	+	;	K	[	k	{
1100	,	<	L	\	l		
1101	-	=	M	]	m	}
1110	.	>	N	^	n	~
1111	/	?	O	_	o	DEL

4. 汉字编码

汉字是象形文字，种类繁多，编码比较困难，而且在一个汉字处理系统中，输入、内部处理、输出对汉字编码的要求不尽相同，必须进行一系列的汉字编码及转换，具体流程如图 1-20 所示。

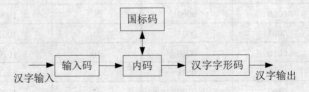

图 1-20　汉字编码及转换流程图

1）国标码

《信息交换用汉字编码字符集　基本集》（GB/T 2312—1980）是中文信息处理的国家标准，其中规定了汉字交换码，简称国标码。

国标码集中收录了 7445 个汉字和图形符号，将其分成两级：一级常用汉字 3755 个，按汉字拼音排列；二级常用汉字 3008 个，按偏旁部首排列；另外，还收集了 682 个图形符号。

国标码规定：一个汉字用两个字节来表示，每个字节只用低 7 位，最高位为 0。为了方便书写，常用 4 位十六进制数来表示一个汉字。

2）内码与外码

内码是一种机器内部编码，也称机内码。国标码就是一种内码。由于国标码每个字节的最高位为 0，与字符的 ASCII 值无法区分，因此，在计算机内部，将国标码每个字节的最高位设为 1。这样就解决了与 ASCII 的冲突，保持了中西文的良好兼容性。

外码是各种汉字的输入法。目前常用的输入法有很多，大致分为以下两类。

（1）音码输入法。音码主要以汉字拼音为基础进行编码，如搜狗拼音输入法、智能 ABC 等，其优点是不用专门学习，与人们的习惯一致；缺点是由于汉字同音字太多，输入重码率很高，按字音输入后还必须进行选择，影响输入速度。

（2）形码输入法。形码主要是根据汉字的特点，对汉字进行拆分，然后进行组合，如五笔字型输入法、郑码输入法等，其优点是速度快、重码率低，可实现盲打；缺点是必须记住字根，学会拆字和形成编码。

随着智能化输入法技术的不断提高，出现了基于模式识别的语音识别输入、手写输入、扫描输入等，充分体现了计算机人性化发展的趋势。

不管是采用哪种输入法，在计算机内部都是以汉字内码表示的。

3）汉字字形码

汉字字形码，也称汉字字模，用于汉字的显示和打印。

汉字字形码通常采用点阵的表示方式。用点阵表示字形时，汉字字形码就是这个汉字字形点阵的代码。汉字在相同大小的方块中书写，将方块分割成若干小方块，组成一个点阵，每个小方块就是点阵中的一点，即二进制数的一位。每位用"0"和"1"表示白颜色和黑颜色。根据输出汉字的要求不同，点阵的多少也不同。汉字字形点阵有 16×16 点阵、24×24 点阵、32×32 点阵、64×64 点阵等。图 1-21 显示了"喜"字的 16×16 点阵。

	0	1	2	3	4	5	6	7	8	9	10	11	12	13	14	15
0									●							
1			●	●	●	●	●	●	●	●	●	●	●	●		
2									●							
3				●	●	●	●	●	●	●	●	●	●			
4																
5					●	●	●	●	●	●	●	●				
6					●							●				
7					●	●	●	●	●	●	●	●				
8							●				●					
9		●	●	●	●	●	●	●	●	●	●	●	●	●		
10																
11				●	●	●	●	●	●	●	●	●				
12				●								●				
13				●	●	●	●	●	●	●	●	●				
14																
15																

图 1-21　"喜"字的 16×16 点阵

点阵规模越大，字形越清晰美观，所占存储空间也就越大。以 16×16 点阵为例，每个汉字要占用 32B 的存储空间，因此，字形点阵不能用于机内存储，只能用来构成字库，字库中存储了每个汉字的点阵代码。

5. 多媒体数据

1）媒体

媒体在计算机中有两种含义：一是指存储信息的物理实体，如光盘、闪存盘、移动硬盘等；二是指信息的表现形式或载体，如大家熟知的文字、图形、图像、声音等。多媒体技术中的媒体通常是指后者。

2）多媒体和多媒体技术

多媒体是"多种媒体的集合"。计算机能处理的多媒体信息从时效上可分为两类：一类是静态媒体，包括文字、图形、图像等；另一类是动态媒体，包括声音、动画、视频等。

多媒体技术是一种利用计算机技术把多种媒体信息综合一体化，使它们建立起逻辑联系，并能进行加工处理的技术，通常用于媒体的输入，对信息的压缩和解压缩、存储、传输及显示等。因此，多媒体技术是一种基于计算机的综合技术，包括数字化信息的处理技术、音频和视频技术、计算机硬件和软件技术、人工智能和模式识别技术、通信和图像技术等。

3）多媒体数据编码

多媒体数据同样要转换成二进制数据后才能被计算机存储和处理，但这些数据的表示方式和处理方式是完全不同的。声音往往用波形文件、乐器数字接口（music instrument digital interface，MIDI）音乐文件或压缩音频文件方式表示；图形和图像用位图编码和矢量编码方式表示；视频由一系列"帧"组成，每一帧实际上是一幅静止的图像，需要连续播放才会变成动画。

目前多媒体数据类型繁多，各种类型依赖于不同的处理技术，如.jpg 是最常见的图像格式，.svg 是可缩放的图形矢量格式，.psd 是 Photoshop 图像处理专用格式，.cdr 是绘图软件 CorelDRAW 图片格式，.mp3 是常见音频格式，.avi 和.wmv 都是常见视频格式等。

6. 条形码、二维码与射频识别

大千世界的各种信息在计算机内可以使用各种不同的编码方式表示，日常生活中常见的条形码、二维码和射频识别（radio frequency identification，RFID）电子标签也是表示信息的方法。

1）条形码

条形码是由一组规则排列的条、空或与其相对应的字符组成的标记，用以表示一定的信息。这种用条、空组成的数据编码可以供机器识读，而且很容易译成二进制数和十进制数。这些条和空可以有各种不同的组合方法，从而构成不同的图形符号，即各种符号体系，也称码制，适用于不同的场合。

条形码广泛应用于仓储、邮电、运输、商业盘点等领域。应用广泛、广为人们所熟悉的还是商品流通、商品销售领域，在公文流转、快递单等领域，条形码也有应用。

2）二维码

二维码是用计算机软件编码技术形成的平面几何图形，在几何图形中可以通过编码技术存储数字、汉字或图片。它将人类可以识别的文字语言，以机器语言的形式存储。其中，黑色小方块代表 1，白色小方块代表 0，黑白相同的图案其实就是一串编码。值得注意的是，在二维码的边上有 3 个大方块，主要起定位作用。3 个点能够确定一个面，这能保证在扫码时，不管手机怎样放置，都能得到特定的信息。二维码实际上是一个不含电子芯片的存储器，通过图像输入设备或光电扫描设备自动识读以实现信息自动处理，它在横向和纵向两个方位上同时表达信息。因此，二维码是一种高密度、高信息含量的便携式数据文件，能够在很小的面积内表达大量信息，是实现证件及卡片等大容量、高可靠性信息自动存储、携带并可用机器自动识读的理想手段，能够依赖数据库及通信网络而单独应用。

二维码具有以下特点。

（1）信息量大：可容纳多达 1850 个字母，或 2710 个数字，或 1108 个字节，或 500 多个汉字，是普通条码信息容量的几十倍。

（2）编码范围广：可以表示图片、声音、文字、签字、指纹等可以数字化的信息，还可以表示多种语言文字或图像数据。

（3）容错能力强：具有很强的纠错功能，二维码因穿孔、污损等引起局部损坏时，照样可以正确得到识读，损毁面积达 50% 仍可恢复信息。

（4）可靠性高：比普通条码的错误率（百万分之二）要低得多，误码率不超过千万分之一。

（5）保密性、防伪性好：可引入加密措施。

（6）成本低：易制作，持久耐用。

（7）尺寸可变：条码符号形状、尺寸大小比例可变。

（8）易识别：可以使用激光或 CCD 阅读器识读。

二维码分为两类，其中一类由矩阵代码和点代码组成，即矩阵式二维码；另一类由多行条形码符号组成，即堆叠式二维码。

二维码应用场景广阔。二维码技术已广泛应用于国防、公共安全、交通运输、医疗保健、工业、商业等领域。例如，在交通管理中，在驾驶证年审通知单或执照上印刷一个二维码，就可将所有年审或颁发新牌照所需要的信息放在二维码中；工作人员只需扫描通知单或执照上的二维码，便可以获取全部审验所需的信息。

条形码和二维码有着各自的优缺点：条形码可以识别商品的基本信息，如商品名称、价格等，但不能提供商品更详细的信息，要调用更多的信息，需要计算机数据库的进一步配合；二维码不但具有识别功能，而且可显示更详细的商品内容。例如，二维码不但可以包含衣服名称和价格信息，还可以包含衣服的材料，每种材料的占比，衣服的尺寸，适合身高多少的人穿着，以及一些洗涤注意事项等，无须计算机数据库的配合，简单方便。

二维码能否取代条形码？条形码虽然信息容量小，依赖数据库及网络，但识读速度快，识读设备成本低；二维码虽然数据容量大，不依赖数据库及网络，但是密度大时识读速度较慢且识读设备成本较高。因此，二维码和条形码各自发挥不同的作用，不能相互取代。

例如，人们熟悉的条形码在超市中的应用。超市中所有商品上都有条形码标识，这些标识其实含有一串数字信息，收银员扫描条形码后显示的商品名称、价格等信息都是通过这串数字信息访问数据库的结果。如果将这些条形码替换成二维码，将商品的相关信息存储在二维码中，虽然扫描后可以不需要访问数据库直接获得相关信息，但是当商品价格变化时，就无法实时控制了，这属于静态二维码。

如果需要随时更改二维码背后的信息，则无须对二维码进行重新打印或生成，可生成动态二维码。使用动态二维码可以在后台看到详细而实时的扫描数据，如扫描时间、扫描地点、扫描设备、扫描量,等等。用一个动态二维码可以让在不同时间、不同地点的用户扫描看到不同的内容,实现不同链接的自动跳转或终止,进入不同的应用商店等。

3)RFID

RFID 又称电子标签或射频标签,也称为感应式电子晶片或感应卡、非接触卡等。

一套完整的 RFID 系统由阅读器(reader)与应答器(transponder)两部分组成。其工作原理如下:由阅读器发射特定频率无线电波能量给应答器,用以驱动应答器电路将内部识别码(identification code,IDCode)送出,此时阅读器接收此 IDCode。应答器的特殊性在于免用电池、免接触、免刷卡,故不怕脏污,且晶片密码为世界唯一、无法复制,安全性高、寿命长。

RFID 是一种非接触式的自动识别技术。通过射频信号自动识别目标对象并获取相关数据,识别工作无须人工干预,可工作于各种恶劣环境。RFID 技术可识别高速运动物体并可同时识别多个标签,操作快捷方便。

短距离射频产品不怕油渍、灰尘污染等,可在恶劣环境中替代条形码,如用在工厂的流水线上跟踪物体。远距离射频产品多用于交通领域,识别距离可达几十米,如自动收费和识别车辆身份等,现在部分居民小区也将其用于小区进出人脸识别。

RFID 的应用非常广泛,目前典型应用有植入式宠物识别标签、图书标签、门禁标签、停车场管制、餐盘自动结算标签等,如图 1-22 所示。

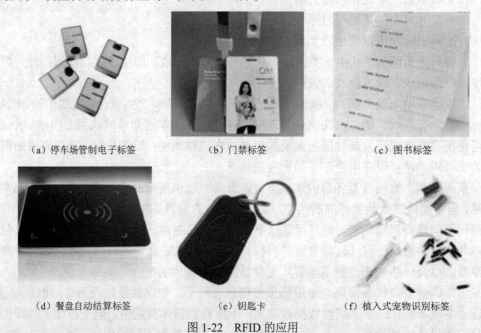

(a)停车场管制电子标签　　　　(b)门禁标签　　　　(c)图书标签

(d)餐盘自动结算标签　　　　(e)钥匙卡　　　　(f)植入式宠物识别标签

图 1-22　RFID 的应用

(1)RFID 的分类。RFID 技术衍生的产品大概有三大类:无源 RFID 产品、有源 RFID 产品、半有源 RFID 产品。

① 无源 RFID 产品发展最早,也是发展最成熟、市场应用最广的产品。例如,公交卡、食堂餐卡、银行卡、宾馆门禁卡、二代身份证等,它们在人们日常生活中随处可见,属于近距离接触式识别类。无源 RFID 产品的主要工作频率有低频 125kHz、高频 13.56MHz、超高频 433MHz 和超高频 915MHz。

② 有源 RFID 产品,是最近几年慢慢发展起来的,具有远距离自动识别的特性,具有

巨大的应用空间和市场潜质。在远距离自动识别领域，如智能监狱、智能医院、智能停车场、智能交通、智慧城市、智慧地球及物联网等领域，有源 RFID 产品都有重大应用。

③ 介于有源 RFID 产品跟无源 RFID 产品之间的半有源 RFID 产品，集有源 RFID 产品跟无源 RFID 产品的优势于一体，在门禁进出管理、人员精确定位、区域定位的管理、周界管理、电子围栏及安防报警等领域有着很大优势。半有源 RFID 产品，也称低频激活触发技术，利用低频近距离精确定位、微波远距离识别与上传数据，解决单纯的有源 RFID 产品和无源 RFID 产品无法实现的功能。简言之，就是近距离激活定位，远距离识别及上传数据。

根据材料不同，RFID 又分为标签类、注塑类、卡片类 3 类。

① 标签类：带自动粘贴功能的标签，可以在生产线上由贴标机粘贴在箱、瓶等物品上，或手工粘在车窗、证件上，也可以制成吊牌粘在物品上。

② 注塑类：可按应用场景不同，采用各种塑料加工工艺，制成内含应答器的筹码、钥匙牌、手表、皮夹等异形产品。

③ 卡片类：可以制成传统的卡片式，也可按需加工成异形，还可以制成卡纸类，应用在智能货架管理、大型会议人员通道系统中。

（2）RFID 的特点。RFID 具有以下特点。

① 快速扫描：RFID 辨识器可同时辨识读取多个 RFID 标签。

② 体积小、形状多：RFID 在读取上不受尺寸与形状限制，无须为了读取精确度而配合纸张的尺寸和印刷品质。此外，RFID 可往小型化与多样形态发展，应用于不同产品。

③ 抗污染和耐久性：RFID 对水、油和化学药品等物质具有很强的抵抗性。RFID 将数据存在芯片中，因此可以长期使用。

④ 可重复使用：条形码印刷后无法更改，但 RFID 可以重复地新增、修改、删除，方便信息的更新。

⑤ 无屏障阅读：RFID 电子标签能够穿透纸张、木材和塑料等非金属或非透明的材质，并能够进行穿透性通信。

⑥ 数据的记忆容量大：条形码的容量是 50B，二维码的最大容量为 1KB，RFID 的最大容量为数兆字节。随着记忆载体的发展，数据容量有不断扩大的趋势。未来物品所需携带的资料量会越来越大，对电子标签扩充容量的需求也会相应增加。

⑦ 安全：由于 RFID 承载的是电子式信息，因此其数据内容可由密码保护，不易被伪造及变造。

那么，RFID 有可能取代条形码和二维码吗？目前，RFID 存在价格高、标准不统一、技术问题（液体或金属物品无法使用）、物品安全问题及多重读取等问题，暂时还不能取代条形码和二维码。

1.4　计算思维概述

1.4.1　计算思维的演变

提起"计算"，人们得从最古老的中国"古算"谈起。完备的计算系统必须是软硬件结合的系统，计算机也是如此。早在几千年前，我们的祖先就掌握了这一思想。例如，我国唐末盛行的珠算就是这样的计算系统：算盘即硬件，珠算口诀即软件。体现计算思维这一思想的不仅仅是珠算，还包括有记载的所有中国古算具。

早在公元前 3000 年，古人就利用算筹作为计算工具。算筹在计算时摆成纵式和横式两种形式，按照纵横相间的原则表示自然数，可进行加、减、乘、除、开方及其他的代数计算，中国关于计算的古书中记载有算筹的计数法则。《孙子算经》中的"凡算之法，先识其位，一纵十横，百立千僵，千十相望，万百相当"就是对算筹计数法的描述，是当时世界上独一无二的。算筹作为世界上最古老的计算工具之一，在春秋战国时期就已广泛使用，对中国古代社会的发展起到了重要的推动作用。

为求解更复杂的数学问题，春秋时代（公元前 770 年～前 476 年）出现了竹筹计数，后来演变为人类历史上早期的计算工具——算盘。广为流传的是明代程大位编著的《算法统宗》，它是一部专门介绍珠算应用的书籍。珠算法的广泛使用体现了我国古代计算思维的典型特征——计算"算法化"。算盘结合了十进制计数法和一整套计算口诀。明朝以后，算盘传至日本、朝鲜，继而在世界各地流传开来，并出现了许多变种。珠算被称为我国"第五大发明"，至今仍在加减运算和教育启智领域发挥着电子计算机无法替代的作用。公元 1 世纪的《九章算术》阐明了负数的运算规则，印度在公元 7 世纪才提到负数，欧洲直到 17 世纪才有论述负数的相关著作。

图 1-23　祖冲之

中国古代数学家祖冲之（图 1-23），借助算筹计算出了圆周率的值，确定圆周率介于 3.1415926 和 3.1415927 之间，这一结果比西方早一千年，其精度是当时世界上最高的。

1974 年，我国著名数学家吴文俊先生对我国古代算法作了正本清源的分析，特别是中国古代算法的程序化思想，给他留下了深刻的印象。他认为："就内容实质来说，所谓东方数学的中国古代数学，具有两大特色，一是它的构造性，二是它的机械化"。我国传统数学在从问题出发、以解决问题为主旨的发展过程中，建立了以构造性和机械化为特色的算法体系，这与西方以欧几里得《几何原本》为代表的公理化演绎体系正好遥遥相对。算筹、算盘等古算具为我国传统数学算法机械化的形成和发展提供了物质基础。

我国传统数学强调实用性，以解决实际问题为最终目标。这种数学实用思想与我国传统数学机械化和数值化的计算思维有直接联系。我国古人习惯于将问题数值化，将一些复杂的应用问题或理论问题转化成可以计算的问题，再通过具体的数值计算加以解决。相对筹算而言，珠算将我国古代算法机械化特征表现得尤为明显。珠算更依赖于算法口诀，它利用汉语单字发音的特点，将多种计算程序概括成口诀，演算时随呼口诀即可随拨结果，这有点类似现代电子计算机利用预先编好的程序来进行运算的过程。我国古代的计算思维不仅使我国古代数学取得了具有世界历史意义的光辉成就，而且提供了一种用计算方法来解决问题的思想和能力。

西方国家也有许多人对计算思维的演变与发展作出了不可磨灭的贡献。其中具有代表性的人物是英国数学家艾伦·麦席森·图灵（Alan Mathison Turing）。

1936 年，图灵发表了论文《论可计算数及其在判定问题中的应用》，提出了著名的理论计算机的抽象模型——"图灵机"（Turing Machine）。图灵因为提出了"图灵机"和"图灵测试"等计算学科的重要概念，被誉为"计算机科学的奠基人""人工智能之父"。为纪念图灵对计算科学的巨大贡献，美国计算机协会在 1966 年设立了具有"计算机界诺贝尔奖"之称的图灵奖，以表彰在计算机科学领域中作出突出贡献的人。

图灵机实现了用机器模拟人类用纸和笔进行数学运算的过程，也使人类实现了由手工计算向自动机械化计算的跨越式发展。我国古算中的筹算和珠算是将算法存储于人的大脑中，并以口诀的形式表现出来，整个运算过程在大脑内完成。图灵机是将算法程序装入控制器内存储器中，然后由控制器来控制程序的执行，完成整个计算过程。两者虽然计算过程形式不同，却有相同的计算能力，即凡是可计算问题，通过图灵机或珠算都可以计算出来。两者的共同特征是，解决复杂的应用问题时，必须先将问题数值化，转化成可计算问题，然后寻找求解问题的算法和程序，通过算法和程序来控制计算过程，最后得出结果。目前，在科研生产和社会生活中，这种用"由繁化简、数值转换"来解决复杂问题的"计算思维"和计算方法，已越来越普及、越来越重要。

20 世纪 80 年代，钱学森在总结前人成果的基础之上，将思维科学列为 11 种科学技术门类之一，与自然科学、社会科学、数学科学、系统科学、人体科学、行为科学、军事科学、地理科学、建筑科学、文学艺术并列。在钱学森思维科学的倡导和影响下，各种学科思维逐步开始形成和发展，如数学思维、物理思维等。

1.4.2　计算思维及其主要内容

1. 计算

了解了计算机的组成，就能理解计算机解决问题的过程。下面来看一个常见任务——用计算机写文章。为了完成这个任务，首先需要编写具有输入、编辑、保存等功能的程序，如微软公司的程序员编写的 Word 程序。如果计算机的外存储器（磁盘）中已经存在这个程序，那么可以通过双击 Word 程序图标等方式启动程序，使该程序从磁盘加载到内存储器中；然后 CPU 逐条取出该程序的指令并执行，直至最后一条指令执行完毕，程序即告结束。在程序执行过程中，有些指令会与用户进行交互，如用户利用键盘输入或删除文字，利用鼠标操作进行文件保存或打印等。这样，通过执行成千上万条简单的指令，最终完成了利用计算机写文章的任务。

针对一个问题，设计出解决问题的程序（指令序列），并由计算机来执行这个程序，这就是计算（computation）。通过计算，只会执行简单操作的计算机就能够完成复杂的任务，所以计算机的各种复杂功能其实都是计算的"威力"。下面举一个关于计算的例子。Amy 是一个只学过加法的一年级学生，她能完成一个乘法运算任务吗？解决问题的关键在于编写出合适的指令序列让 Amy 机械地执行。例如，下列算法能够使 Amy 算出 m×n：

在纸上写下 0，记住结果；

给所记结果加上第 1 个 n，记住结果；

给所记结果加上第 2 个 n，记住结果；

……

给所记结果加上第 m 个 n，记住结果。至此就得到了 m×n 的结果。

不难看出，这个指令序列的每一步都是 Amy 能够做到的，因此最后她也能完成乘法运算。这就是"计算"带来的成果。

计算机就是通过这样的"计算"来解决所有复杂问题的。执行大量简单指令组成的程序虽然枯燥烦琐，但是计算机作为一种机器，其优点正是可以机械地、忠实地、不厌其烦地执行大量的简单指令。

2. 计算思维

2006 年 3 月，美国卡内基·梅隆大学计算机科学系主任周以真教授在美国计算机权威期刊 *Communications of the ACM* 上定义了计算思维（computational thinking）。周以真认为，计算思维是运用计算机科学的基础概念进行问题求解、系统设计及人类行为理解等涵盖计算机科学之广度的一系列思维活动。

正如数学家在证明数学定理时有独特的数学思维，工程师在设计制造产品时有独特的工程思维，艺术家在创作诗歌、音乐、绘画时有独特的艺术思维一样，计算机科学家在用计算机解决问题时也有自己独特的思维方式和解决方法，人们将其统称为计算思维。从问题的计算机表示、算法设计到编程实现，计算思维贯穿计算的全过程。学习计算思维，就是学会像计算机科学家一样思考和解决问题。

图灵奖获得者艾兹格·W. 迪科斯彻（Edsger Wybe Dijkstra）曾指出，人们所使用的工具影响着人们的思维方式和思维习惯，从而也将深刻地影响着人们的思维能力。

计算思维吸取了解决问题所采用的一般数学思维方法、现实世界中巨大复杂系统设计与评估的一般工程思维方法，以及复杂性、智能、心理、人类行为的理解等一般科学思维方法。

作为一种思维方法，计算思维的优点体现在，其建立在计算过程的能力和限制之上，由人或机器执行。计算方法和模型使人们敢于处理那些原本无法由个人独立完成的问题和系统设计。

计算思维的关键是用计算机模拟现实世界。对于计算思维可以用"抽象""算法"4 个字来概括，也可以用"合理抽象""高效算法"8 个字来概括。

3. 计算思维主要内容

计算思维建立在计算过程的能力和限制之上，由机器执行。计算方法和模型使人们敢于处理那些原本无法由任何人独自完成的问题求解和系统设计。计算思维直面机器智能的不解之谜：什么事情人类比计算机做得好？什么事情计算机比人类做得好？最基本的问题是，什么是可计算的？迄今为止，人们对这些问题仍是一知半解。

计算思维是每个人的基本技能，不仅仅属于计算机科学家。每个人在培养解析能力时不仅要掌握阅读、写作和算术（reading，writing，arithmetic，3R），还要学会计算思维。正如印刷出版促进了 3R 的普及一样，计算和计算机也以类似的正反馈促进着计算思维的传播。

当人们求解一个特定问题时，首先会问：解决这个问题有多么困难？怎样才是最佳的解决方法？计算机科学可根据坚实的理论基础来准确地回答这些问题。表述问题的难度就是工具的基本能力，必须考虑的因素包括机器的指令系统、资源约束和操作环境。

为了有效地求解一个问题，人们可能要进一步询问：一个近似解是否就够了？是否可以利用随机化来改进结果？以及是否允许误报（false positive）和漏报（false negative）？计算思维通过约简、嵌入、转化和仿真等方法，把一个看似困难的问题重新阐释成一个容易解决的问题。

计算思维是一种递归思维。它是并行处理的，可以把代码译成数据，也可把数据译成代码。对于间接寻址和程序调用方法，计算思维既知道其威力又了解其代价。在评价一个程序时，不仅要考虑其准确性和效率，还要考虑美学，而对于系统的设计，还要考虑简洁和优雅。

计算思维采用抽象和分解来迎接庞杂的任务或设计巨大复杂的系统。它选择合适的方式陈述一个问题，或者选择合适的方式对一个问题相关方面的建模进行处理。它利用不变量简明扼要且表述性地刻画系统的行为，使人们在不必理解每一个细节的情况下就能够安全地使用、调整和影响一个大型复杂系统的信息。它就是为预期的未来应用而进行的预取和缓存。

计算思维利用启发式推理来寻求解答，是在不确定情况下的规划、学习和调度，是搜索、搜索、再搜索，其结果是一系列网页，或一个赢得游戏的策略，或一个反例。计算思维利用海量数据来加快计算，在时间和空间之间、在处理速度和存储器之间进行权衡。

考虑下面日常生活中的实例：当早晨去学校时，你会把当天需要的书放进书包，这就是预置和缓存；当弄丢手套时，你会沿走过的路寻找，这就是回推；你会思考什么时候可以停止租用滑雪板而为自己买一副，这就是在线算法；在超市付账时，你选择排哪个队，这就是多服务器系统的性能模型；为什么停电时电话仍然可用，这就是失败的无关性和设计的冗余性；完全自动的大众图灵测试如何区分计算机和人类，即全自动区分计算机和人类的图灵测试（completely automated public turing test to tell computers and humans apart，CAPTCHA）程序是怎样鉴别人类的？这就是充分利用求解人工智能难题的艰难来挫败计算代理程序。

计算思维代表一种普遍的认识和一类普适的技能，每一个人，而不仅仅是计算机科学家，都应学习和运用它。

1.4.3　计算思维基本特征

计算思维的所有特征和内容都在计算机科学中得到了充分体现，并且随着计算机科学的发展而同步发展。

1. 概念化，不是程序化

计算机科学不只是计算机编程，像计算机科学家那样思维意味着不仅能为计算机编程，还要能够在抽象的多个层次上思维。

2. 基础的，不是机械的技能

计算思维是一种基础技能，是每一个人为了在现代社会中发挥职能所必须掌握的技能。生搬硬套的机械的技能意味着机械地重复。具有讽刺意味的是，只有当计算机科学解决了人工智能的宏伟挑战——使计算机像人类一样思考之后，思维才会变成机械的生搬硬套。

3. 人的，不是计算机的思维

计算思维是人类求解问题的一条途径，但绝非试图使人类像计算机那样思考。计算机枯燥且沉闷，人类聪颖且富有想象力。人类赋予计算机激情，计算机赋予人类强大的计算能力，人类应该好好利用这种力量解决各种需要大量计算的问题。配置了计算设备，人们就能用自己的智慧去解决那些计算时代之前不敢尝试的问题，就能建造那些过去无法建造的系统。

4. 数学和工程思维的互补与融合

计算机科学本质上源于数学思维，因为像所有科学一样，它的形式化解析基础筑于数学之上。计算机科学本质上又源于工程思维，因为人们建造的是能够与实际世界互动的系统。

基本计算设备的限制迫使计算机科学家必须计算性地思考，而不能只是数学性地思考。构建虚拟世界的自由使人们能够超越物理世界去打造各种系统。

5. 是思想，不是人造品

计算思维不只是人们生产的软件、硬件等人造品以物理形式到处呈现并时时刻刻触及人们的生活，更重要的是，还有人们用于接近和求解问题、管理日常生活、与他人交流和互动的计算性概念。

6. 面向所有人、所有领域

当计算思维真正融入人类活动的整体而不再是一种显式哲学的时候，它就成为现实。它作为解决问题的有效工具，人人都应当掌握，处处都会被使用。计算思维最根本的内容，即其本质是抽象（abstraction）和自动化（automation）。它反映了计算的根本问题，即什么能被有效地自动进行。计算是抽象的自动执行，自动化需要某种计算机去解释抽象。从操作层面上讲，计算就是如何让计算机求解问题，隐含地说，就是要确定合适的抽象，选择合适的计算机去解释并执行该抽象，后者就是自动化。计算思维中的抽象完全超越物理的时空观，并完全用符号来表示，其中数字抽象只是一类特例。与数学和物理科学相比，计算思维中的抽象显得更丰富，也更复杂。数学抽象的最大特点是抛开现实事物的物理、化学和生物学等特性，仅保留其量的关系和空间的形式。计算思维中的抽象不仅仅如此，计算思维虽然具有计算机的许多特征，但是其本身并不是计算机的专属。实际上，即使没有计算机，计算思维也会逐步发展，甚至有些内容与计算机没有关系。但是，正是计算机的出现给计算思维的发展带来了根本性变化。这些变化不仅推进了计算机的发展，而且推进了计算思维本身的发展。在这个过程中，一些属于计算思维的特点被逐步揭示，计算思维与理论思维、实验思维的差别也越来越清晰。

1.4.4　计算模式

1. 计算机应用系统的计算模式

自世界上第一台计算机诞生以来，计算机作为人类信息处理的工具已有半个多世纪了。在这一发展过程中，计算机应用系统的模式发生了几次变革，分别是单主机计算模式、分布式客户机/服务器（C/S）计算模式和浏览器/服务器（browser/server，B/S）计算模式。

1）单主机计算模式

1985 年以前，计算机应用一般是单台计算机构成的单主机计算模式。单主机计算模式又可分为两个阶段。

（1）单主机计算模式的早期阶段，系统所用的操作系统为单用户操作系统，系统一般只有一个控制台，限单独应用，如劳资报表统计等。

（2）分时多用户操作系统的研制成功及计算机终端的普及，使早期的单主机计算模式发展成为单主机-多终端的计算模式。在该计算模式中，用户通过终端使用计算机，每个用户都感觉是在独自享用计算机的资源，但实际上主机是分时轮流为每个终端用户服务的。

2）分布式客户机/服务器计算模式

20 世纪 80 年代，随着个人计算机的发展和局域网技术的逐渐成熟，用户可以通过计算机网络共享计算机资源，计算机之间通过网络可协同完成某些数据处理工作。虽然个人计算机的资源有限，但是在网络技术的支持下，应用程序不仅可利用本机资源，还可通过网络方便地共享其他计算机的资源，在这种背景下 C/S 的计算模式应运而生。

在 C/S 计算模式中，网络中的计算机被分为两大类：一类是用于向其他计算机提供各种服务（主要有数据库服务、打印服务等）的计算机，统称为服务器；另一类是享受服务器所提供的服务的计算机，称为客户机。

客户机一般由微机承担，运行客户应用程序。应用程序被分散地安装在每台客户机上，这是 C/S 计算模式应用系统的重要特征。部门级和企业级的计算机作为服务器运行服务器系统（如数据库服务器系统、文件服务器系统等）软件，向客户机提供相应的服务。

在 C/S 计算模式中，数据库服务是最主要的服务，客户机将用户的数据处理请求通过客户机的应用程序发送到数据库服务器，数据库服务器分析用户请求，实时对数据库进行访问与控制，并将处理结果返回给客户机。在这种模式下，网络上传送的只是数据处理请求和少量的结果数据，网络负担较小。

对于较复杂 C/S 计算模式的应用系统，数据库服务器一般情况下不止一个，而是根据数据的逻辑归属和整个系统的地理安排可能有多个数据库服务器（如各子系统的数据库服务器及整个企业级数据库服务器等），企业的数据分布在不同的数据库服务器上。

C/S 计算模式是一种较成熟且应用广泛的企业计算模式。其客户端应用程序的开发工具也较多，这些开发工具分为两类：一类是针对某一种数据库管理系统的开发工具，如针对 Oracle 的 Developer 2000；另一类是对大部分数据库系统都适用的前端开发工具，如 PowerBuilder、Visual Basic、Visual C++、Delphi、C++ Builder、Java 等。

3）浏览器/服务器计算模式

浏览器/服务器（B/S）计算模式是在 C/S 计算模式基础上发展而来的。导致 B/S 计算模式产生的原动力是不断增大的业务规模和不断复杂化的业务处理请求，解决这个问题的方法是在传统 C/S 计算模式的基础上，由原来的两层结构（客户机/服务器）变成三层结构，即用户界面层、业务逻辑层和数据访问层。B/S 计算模式的具体结构为浏览器/Web 服务器/数据库服务器。在三层应用结构中，用户界面层（客户端）负责处理用户的输入输出（出于效率的考虑，它可能在向上传输用户的输入前进行合法性验证）。业务逻辑层负责建立数据库的连接，根据用户的请求生成访问数据库的结构化查询语言（structured query language，SQL）语句，并把结果返回给客户端。数据访问层负责实际的数据库储存和检索，响应中间层的数据处理请求，并将结果返回给业务逻辑层。

B/S 计算模式的系统以服务器为核心，程序处理和数据存储基本上都在服务器端完成，用户无须安装专门的客户端软件，只要通过网络中的计算机连接服务器，使用浏览器就可以进行事务处理，浏览器和服务器之间通过 TCP/IP 协议进行连接。B/S 计算模式具有易于升级、便于维护、客户端使用难度低、可移植性强、服务器与浏览器可处于不同的操作系统平台等特点，同时也受到灵活性差、应用模式简单等问题的制约。在早期的办公自动化系统中，B/S 计算模式是被广泛应用的系统模式，一些管理信息系统（management information system，MIS）、企业资源计划（enterprise resource planning，ERP）系统也采取这种模式。B/S 计算模式主要应用平台有 Windows Server 系列、Lotus Notes、Linux 等，采用的主要技术手段有 Notes 编程、ASP、Java 等，同时使用 COM+、ActiveX 控件等技术。

尽管相对于更早的文件服务器来说，C/S 计算模式有了很大的进步，但与之相比，B/S

计算模式的优点还是很明显的。

（1）相对 C/S 计算模式，B/S 计算模式的维护工作量大幅减少。C/S 计算模式的每个客户端都必须安装和配置软件。假如一个企业有 50 个客户站点，使用一套 C/S 计算模式和软件，那么当这套软件进行了哪怕很微小的改动（如增加某个功能）后，系统维护员都必须先将服务器更新到最新版本，将客户端原有的软件卸载，再安装新版本的软件，然后进行设置。最可怕的是，客户端的维护工作必须不折不扣地进行 50 次。若其中有部分客户端位于其他地方，则系统维护员还必须到该处进行卸载、安装、设置工作。对于 B/S 计算模式，客户端不必安装及维护。也就是说，若将前面企业的 C/S 计算模式和软件换成 B/S 计算模式，那么软件升级后，系统维护员只要将服务器的软件升级到最新版本就可以了。其他客户端只要重新登录系统，使用的就是最新版本的软件了。

（2）相对 C/S 计算模式，B/S 计算模式能够降低总体拥有成本。C/S 计算模式一般采用两层结构，B/S 计算模式采用三层结构。两层结构中，客户端接收用户的请求后向数据库服务器提出请求，数据库服务器将数据提交给客户端，客户端对数据进行计算（可能涉及运算、汇总、统计等）并将结果呈现给用户。在三层结构中，客户端接收用户的请求后向应用服务器提出请求，应用服务器从数据库服务器中获取数据，并对数据进行计算后将结果提交给客户端，客户端将结果呈现给用户。这两种结构的不同点是，两层结构中客户端参与运算，三层结构中客户端不需要参与计算，所以对客户端的计算机配置要求比较低。另外，由于从应用服务器到客户端只传递最终的结果，数据量较少，使用电话线也能够胜任。采用 C/S 两层结构，使用电话线作为传输线路可能因为速度太慢而不能够接受。采用三层结构的 B/S 计算模式可以提高服务器的配置，降低客户端的计算机的配置。这样，增加的只是一台服务器（应用服务器和数据库服务器可以放在同一台计算机中）的价格成本，降低的却是几十台客户端的计算机的价格成本，从而起到降低总成本的作用。

从技术发展趋势上看，B/S 计算模式最终将取代 C/S 计算模式。但同时，网络计算模式很可能是 B/S、C/S 同时存在的混合计算模式。这种混合计算模式将逐渐推动商用计算机向两极化（高端和低端）和专业化方向发展。在混合计算模式的应用中，处于 C/S 计算模式下的商用计算机根据应用层次的不同，体现出高端和低端两极化的发展趋势；处于 B/S 计算模式下的商用计算机，因为仅仅作为网络浏览器，已经不再是一个纯粹的 PC，而是变成了一个专业化的计算工具。

2. 新的计算模式

1）普适计算

普适计算（ubiquitous computing, pervasive computing），是指无所不在的、随时随地可以进行计算的一种方式——无论何时何地，只要有需要，就可以通过某种设备访问所需的信息。

普适计算（又称泛在计算）的概念早在 1999 年由 IBM 公司提出。它具有如下特征。

（1）间断连接、轻量计算（即计算资源相对有限）。

（2）无所不在（pervasive）特性：用户可以随地以各种接入手段进入同一信息世界。

（3）嵌入（embedded）特性：计算和通信能力存在于人们生活的世界中，用户能够感觉到它和作用于它。

（4）游牧（nomadic）特性：用户和计算均可按需自由移动。

（5）自适应（adaptable）特性：计算和通信服务可按用户需要和运行条件提供充分的灵

活性和自主性。

（6）永恒（eternal）特性：系统在开启以后再也不会死机或需要重启。

普适计算涉及移动通信技术、小型计算设备制造技术、小型计算设备上的操作系统技术及软件技术等。普适计算技术的主要应用方向是嵌入式技术（除笔记本式计算机和台式计算机外的具有 CPU 且能进行一定数据计算的电器，如手机等都是嵌入式技术研究的方向）、网络连接技术[包括传送网 SDN（T-SDN）、非对称用户数字线路（asymmetric digital subscriber line，ADSL）等网络连接技术]、基于 Web 的软件服务架构（即通过传统的 B/S 架构，提供各种服务）。

普适计算把计算和信息融入人们的生产生活，使人们生活的物理世界与在信息空间中的虚拟世界融合为一个整体。人们生活在其中，可随时、随地得到信息访问和计算服务，从根本上改变了人们对信息技术的思考方式，也改变了人们生活和工作的方式。

普适计算是对计算模式的革新，其研究虽然才刚刚开始，但是已显示出巨大的生命力，并带来了深远的影响。普适计算的新思维极大地活跃了学术思想，推动了对新型计算模式的研究。在此方向上已出现了如平静计算（calm computing）、日常计算（everyday computing）、主动计算（proactive computing）等新的研究方向。

2）网格计算

网格计算作为一种分布式计算日益流行，它非常适合企业计算的需求。很多领域正在采用网格计算解决方案来解决自己关键的业务需求。例如，金融服务已经广泛地采用网格计算技术来解决风险管理和规避问题，自动化制造业使用网格计算解决方案来加速产品的开发和协作，石油公司大规模采用网格技术来加速石油勘探并提高成功采掘的概率。随着网格计算的不断成熟，该技术在其他领域技术的应用也在不断增加。

网格诞生于那些非常需要进行协作的研究和学术社区。其研究中一个非常重要的部分是分发知识的能力——共享大量信息和帮助创建这些数据的计算资源的效率越高，可以实现的协作质量就越好，协作级别也越广泛。

通常，人们都会混淆网格计算与基于集群的计算这两个概念，实际上这两个概念之间有一些重要的区别。需要说明的是，集群计算实际上不能真正视为一种分布式计算解决方案，但对于理解网格计算与集群计算之间的关系很有用。

网格是由异构资源组成的。集群计算主要关注的是计算资源，网格计算则对存储、网格和计算资源进行了集成。集群通常包含同种处理器和操作系统，网格则可以包含不同供应商提供的运行不同操作系统的机器。例如，IBM、Platform Computing、Data Synapse 和 United Devices 等网络计算公司提供的网格工作负载管理软件，都可以将工作负载分发到类型和配置不同的多种机器上。

网格计算和云计算有相似之处，特别是计算的并行与合作的特点，但它们的区别也很明显。

（1）网格计算的思路是聚合分布资源，支持虚拟组织，提供高层次的服务，如分布协同科学研究等。云计算的资源相对集中，主要以数据中心的形式提供底层资源的使用，并不强调虚拟组织（virtual organization，VO）的概念。

（2）网格计算用聚合资源来支持挑战性的应用，这是初衷，因为高性能计算的资源不够用，要把分散的资源聚合起来。2004 年以后，网格计算逐渐强调适应普遍的信息化应用，特别是国内强调支持信息化的应用。近几年，网格计算研究在国内得到迅速发展，设立了网格计算研究的重大专项，如用于高性能计算的国家高性能计算环境（national high performance computing environment，NHPCE）、中国国家网格（China national grid，CNGrid）和中国教育科研网格（ChinaGrid）等。但云计算从一开始就支持广泛企业计算、Web 应用，普适性更强。

（3）在对待异构性方面，两者理念上有所不同。网格计算用中间件屏蔽异构系统，力图使用户面向同样的环境，把困难留给中间件，让中间件完成任务。云计算实际上承认异构，用镜像执行，通过提供服务的机制来解决异构性的问题。当然，不同的云计算系统会有所不同，如 Google 一般使用专用子集的内部平台来支持。

（4）网格计算以作业形式使用，在一个阶段内完成作业产生数据。云计算支持持久服务，用户可以利用云计算作为其部分信息技术（information technology，IT）基础设施，实现业务的托管和外包。

（5）网格计算更多地面向科研应用，商业模型不清晰。云计算从诞生开始就针对企业商业应用，商业模型比较清晰。

（6）云计算是以相对集中的资源，运行分散的应用（大量分散的应用在若干较大的中心执行）。网格计算是聚合分散的资源，支持大型集中式应用（一个大的应用分到多处执行）。从根本上说，从应对 Internet 应用的特征而言，它们是一致的，即在 Internet 下支持应用，解决异构性、资源共享等问题。

3）云计算

网络电影随着网络技术流媒体的应用进入人们的生活。实际上，在线影视系统并不是完整的云计算，因为它还有相当一部分的计算工作要在用户本地的客户端上完成，但是，这类系统的点播等工作是在服务器上完成的，而且这类系统的数据中心存储量是巨大的。

软件即服务（software as a service，SaaS）是一种通过 Internet 提供软件的模式。在此模式下，用户不用再购买软件，而改用向提供商租用基于 Web 的软件来管理企业的经营活动，且无须对软件进行维护，服务提供商会全权管理和维护软件。SaaS 被认为是云计算的典型应用之一，搜索引擎其实就是基于云计算的一种应用方式。在使用搜索引擎时，并不需要考虑搜索引擎的数据中心在哪里，是什么样的。事实上，搜索引擎的数据中心规模相当庞大，对于用户来说，搜索引擎的数据中心是无从感知的。所以，搜索引擎就是公共云的一种应用方式。

云计算最早为 Google、Amazon 等其他扩建基础设施的大型互联网服务提供商所采用。近几年，云计算服务市场年增长快速，云计算将大幅提升中小企业的信息化水平和市场竞争力。

（1）对企业的影响。

① IT 公司的商业模式将从软/硬件产品的销售变为软/硬件产品服务的提供。

② 云计算将大幅降低信息化基础设施投入和信息管理系统运行的维护费用。

③ 云计算将扩大软/硬件产品应用的外延，改变软/硬件产品的应用模式。

④ 产业链影响，传统的软/硬件产品开发及销售将被软/硬件产品服务所替代。

（2）对个人的影响。

① 不再依赖某一台特定的计算机来访问及处理自己的数据。

② 不用维护自己的应用程序，不需要购买大量的本地存储空间，用户端负载降低、硬件设备简单。

③ 现代化生活影响，云计算服务将实现从计算机到手机、汽车、家电的迁移，把所有

家用电器中的计算芯片连网，人们在任何位置都能轻松控制家中的电气设备。

4）人工智能

人工智能的定义可以分为两部分，即"人工"和"智能"。"人工"比较好理解，争议性也不大。有时人们会考虑什么是人力所能及的，或者人自身的智能程度有没有达到可以创造人工智能的程度等，但总体而言，人工智能就是通常意义上的人工系统。

"智能"涉及如意识（consciousness）、自我（self）、思维（mind）（包括无意识的思维）等其他问题。人唯一了解的智能是人本身的智能，这是普遍认同的观点，但是人们对自身智能的理解非常有限，对构成人的智能的必要元素也了解有限，所以就很难定义什么是"人工"制造的"智能"。因此，人工智能的研究往往涉及对人的智能本身的研究。其他关于动物或其他人造系统的智能也普遍认为是人工智能相关研究课题。

人工智能目前在计算机领域得到了广泛的重视，并在机器人、经济政策决策、控制系统、仿真系统中得到应用。

人工智能学科研究的主要内容包括表示、自动推理和搜索方法、机器学习和知识获取、知识处理系统、自然语言理解、计算机语言理解、计算机视觉、智能机器人、自动程序设计等。

人工智能的第一大成就就是下棋程序。在下棋程序中应用的某些技术，如向前看几步，把困难的问题分解成一些较容易的子问题，已发展成为类似搜索和问题归纳的人工智能基本技术。今天的计算机程序已能够达到各种方盘棋和国际象棋锦标赛的水平。但是，其中一个问题是尚未解决人类棋手具有但尚不能明确表达的能力，如国际象棋大师洞察棋局的能力。另一个问题是涉及问题的原概念，在人工智能中称为问题表示的选择，人们常常能找到某种思考问题的方法，从而使求解变易而解决该问题。到目前为止，人工智能程序已能知道如何考虑它们要解决的问题，即搜索答案空间，寻找较优解答。

逻辑推理是人工智能研究比较持久的领域之一，其中特别重要的是要找到一些方法，把注意力集中在一个大型的数据库上，留意可信的证明，并在出现新信息时适时修正这些证明（为数学中臆测的题及定理寻找一个证明或反证，需要有根据假设进行演绎的能力，而许多非形式的工作，包括医疗诊断和信息检索，都可以和定理证明问题一样加以形式化）。因此，在人工智能方法的研究中，定理证明是一个极其重要的论题。

专家系统是目前人工智能中较活跃、较有成效的一个研究领域，是一种具有特定领域内大量知识与经验的程序系统。近年来，在"专家系统"或"知识工程"的研究中已出现了成功和有效应用人工智能技术的趋势。人类专家具有丰富的知识，因此才能具有优异的解决问题的能力，计算机程序如果能体现和应用这些知识，也应该能解决人类专家所解决的问题，而且应该能帮助人类专家发现推理过程中出现的差错，现在这一点已被证实。目前已证明，计算机程序在细菌血液病、脑膜炎领域的诊断和治疗能力已超过了这方面的专家。

5）物联网

目前，物联网是全球研究的热点问题，国内外都把它的发展提到了国家级的战略高度，被称为继计算机、互联网之后，世界信息产业的第三次浪潮。在不同的阶段，从不同的角度出发，对物联网有不同的理解、解释。目前，有关物联网定义的争议仍然存在，尚不存在一个世界范围内认可的权威定义。

物联网是通过各种信息传感器及系统（传感网、射频识别、红外感应器、激光扫描器等）、条形码与二维码、全球定位系统，按照约定的通信协议，将物与物、人与物、人与人连接起来，通过各种接入网、物联网进行信息交换，以实现智能化识别、定位、跟踪、监控和管理的一种信息网络。这个定义的核心是，物联网的主要特征是每一个物件都可以寻址，每一个物件都可以控制，每一个物件都可以通信。

物联网的概念分为广义和狭义两个方面。广义上，物联网是一个未来发展的愿景，等同于"未来的互联网"，或者是"泛在网络"，能够实现人在任何时间、地点，使用任何网络与任何人或物进行信息交换。狭义上，物联网隶属于泛在网，但不等同于泛在网，只是泛在网的一部分；物联网涵盖了物品之间通过感知设施连接起来的传感网，不论它是否接入互联网，都属于物联网的范畴；传感网可以不接入互联网，但当需要时，随时可利用各种接入网接入互联网。从不同角度看，物联网会有多种类型，不同类型的物联网的软/硬件平台的组成有所不同，但在任何一个网络系统中，软/硬件平台却是相互依赖、共生共存的。

物联网是面向应用的、贴近客观物理世界的网络系统，它的产生、发展与应用密切相关。就传感网而言，经过不同领域研究人员多年来的努力，其已经在军事领域、精细农业、安全监控、环保监测、建筑领域、医疗监护、工业监控、智能交通、物流管理、自由空间探索、智能家居等领域得到了充分的肯定和初步应用。传感网、RFID 技术是物联网目前应用研究的热点，两者结合组成的物联网可以以较低的成本应用于物流和供应链管理、生产制造与装配及安防等领域。

1.4.5 计算思维的应用

1. 数学

很多人认为计算机在发明之初就是为数学学科服务的，对于数学学科来说，它仅仅是一种计算工具。但是随着计算机技术的发展及数学研究领域的扩大，计算机已成为数学研究的一种重要手段。例如，有些问题对初始数据特别敏感，初始数据相差即便很微小，最终结果也会出现几个数量级的差距，所以使用人工计算是无法达到精度要求的，进行高精度的运算，对于计算机而言是十分简单的。

2. 生物信息学

生物信息学是当前较热门、较前沿的学科之一。它主要是指研究各种生物 DNA 的获取、处理、存储、分析和解释等。它的每一步都离不开计算机科学，如数据库、数据挖掘、人工智能、图形图像等。例如，生物学家获取了某一地区一抔土中所含有的各种 DNA，便可以通过数据挖掘技术及大数据比对分析得到有哪些生物路过该地，从而了解该地的生物群及环境等。

3. 物理学

物理学旨在发现、解释和预测宇宙运行规律。如今的物理学，越来越离不开计算机。例如，物理学中提出的某种假想学说，需要进行物理实验证明或者否定，此时可以先通过计算机进行模拟实验；当实验中产生大量精确的数据时，可再通过计算机来分析，提高效率。

4. 化学

化学在传统上被认为是一种纯实验科学，以往的实验大部分是纯人工操作。当计算机和化学融合后，产生了计算化学。计算机在化学中的应用包括分子图像显示、化学中的模式识别及化学数据库等。例如，在化学实验中可以通过大量计算来发现未发现过的化学分子或从未观察过的化学现象等。

5. 艺术

计算机艺术是将计算机应用于各种艺术形式从而产生的一种新兴学科，主要包括音乐、影视、绘画、广告、服装设计等领域。例如，对于室内设计，设计师可以使用计算机来制作效果图，以给消费者提供直观的感受，方便消费者选择自己满意的家装。

6. 其他

计算机科学在其他领域也有非常重要的作用，如经济学、工程学、社会科学等。

思考与练习

简答题

1. 简述计算机存储设备的分类及特点。
2. $(1011.101)_2$、$(25.7)_8$ 和 $(3E.6)_{16}$ 对应的十进制数分别是多少？
3. $(68.125)_{10}$ 对应的二进制数、八进制数和十六进制数分别是多少？
4. 查阅资料，了解与本课程相关的图灵奖获得者的科学贡献。
5. 常用的输入输出设备有哪些？请简要说明。
6. 如何理解系统软件与应用软件的不同与联系？
7. 查阅相关文献，了解什么是计算思维，如何培养计算思维。

第2章

计算机资源管理

操作系统是现代计算机系统不可缺少的重要组成部分，用来管理计算机的系统资源。有了操作系统，计算机的操作就变得简便、高效。微软（Microsoft）公司开发的 Windows 操作系统是微机使用的主流操作系统之一。

2.1 操作系统概述

2.1.1 操作系统的概念

为了使计算机系统的所有软硬件资源协调一致、有条不紊地工作，必须用一种软件来进行统一的管理和调度，这种软件就是操作系统。操作系统是最基本的系统软件，也是系统软件的核心。

操作系统直接运行在裸机之上，是对计算机硬件系统的第一次扩充。操作系统的作用主要体现在两个方面：一是方便用户使用计算机，是用户和计算机的接口；二是统一管理计算机系统的全部资源，组织计算机的工作流程，以便充分、合理地发挥计算机的效率。

目前常用的操作系统有 Windows 操作系统、UNIX 操作系统、Linux 操作系统等。

Windows 操作系统是由微软公司推出的基于图形用户界面的操作系统，因其友好的用户界面和简便的操作方法，成为目前装机率较高的一种操作系统。Windows 操作系统有两个系列，一是个人计算机操作系统，如 Windows XP、Windows Vista、Windows 7、Windows 10 等；二是网络操作系统，如 Windows Server 2003、Windows Server 2008、Windows Server 2012 等。

UNIX 操作系统于 1969 年诞生于美国的贝尔实验室，是一种分时操作系统，最初在中小型计算机上运行。UNIX 操作系统的优点是可移植性好，具有较高的可靠性和安全性，支持多任务、多处理器、多用户的网络管理和网络应用；缺点是缺乏统一的标准，应用程序不够丰富，且不易学习。

Linux 操作系统是一种源代码开放（开源）的操作系统，由 UNIX 操作系统发展而来。Linux 操作系统继承了 UNIX 以网络为核心的设计思想，是一种性能稳定的多用户网络操作系统。

2.1.2 操作系统的功能

操作系统的功能主要体现在对计算机资源——处理器、存储器、外设、文件等的管理上。操作系统将这些管理功能分别设置成相应的程序管理模块，因此操作系统的主要功能分别是处理器管理、存储管理、设备管理和文件管理。

（1）处理器管理。处理器管理是指对 CPU 的管理。CPU 有很强的处理能力，为了充分利用 CPU 资源，操作系统可以同时运行多个任务，CPU 的分配、调度就属于操作系统的处理器管理范畴。处理器管理的核心是进程管理。进程是指一个具有一定独立功能的程序在一个数据集合上的一次动态执行过程。简言之，进程就是正在执行的程序。进程管理包括进程控制、进程同步、进程通信和调度。

（2）存储管理。存储器主要用来存放各种信息。操作系统对存储器的管理主要体现在对内存储器的管理上，而内存储器管理的主要内容是对内存储器空间的分配、保护和扩充。

（3）设备管理。计算机外设分为输入设备、输出设备和外存储器。设备管理是指对计算机外设的管理，主要体现在两个方面，一是提供用户与外设的接口，二是提供缓冲管理。

（4）文件管理。计算机外存储器中以文件形式存储了大量信息，如何组织和管理这些信息，并且方便用户的使用，就是文件管理的功能。

2.1.3　操作系统的分类与应用

1. PC 端操作系统

1）Windows 操作系统

Windows 操作系统，是由美国微软公司研发的一种操作系统，问世于 1985 年。起初是 MS-DOS 模拟环境，后续由于微软对其不断更新升级，提升了其易用性，使 Windows 操作系统成为应用最广泛的操作系统之一。

2021 年 6 月 24 日，微软推出了新的 Windows 11 操作系统。这是微软近 6 年来首次推出新的 Windows 操作系统。此前，Windows 10 操作系统是世界上使用最广泛的 PC 操作系统，有超过 13 亿部设备在使用。微软首席产品官帕诺斯·潘乃（Panos Panay）将 Windows 11 操作系统描述为"让你更接近自己所爱之物的 Windows"。

2）macOS

macOS 是由苹果开发的运行于麦金塔（Macintosh）系列计算机上的一种操作系统。macOS 是首个在商用领域成功应用的图形用户界面操作系统。

2020 年 06 月 23 日，在 2020 苹果全球开发者大会上，苹果正式发布了 macOS 的下一个版本：macOS 11.0，正式名称为 macOS Big Sur。该版本使用了新的界面设计，增加了 Safari 浏览器的翻译功能等。

3）UNIX 操作系统

UNIX 操作系统是 20 世纪 70 年代初出现的一种操作系统，除了作为网络操作系统之外，还可以作为单机操作系统使用。UNIX 作为一种开发平台和台式计算机操作系统获得了广泛应用，主要用于工程应用和科学计算等领域。UNIX 操作系统种类很多，许多公司都有自己的版本，如 AT&T、Sun、HP 等。

4）Linux 操作系统

Linux 操作系统的全称为 GNU/Linux 操作系统，是一种免费使用和自由传播的类 UNIX 操作系统，其内核由林纳斯·本纳第克特·托瓦兹（Linus Benedict Torvalds）于 1991 年 10 月 5 日首次发布。Linux 继承了 UNIX 以网络为核心的设计思想，是一种性能稳定的多用户网络操作系统。Linux 有上百种不同的发行版，如基于社区开发的 debian、archlinux，基于商业开发的 Red Hat Enterprise Linux、SUSE、Oracle Linux 等。

Linux 操作系统可以为企业架构 WWW 服务器、数据库服务器、负载均衡服务器、邮件服务器、DNS 服务器、代理服务器、路由器等，不但使企业降低了运营成本，同时还获得了 Linux 系统带来的高稳定性和高可靠性，且无须考虑商业软件的版权问题。随着 Linux 操作系统在服务器领域的广泛应用，近年来，该系统已经渗透到电信、金融、政府、教育、银行、石油等各个行业，同时各大硬件厂商也相继支持 Linux 操作系统；此外，大型、超大型互联网企业都在使用 Linux 操作系统作为其服务器端的程序运行平台，目前全球排名前十的网站使用的几乎都是 Linux 操作系统。

2. 手机操作系统

智能手机就是"掌上电脑+手机"，除了具备普通手机的全部功能外，还具备掌上电脑的大部分功能，特别是信息管理及基于无线数据通信的网络功能。随着移动通信技术的飞速发展和移动多媒体时代的到来，手机作为人们必备的移动通信工具，已从简单的通话工具向智能化发展，演变为一个移动的个人信息收集和处理平台。目前主流的手机端操作系统有 Android 操作系统、iOS 和 HarmonyOS 等。

1）Android 操作系统

2007 年 11 月 5 日，Google 发布了基于 Linux 平台的开源移动手机平台 Android。该平台由操作系统、中间件、用户界面和应用软件等组成，号称是首个为移动终端打造的真正的开放的移动开发平台。Google 以 Apache 免费开源许可证的授权方式，发布了 Android 的源代码。Android 平台具有如下优势。

（1）开放性：Android 设计之初就提倡建立一个标准化、开放式的移动软件平台，允许任何移动终端厂商加入 Android 联盟，这使其拥有更多的开发者。

（2）丰富的硬件：由于平台开放，所以有更多的移动设备厂商根据自己的情况推出了各式各样的 Android 移动设备，虽然在硬件上有一些差异，但是这些差异并不会影响数据的同步与软件的兼容性。

（3）方便开发：Android 平台为第三方开发商提供了一个宽泛、自由的环境，不会受到各种条条框框的阻扰。可想而知，会有多少新颖别致的软件诞生。

（4）Google 应用：在互联网领域，Google 有多年的从业经验，从搜索巨人向全面的互联网渗透，Google 服务如地图、邮件、搜索等已经成为连接用户和互联网的重要纽带，而 Android 平台手机将无缝衔接这些优秀的 Google 服务。

2）iOS

iOS 是由苹果公司开发的移动操作系统。2007 年 1 月 9 日，苹果公司在 Macworld 大会上公布了该操作系统，最初供 iPhone 使用，后来陆续套用到 iPod touch、iPad 上。iOS 与苹果的 macOS 一样，也属于类 UNIX 的商业操作系统，其优势具体如下。

（1）操作界面美观简洁。iOS 一直以来都以其简洁美观的界面吸引着众多的手机用户，无论是手机自身的控制图标还是 APP 的图标，都具有很高的"颜值"，可视性非常强。

（2）软件和硬件的整合度很高。为了产品上市周期和用户的体验度更好，iOS 系统新版本总能随着新机一起发布，更能把手机的性能发挥到极致，很少出现卡顿现象。

（3）安全性强。虽然 iOS 比安卓更加封闭，但是 iOS 的封闭带来了安全性高的回报。iOS 的高度封闭使得如果想要使用和操作手机的所有功能，就必须知道在苹果官网上注册的密码和用户名。

3）HarmonyOS

2019 年 8 月 9 日，华为技术有限公司在东莞举行的华为开发者大会（HDC.2019）上正式发布了 HarmonyOS。HarmonyOS 是一种基于微内核、面向 5G 物联网、面向全场景的分布式操作系统。HarmonyOS 不是 Android 操作的分支或由其修改而来，是不同于 iOS 的操作系统，性能上不弱于 Android 操作系统，而且华为还为基于安卓生态开发的应用能够平稳迁移到 HarmonyOS 上做好了衔接——将相关系统及应用迁移到 HarmonyOS 上，两天就可以完成迁移及部署。这个操作系统打通了手机、计算机、平板电脑、电视、汽车和智能穿戴等设备，统一成一个操作系统，并且该系统是面向下一代技术而设计的，能兼容全部 Android 应用的所有 Web 应用。

2.2　Windows 10 操作系统

2.2.1　Windows 10 操作系统概述

Windows 10 操作系统是微软公司发布的跨平台操作系统，应用于计算机和平板电脑等设备，于 2015 年 7 月 29 日发布正式版。Windows 10 操作系统在易用性和安全性方面有了极大的提升，除了针对云服务、智能移动设备、自然人机交互等新技术进行融合外，还对固态硬盘、生物识别、高分辨率屏幕等硬件进行了优化完善与支持。2022 年 1 月 26 日，其 10.0.19044.1503 版本发布。它实际上带有一个新功能，可以帮助用户迁移到 Windows 11 操作系统。此外，Windows 10 操作系统可选更新还带有一系列的一般性改进和修复，包括修复所有蓝牙设备的问题。

相比 Windows 7 操作系统，Windows 10 操作系统增加了如下一些新功能。

1. 资讯和兴趣

通过 Windows 任务栏上的"资讯和兴趣"功能，用户可以快速访问动态内容的集成馈送，如新闻、天气、体育等，这些内容在一天内更新。用户还可以量身定做自己感兴趣的相关内容来个性化任务栏，从任务栏上无缝阅读资讯，同时因为内容比较精简，不会扰乱日常工作流程。

2. 生物识别技术

Windows 10 操作系统新增的"Windows Hello"功能将带来一系列对于生物识别技术的支持。除了常见的指纹扫描之外，还支持通过面部或虹膜扫描进行登录。当然，用户需要使用新的 3D 红外摄像头来获取这些新功能。

3. Cortana 搜索功能

Cortana 可以用来搜索硬盘内的文件、系统设置、安装的应用，甚至是互联网中的其他信息。作为一款私人助手服务，Cortana 还能像在移动平台那样帮助设置基于时间和地点的备忘录。

4. 平板模式

微软在照顾老用户的同时，也没有忘记随着触控屏幕成长的新一代用户。Windows 10 操作系统提供了针对触控屏设备的优化功能，同时还提供了专门的平板模式，"开始"菜单和应用都将以全屏模式运行。如果设置得当，系统会自动在平板模式与桌面模式间切换。

5. 多桌面

如果用户没有多显示器配置，但依然需要对大量的窗口进行重新排列，那么 Windows 10 操作系统的虚拟桌面应该可以帮到用户。在该功能的帮助下，用户可以将窗口放进不同的虚拟桌面中，并在各桌面间进行轻松切换。使原本杂乱无章的桌面变得整洁起来。

除了上述几个比较明显的新功能外，Windows 10 操作系统也对部分原有功能的细节进行了升级，如任务栏的微调、命令提示符窗口的升级、文件资源管理器的升级、计划重新启动等。

2.2.2 Windows 10 基本操作

1. Windows 10 操作系统的启动

Windows 10 操作系统安装成功后，启动计算机的步骤如下。

① 打开显示器等外设（本次工作需要使用的设备）电源。

② 打开主机电源。

③ 计算机执行自检程序进行硬件测试，测试无误后即开始执行系统引导程序，引导启动 Windows 10 操作系统。

④ Windows 10 操作系统的用户登录界面如图 2-1 所示，单击登录的用户名，输入密码，然后按 Enter 键或者单击文本框右侧按钮（根据设置不同，也可以不需要用户名和密码，直接登录系统），即可加载个人设置，进入 Windows 10 操作系统桌面，完成启动。

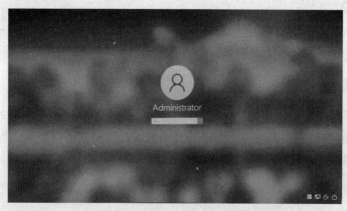

图 2-1　Windows 10 用户登录界面

2. Windows 10 操作系统的退出

如果长时间不使用计算机，应及时将其关闭。正确关闭计算机的步骤如下。

① 关闭所有打开的应用程序。

② 选择"开始"→"电源"→"关机"命令即可关闭计算机，如图 2-2 所示。

③ 关闭显示器等外设电源。

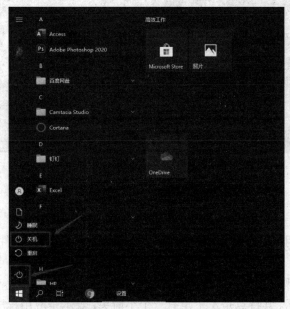

图 2-2　Windows 10 的"关机"命令

关闭计算机时，不能直接按电源按钮（除非遇到死机等异常情况，这时需要持续按住电源按钮几秒钟进行强制关机）。否则，可能会造成数据丢失或系统故障。

此外，Windows 10 操作系统还提供了其他关机选项，以实现不同程度的系统退出。具体方法是选择"关机"级联菜单中的命令，执行相应的操作。

（1）重启。系统先关闭计算机，然后自动开机，多用于更新系统设置。

（2）睡眠。进入一种节能状态。在启动睡眠模式时，Windows 10 操作系统会将当前工作状态包括打开的文档和程序等保存到内存储器中，并使 CPU、硬盘、显示器等处于低能耗状态。

3. Windows 10 桌面

Windows 10 操作系统启动成功后呈现在用户面前的是桌面，如图 2-3 所示。桌面是 Windows 操作系统占据的整个屏幕界面。桌面主要由桌面图标和任务栏组成。桌面可以放置用户经常用到的对象图标，在使用时双击图标就能够快速启动相应的程序，打开文件或文件夹。

1）桌面图标

图标是计算机中的一个重要概念，主要作用是支持图形用户界面和所见即所得。程序、驱动器、文件夹、文件等都以图标形式显示，是相应对象的图形象征。一般一个图标由图片和文字组成。

桌面图标按照性质大致分为 3 类，分别是系统图标、程序图标和用户图标。

（1）系统图标。系统图标是由微软公司开发 Windows 时定义的，专门用来代表特定的 Windows 文件和程序。常见的有"此电脑""回收站""控制面板""网络"等。初装 Windows 10 操作系统时，桌面上只有"回收站"和"此电脑"两个图标。其他系统图标可以通过"个性化"命令进行设置。在 Windows 10 操作系统中，系统图标可以都删除。

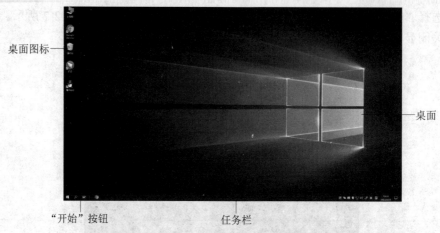

桌面图标 ————

————桌面

"开始"按钮   任务栏

图 2-3   Windows 10 的桌面

（2）程序图标。程序图标是安装软件后生成的图标。

（3）用户图标。用户图标是用户根据个人需要在桌面上放置的文件、文件夹或创建的快捷方式等对应的图标。

桌面图标按照表现形式可分为两类，即快捷方式图标和普通图标。

（1）快捷方式图标。其特点是左下角有一个小箭头，表示是应用程序等对象的快速链接，对应文件的扩展名为.lnk。当删除快捷方式图标时，不会删除其所指向的对象。

（2）普通图标。普通图标表示内容本身（系统图标除外），删除一个普通图标，该图标所对应的对象也就删除了。

表 2-1 列出了常见的系统图标、文档图标和一个指向 Word 应用程序的快捷方式图标。

表 2-1   常见图标及其含义

图标	含义	图标	含义
	Edge 浏览器		Word 文档
	此电脑		文件夹
	回收站		记事本文档
	Administrator（管理员）		Excel 文档
	网络		指向 Word 应用程序的快捷方式

2）桌面系统图标简介

（1）此电脑。双击桌面上的"此电脑"图标，打开图 2-4 所示的"此电脑"窗口，它是用户管理和使用计算机资源最直接、最有效的工具。

（2）Administrator。Administrator 是 Windows 10 用于管理用户文档的文件夹，是文档保存时的默认位置，如图 2-5 所示。"Administrator"图标对应的是"C:\Users\ Administrator"文件夹，在这里可以对文档进行分类管理。注意，Administrator 是当前登录 Windows 的用户，若是其他用户登录系统，便会显示对应用户名的文件夹。

（3）回收站。回收站是磁盘上的一块区域，为用户提供了一个安全删除磁盘上的文件或文件夹的解决方案。用户从磁盘删除文件或文件夹时，Windows 10 会将被删除的内容放入回收站，用户可以清空、删除或还原回收站中的内容，其主要作用是防止误删除。当回收站中没有删除的内容时，回收站图标显示为空的样式；当回收站中有删除的内容时，回收站图标显示为满的样式。

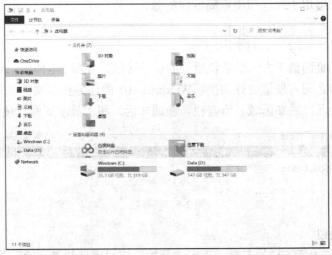

图 2-4　"此电脑"窗口

图 2-5　Administrator 窗口

对回收站的主要操作有清空回收站、删除、还原等。清空回收站是把回收站中的全部内容彻底删除；删除是把回收站中选中的内容彻底删除；还原是把回收站中选中的内容还原到原来的位置，取消删除。具体操作方法如下。

① 清空回收站：右击桌面上的"回收站"图标，在弹出的快捷菜单中选择"清空回收站"命令。或者在"回收站"窗口中选择"文件"→"清空回收站"命令。

② 删除：打开回收站，选中要删除的对象，右击，在弹出的快捷菜单中选择"删除"命令；或者在"回收站"窗口中选择"文件"→"删除"命令。

③ 还原：打开回收站，选中要还原的对象，右击，在弹出的快捷菜单中选择"还原"命令；或者在"回收站"窗口中选择"文件"→"还原"命令。

（4）网络。网络用于管理和浏览局域网资源。

4．任务栏

任务栏是位于桌面最下方（默认位置）的长条区域，如图 2-6 所示。任务栏的主要功能是在多个任务窗口之间方便地进行切换。Windows 10 的任务栏主要由"开始"按钮、任务视图按钮区、托盘区（通知区域、语言栏、新通知区）和"显示桌面"按钮等组成。

图 2-6 任务栏

1）"开始"按钮

"开始"按钮位于任务栏最左端，单击"开始"按钮可打开"开始"菜单。

2）搜索栏

搜索栏可以搜索 Web 和 Windows，在搜索栏中输入要搜索的程序，系统就可以自动搜索该应用程序。例如，在搜索栏中输入"画图"，就可以搜索到画图工具，单击其图标即可打开画图工具。

3）"Cortana 交流"按钮

Cortana 是一款新推出的人工智能软件，与大家普遍认识的智能语音助手一样，通过说话可以帮助解决问题。另外，Cortana 还有强大的数据分析功能，记录用户使用过的操作，就会分析用户的兴趣爱好，为用户设置生活和工作提醒，收发信息，创建日程安排等。

4）"多任务视图"按钮

多任务视图，让系统的桌面发挥最大的空间，快速切换和管理。

5）应用程序区

应用程序区主要存放两种按钮，一种是用于显示用户已经打开的应用程序的按钮，方便用户在多个应用程序的任务窗口之间进行切换；另一种是存放锁定到任务栏的快捷方式（应用程序对应的快捷方式）的按钮，单击这些按钮可以快速启动相应的应用程序。在应用程序区，Windows 10 还提供了一些提高工作效率的实用功能，如跳转列表、窗口预览等。

（1）任务切换。单击应用程序区的某个任务按钮，则该任务被切换为当前任务。

（2）任务按钮合并显示。同一类型的任务按钮（如多个 Word 任务按钮）可以合并显示，按钮为层叠样式。任务按钮是否合并显示，可以在"任务栏和「开始」菜单属性"对话框中进行设置。

（3）跳转列表。右击某个任务按钮图标，弹出与该任务相关的跳转列表，如图 2-7 所示。跳转列表包括最近打开的项目、对应的应用程序、"固定到任务栏"命令、"关闭窗口"命令。利用跳转列表功能可以快速打开最近访问过的应用程序和文档。

图 2-7 跳转列表

（4）窗口预览。只需将鼠标指针指向任务栏图标，即可查看已经打开的文件或程序的缩略图，如图 2-8 所示。将鼠标指针指向缩略图，即可进行全屏预览。单击缩略图可以使该窗口成为当前窗口。单击缩略图上的"关闭"按钮可以关闭该窗口。窗口预览功能大幅提高了用户的使用效率。

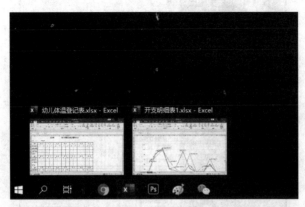

图 2-8　窗口预览

6）通知区域

通知区域用于显示应用程序消息、音量、网络连接等特定程序和设置状态的图标。

7）语言栏

语言栏用于选择、显示或设置输入法。

8）"显示桌面"按钮

"显示桌面"按钮在任务栏的右端。将鼠标指针指向该按钮，即可预览桌面，移开后返回原界面。单击该按钮，可以在窗口和桌面之间进行切换，方便用户快速查看桌面内容。

9）属性设置

在任务栏空白处右击，在弹出的快捷菜单中选择"任务栏设置"命令，打开任务栏设置对话框，如图 2-9 所示。用户可以通过任务栏的各个属性选项，对相关功能进行自定义和调整。

（1）任务栏外观设置。任务栏外观设置用于改变任务栏的显示方式，包括是否锁定任务栏、是否自动隐藏、是否使用小图标、任务栏位置、任务栏按钮的显示方式等项的设置。

对于任务栏的大小、位置的调整也可以直接通过鼠标拖动实现，当然先要解除对任务栏的锁定才能调整。任务按钮和通知区域的按钮可以通过鼠标拖动的方法改变相对位置。

（2）通知区域的图标和通知设置。Windows 10 操作系统安装成功后，通知区域就已经有一些图标了。安装新软件时，有些软件会自动将一些图标添加到通知区域。用户可以根据个人需要决定哪些图标可见或隐藏。具体方法是单击"自定义"按钮，在打开的窗口中对通知区域图标的行为进行设置。

5．"开始"菜单

与 Windows 7 操作系统相比，Windows 10 操作系统的"开始"菜单变化非常大，不仅融合了前者的特点，也保留 Windows 8 操作系统的特点，如能显示个性化信息的动态磁贴功能。其功能更加强大，设置更加丰富，操作更加人性化。用户通过合理的设置，可以有效地提高工作效率。

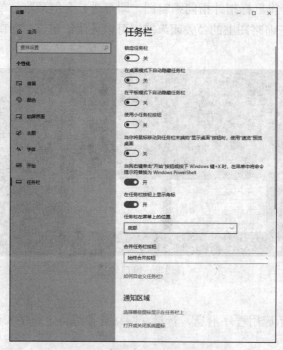

图 2-9 任务栏设置对话框

单击"开始"按钮,或者按 Windows 键,或者按 Ctrl+Esc 组合键,都可以打开"开始"菜单。

如图 2-10 所示,Windows 10 操作系统的"开始"菜单分为应用程序区(左)和磁贴区(右)两大区域。

图 2-10 "开始"菜单

(1)应用程序区。该区域列出了目前系统中已安装的应用程序清单,且是按照数字 0~

9、A～Z 的顺序依次排列。

（2）磁贴区。该区域最大限度地模仿手机图标的显示方式，为用户提供高效的应用程序管理方法。下面介绍几种磁贴区的使用方法。

① 创建磁贴。在左侧右击某个应用程序项目，在弹出的快捷菜单中选择"固定到开始屏幕"命令，就可以把常用到的程序图标放在磁贴区，方便快速查找和使用。

② 创建分组。拖动磁贴到新行，就可以实现创建新的磁贴分组。可以修改分组名称或删除分组。

③ 创建磁贴文件夹。将一个磁贴拖动到另一个磁贴上，可实现如同在手机上管理图标那样创建包含多个图标的文件夹。

（3）电源。单击"电源"按钮，打开电源选项窗口，有"睡眠""关机""重启"3 个选项。选择"睡眠"选项，可以使计算机进入睡眠状态。选择"关机"选项，可以关闭计算机。选择"重启"选项，可以将计算机重新启动。

（4）设置。单击"设置"按钮，打开"设置"窗口，该窗口的作用与"控制面板"类似，但是操作上比控制面板要清晰简洁。右击该按钮，在弹出的快捷菜单中选择"对此列表进行个性化设置"命令，可以在打开的对话框中自定义选择哪些文件夹显示在"开始"菜单上。

2.3　Windows 10 的主要功能

2.3.1　Windows 10 的文件管理

1. 基本概念

1）文件

文件是一组相关信息的集合，所有程序、数据和文档都以文件的形式存放在计算机的外存储器（如磁盘）中。每个文件都有自己的名称，称为文件名，文件名是存取文件的依据，即按名存取。文件的基本属性包括文件名、大小、类型、修改日期等。

在 Windows 10 操作系统中，任何一个文件都有图标，根据图标就可以知道该文件的类型。

2）文件夹

在一个计算机系统中，文件有成千上万个，这些文件都要存放到磁盘中。为了便于管理，一般把文件存放到不同的文件夹中。文件夹是容器，对文件起着分类、组织和管理的作用。文件夹中除了存放文件外，还可以存放文件夹，称为该文件夹的子文件夹或下级文件夹。每个文件夹都对应一个图标。

3）文件的路径

文件的存储位置称为文件的路径。文件的完整路径由 3 部分组成，分别是盘符、文件夹层次结构和文件名。

对于每个外部存储设备（如磁盘、可移动存储设备）都要有一个标识，该标识称为盘符。盘符的表示方法是在相应的字母后面加上冒号，如"C:"表示 C 盘。

对于每个外部存储设备，Windows 采用树状文件夹结构对磁盘上的所有文件进行组织和管理。磁盘就像树的根，文件夹就是树枝，文件就是树叶。每个盘符下可以包含多个文件和文件夹，每个文件夹下又有文件或文件夹，这样一直延续下去就形成了树状结构。

在文件路径的描述中，多级文件夹之间用反斜杠 "\" 隔开。例如，"D:\mydocument\notice\test.txt" 是文件 test.txt 的路径。

4）文件和文件夹的命名

文件和文件夹都是有名称的，通过名称可对它们进行管理。Windows 10 操作系统支持长文件名，文件名最长可达 255 个字符。

（1）文件和文件夹的命名格式。

文件或文件夹命名的格式如下：主名[.扩展名]。

文件或文件夹的名称由两部分组成，即主名和扩展名，两部分用 "." 隔开，扩展名可以省略，同时 "." 也要省略。

对于文件来说，扩展名虽然可以省略，但是不推荐，因为扩展名指示了该文件的类型。常见的文件扩展名与其对应的文件类型如表 2-2 所示。

表 2-2　常见的文件扩展名与其对应的文件类型

扩展名	文件类型
.exe	可执行的程序文件
.txt	文本文件
.doc 或.docx	Word 文档文件
.xls 或.xlsx	Excel 工作簿文件
.ppt 或.pptx	PowerPoint 演示文稿文件
.mp3	音频文件
.bmp	位图文件
.gif，.jpg，.tif	图片文件

文件的扩展名可以显示也可以隐藏，具体在 "文件夹选项" 对话框中设置。

对于文件夹来说，扩展名虽然可以存在，但是无实际意义，一般省略。

（2）命名约定。

① 支持长文件名，长度可达 255 个字符（包括盘符和路径的长度）。

② 可以使用字母、数字和其他符号。

③ 可以使用空格、加号（+）、逗号（,）、分号（;）、左方括号（[）、右方括号（]）、等号（=）等字符。

④ 可以使用汉字。

⑤ 不可以使用的 9 个字符：斜杠（/）、反斜杠（\）、冒号（:）、星号（*）、问号（?）、双撇号（"）、左尖括号（<）、右尖括号（>）和竖杠（|）。

⑥ 英文字母不区分大小写。

（3）重名问题。文件或文件夹的重名是指两个文件或两个文件夹的主名和扩展名完全相同。在同一文件夹（同一个地址）下，不允许有同名文件或同名文件夹存在。

2. 文件和文件夹管理

Windows 10 操作系统中的 "此电脑" 与 Windows 资源管理器都是用于管理文件和文件夹的工具。两者其实是同一个工具，因为它们运行的是同一个应用程序 explorer.exe。

1）"剪贴板"工具

在文件和文件夹的管理及 Windows 应用程序的操作过程中经常会用到"剪贴板"工具，它是 Windows 操作系统中的一个重要工具。

剪贴板是内存储器中的一块区域，是 Windows 应用程序之间用于交换信息的临时存储区，主要用于文件及文件夹的移动和复制、不同软件之间的信息交换、文档的编辑等操作。

（1）与剪贴板有关的 3 个操作是剪切、复制、粘贴。

① 剪切：把选中的内容送往剪贴板。对于文件及文件夹，粘贴后删除原对象，且只能粘贴一次。对于文档，剪切同时删除原内容，但可以多次粘贴。

② 复制：把选中内容的副本送往剪贴板，原内容不变。

③ 粘贴：把剪贴板中的内容复制到目标位置。

（2）剪切板具体操作步骤。

① 选中对象。

② 送到剪贴板。

③ 确定目标位置。

④ 粘贴。

（3）剪贴板的特点。

① 剪贴板只能存放最后一次剪切或复制的内容。

② 可以多次粘贴（文件或文件夹的剪切操作除外）。

（4）使用剪贴板捕获整个屏幕或窗口。

利用"剪贴板"工具和 PrintScreen 键可以以图片形式捕获屏幕。按 PrintScreen 键将捕获整个屏幕，即整个屏幕以图片形式送入剪贴板；按 Alt+PrintScreen 组合键将捕获活动窗口，即活动窗口以图片形式送入剪贴板。然后，可以粘贴图片到图片编辑软件（如"画图"程序）中进行编辑。

2）文件夹的创建

创建文件夹之前，要明确两个问题：在哪创建（文件夹地址）和文件夹的名称是什么。创建文件夹的方法很多，通过快捷菜单中的"新建"→"文件夹"命令和窗口上方的"文件"→"新建"命令创建文件夹是两种比较常用的方法。其具体过程如下。

① 确定创建文件夹位置。

② 在窗口工作区空白处右击，在弹出的快捷菜单中选择"新建"→"文件夹"命令；或者选择"文件"→"新建"→"文件夹"命令；或者在工具栏中单击"新建文件夹"按钮。

③ 输入文件夹的名称，按 Enter 键或单击其他位置，结束创建。

例如，要求在 D 盘中创建"照片"文件夹，在"照片"文件夹下创建"家人照片"和"同学照片"两个子文件夹，在"同学照片"文件夹下创建"初中照片""高中照片""大学照片" 3 个子文件夹。上述过程可按以下步骤完成。

① 双击"此电脑"图标，打开"此电脑"窗口。

② 双击"D:"图标，打开 D 盘。

③ 在窗口工作区空白处右击，在弹出的快捷菜单中选择"新建"→"文件夹"命令，输入"照片"作为文件夹名称，按 Enter 键。

④ 双击"照片"文件夹，打开该文件夹。

⑤ 按照步骤③创建"家人照片"和"同学照片"两个子文件夹。

⑥ 双击"同学照片"文件夹,打开该文件夹。

⑦ 按照步骤③创建"初中照片""高中照片""大学照片"3 个子文件夹。

3)文件的创建

创建文件时,要明确 3 个问题:在哪创建、文件名称是什么和文件类型是什么。创建文件的方法有很多,通过应用程序创建和"新建"命令来创建是两种常用的方法。下面介绍通过"新建"命令创建文件的步骤。

① 确定创建文件的位置。

② 在窗口工作区空白处右击,在弹出的快捷菜单中选择"新建"命令,在其级联菜单中选择要创建的文件类型;或者选择"文件"→"新建"命令来创建。

③ 输入文件名称,按 Enter 键或单击其他位置,结束创建。

例如,在 D 盘的"照片"文件夹(如果不存在要先创建)中建立一个名称为"照片说明"的文本文件,具体操作步骤如下。

① 双击"此电脑"图标,打开"此电脑"窗口;双击"D:"图标,打开 D 盘;双击"照片"文件夹,打开该文件夹。

② 在文件夹空白处右击,在弹出的快捷菜单中选择"新建"→"文本文档"命令。

③ 输入文本"照片说明"作为文件名称(默认状态下,不用输入扩展名.txt,系统会自动提供该文件的扩展名,如果用户输入的是"照片说明.txt",其中".txt"不再是该文件的扩展名,而是文件主名的一部分,即文件的完整名称是"照片说明.txt.txt"),按 Enter 结束创建。

4)文件及文件夹的选择

对文件和文件夹进行某些操作之前,要先进行选择操作,以便确定操作对象。

(1)选择单个对象:单击文件或文件夹图标。

(2)选择多个连续对象:单击第一个文件或文件夹,按住 Shift 键,单击最后一个文件或文件夹。

(3)选择多个不连续对象:按住 Ctrl 键,单击所要选择的文件或文件夹。

(4)全部选择:选择"编辑"→"全选"命令或按 Ctrl+A 组合键。

(5)反向选择:选择"编辑"→"反向选择"命令可实现反向选择,即选择当前没有被选择的文件和文件夹,并取消原来被选择的文件或文件夹。

如果要取消选择的所有内容,可以单击其他对象或文件夹空白处。如果要从已选择的内容中取消部分项目,可按住 Ctrl 键,单击要取消的项目。

5)文件及文件夹的重命名

用户可以根据需要改变文件或文件夹的名称,具体操作步骤如下。

① 选中要重命名的文件或文件夹。

② 右击选中的文件或文件夹,在弹出的快捷菜单中选择"重命名"命令,该文件或文件夹名称反白显示并被边框围起来。也可以通过选择"文件"→"重命名"命令来实现。

③ 直接输入新的名称替换原名称,或单击原名称,定位插入点后进行修改,然后按 Enter 键。

注　意

如果是对文件重命名,并且当前的设置是显示文件扩展名,一般情况下不要修改或删除扩展名。

6）文件及文件夹的移动

移动文件或文件夹就是将文件或文件夹放到新位置上，执行移动命令后，原位置的文件或文件夹消失，出现在目标位置上。移动文件或文件夹的方法有很多，下面介绍利用"剪贴板"工具来实现移动操作的具体步骤。

文件拖动小提示

① 选中要移动的文件或文件夹。

② 右击选中的文件或文件夹，在弹出的快捷菜单中选择"剪切"命令。也可以选择"编辑"→"剪切"命令，或者按 Ctrl+X 组合键。

③ 确定移动的目标位置。

④ 在窗口工作区的空白处右击，在弹出的快捷菜单中选择"粘贴"命令，或者按 Ctrl+V 组合键，或者选择"编辑"→"粘贴"命令，完成移动。

7）文件及文件夹的复制

复制文件及文件夹就是将文件或文件夹的副本放到目标位置上，执行复制命令后，原位置和目标位置均存在该文件或文件夹。复制文件或文件夹的方法有很多，下面介绍利用"剪贴板"工具来实现复制操作的具体步骤。

① 选中要复制的文件或文件夹。

② 右击选中的文件或文件夹，在弹出的快捷菜单中选择"复制"命令。也可以选择"编辑"→"复制"命令，或者按 Ctrl+C 组合键。

③ 确定复制的目标位置。

④ 在窗口工作区的空白处右击，在弹出的快捷菜单中选择"粘贴"命令，或者按 Ctrl+V 组合键，或者选择"编辑"→"粘贴"命令，完成复制。

8）文件及文件夹的删除

当文件或文件夹不再使用时，用户可将其删除，以节省空间，这有利于对文件或文件夹的管理。硬盘上的文件或文件夹删除后将被放到回收站中，用户可以选择将其彻底删除或还原到原来的位置。删除文件或文件夹的具体操作步骤如下。

① 选中要删除的文件或文件夹。

② 右击选中的文件或文件夹，在弹出的快捷菜单中选择"删除"命令，打开确认对话框，在对话框中完成操作。也可以按 Delete 键，或者选择"文件"→"删除"命令。

如果是删除硬盘上的内容，会询问是否放入回收站，单击"是"按钮，则删除的内容将进入回收站；单击"否"按钮，则取消本次删除操作。通过对回收站的操作，可以永久删除或还原这些内容。如果想直接永久删除硬盘上的内容而不进入回收站，只需在执行删除命令的同时，按住 Shift 键。回收站的清空、删除和还原操作参见 2.2.2 节。

如果删除可移动存储设备（闪存盘、闪存卡等）上的内容，确认删除后，被删除的内容不进入回收站，而是直接被永久删除。

前面讨论了关于文件和文件夹的几个重要操作，对于文件和文件夹的重命名、移动、复制、删除操作，执行命令后，均有相应的撤消命令来撤消已完成的操作。具体方法如下：选择"编辑"菜单中的相应撤消命令或在窗口工作区空白处右击，在弹出的快捷菜单中选择相应的撤消命令。

9）文件及文件夹的属性

文件或文件夹都具有一定的属性，如名称、大小、类型、修改日期、只读、隐藏、存档等。文件或文件夹的"只读"属性可以保护该对象不被修改。具有"隐藏"属性的文件或文件夹默认不显示。每次创建一个新文件或修改一个旧文件时，Windows 都会为其分配"存档"属性，"存档"属性说明文件或文件夹自上次备份后已被修改。

图 2-11 文件的属性对话框

在这些属性中，只读、隐藏、存档属性可以通过"属性"命令来查看和设置。查看和设置属性的方法如下：右击要查看或设置属性的文件或文件夹，在弹出的快捷菜单中选择"属性"命令（或选择"文件"→"属性"命令），打开图 2-11 所示的属性对话框，在对话框中完成相关操作。

10）文件及文件夹的搜索

在实际应用中，搜索是常用的操作。利用 Windows 10 操作系统的"搜索"功能，可以快速查找计算机中的程序、文件或文件夹等。

Windows 10 操作系统在"开始"菜单和"Windows 资源管理器"窗口中均提供了搜索功能。从用户在搜索框中输入搜索信息时起，搜索工作就开始了。用户可以从文件或文件夹的名称、包含的文字、时间、类型和大小等几个方面对文件和文件夹进行搜索。

通常按照文件或文件夹的名称信息进行搜索，必要时在搜索信息中使用通配符。利用通配符可以描述具有某些共同特征的一批文件，通配符有两个，分别是"*"和"?"。"*"代表若干合法字符，"?"代表一个合法字符。下面举例说明。

（1）*.*代表所有文件。

（2）*.exe 代表扩展名为.exe 的所有文件。

（3）ab*c.txt 代表主名以 ab 开头，以 c 结尾，中间可以是若干合法字符的扩展名为.txt 的所有文件。

文件搜索小技巧

（4）ab?c.txt 代表主名长度为 4 且以 ab 开头，以 c 结尾的扩展名为.txt 的所有文件。

文件及文件夹有两种搜索方法。

（1）使用任务栏中的搜索框。

Windows 10 任务栏中的搜索框是多功能搜索框，既可以搜索程序和文件，也可以运行程序。它将搜索内容分为应用、文档、网页、视频、文件夹等类别，目的是初步缩小搜索范围，如果用户实在不确定分类，也可以选择在全部范围搜索。

（2）使用文件夹中的搜索框。

如果要对指定的地址进行搜索，使用此搜索较为适用，并且可以通过"修改日期"和"大小"进行筛选。该搜索分两步进行，先要确定搜索地址，然后输入搜索内容。例如，搜索 D 盘中所有的文本文件，先打开 D 盘，然后在搜索框中输入"*.txt"，搜索结果即显示在窗口工作区中，同时在菜单栏出现"搜索工具-搜索"选项卡，如图 2-12 所示。用户可以通过明确搜索位置、优化搜索条件，缩小搜索范围，加快搜索速度。

11）文件及文件夹的显示方式

用户可以改变文件或文件夹在窗口中的显示方式。Windows 10 操作系统提供了 8 种显示方式，分别是超大图标、大图标、中等图标、小图标、列表、详细信息、平铺、内容。

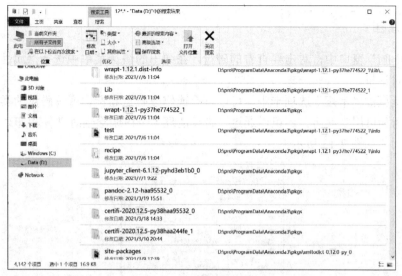

图 2-12 搜索窗口

用户可以选择"查看"菜单中的相应命令来改变显示方式，或者单击工具栏上的"视图"按钮来选择显示方式，也可以在窗口空白处右击，在弹出的快捷菜单中选择"查看"级联菜单中的命令来实现。

12）文件及文件夹图标的排序

用户可以对窗口中的图标和桌面上的图标进行排序。Windows 10 操作系统提供了 4 种排序方式，分别是名称、修改日期、类型和大小。针对每种排序方式，还可以选择递增或递减排序。

（1）名称：按名称的字典次序排列图标。

（2）修改日期：按修改日期和时间排列图标。

（3）类型：按扩展名的字典次序排列图标。

（4）大小：按所占存储空间的大小排列图标。

对窗口中的图标排序。用户可以选择"查看"→"排序方式"命令，在打开的下拉列表中选择相应的命令来排列图标。也可以在窗口空白处右击，在弹出的快捷菜单中选择"排序方式"级联菜单中的命令来实现。如果是在详细资料显示方式下，还可以通过单击列表的标题进行快速排序。单击列表标题后，在标题上会出现一个三角形，正三角形表示按升序排序，倒三角形表示按降序排序。

桌面上的图标也可以按一定的规则进行排列：在桌面空白处右击，在弹出的快捷菜单中选择"排序方式"命令，在其级联菜单中选择一种排序方式。

2.3.2 Windows 10 的磁盘管理

计算机主要的外存储器是硬盘，另外还有可移动存储设备，管理好这些外存储器，不但能充分利用存储空间，而且能加快访问速度。对硬盘的管理主要有查看属性、错误检查及碎片整理、格式化等。

1. 查看属性

在"此电脑"窗口中，右击要查看的磁盘，在弹出的快捷菜单中选择"属性"命令，打开磁盘属性对话框。

在该对话框的"常规"选项卡中，可以查看或修改磁盘卷标，查看磁盘的类型、文件系统、已用空间和可用空间等，还可以通过"磁盘清理"按钮删除临时文件和卸载某些程序来释放磁盘空间，如图 2-13 所示。

图 2-13　磁盘属性对话框的"常规"选项卡

2. 错误检查及碎片整理

在磁盘属性对话框"工具"选项卡中，可以进行查错、碎片整理和备份操作。查错的目的是扫描驱动器是否有坏扇区和坏文件分配表。对于包含大量文件的驱动器，磁盘检查过程将花费很长的时间。

在磁盘使用过程中，由于添加、删除等操作，在磁盘上会形成一些物理位置不连续的文件，即磁盘碎片。磁盘碎片的存在，既影响系统的读/写速度，又会降低磁盘空间的利用率。因此进行磁盘碎片整理很有必要。

选择"开始"→"Windows 管理工具"→"碎片整理和优化驱动器"命令，打开"优化驱动器"窗口，如图 2-14 所示。选择目标磁盘进行优化。

3. 格式化磁盘

格式化磁盘就是在磁盘上建立可以存放数据的磁道和扇区。

在"此电脑"窗口中选中需要格式化的磁盘后，选择"文件"→"格式化"命令，或右击要格式化的磁盘，在弹出的快捷菜单中选择"格式化"命令，打开如图 2-15 所示的对话框。

该对话框中的容量和分配单元大小一般不需要修改，文件系统和卷标可以根据需要进行修改。在"格式化选项"栏中如果选中 "快速格式化"复选框，则将快速完成格式化工作，但这种格式化不检查磁盘是否有坏扇区，只相当于删除磁盘中的文件。只有在该磁盘已被格式化，并且确保其未被破坏的情况下，才能使用该选项。

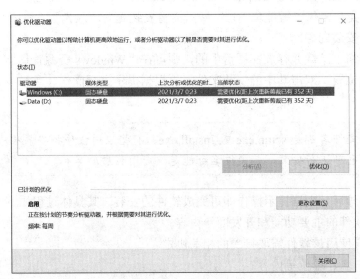

　　　图 2-14　"优化驱动器"窗口　　　　　　图 2-15　磁盘格式化对话框

2.3.3　Windows 10 的程序管理

1. 应用程序的运行

在 Windows 10 操作系统中，大多数应用程序的扩展名是.exe，少部分应用程序的扩展名是.com 和.bat。运行应用程序，就是运行对应的程序文件。Windows 10 操作系统中提供了多种运行应用程序的方法。

（1）使用"开始"菜单。这是运行应用程序最常用的方法。例如，要运行"画图"应用程序，可选择"开始"→"所有程序"→"附件"→"画图"命令。

（2）双击桌面上的应用程序图标或快捷方式图标。

（3）直接打开应用程序文档。Windows 10 操作系统中，文档与产生它的应用程序建立了关联，打开文档会自动启动相应的程序。

（4）使用 cmd 控制台。直接在 cmd 控制台中输入相应命令启动应用程序。

一般，应用程序运行后，桌面上会出现相应的应用程序窗口，并且代表该程序的任务按钮出现在任务栏上。

2. 应用程序的退出

退出应用程序就是结束应用程序的运行，释放所占资源。下面介绍几种常用的退出应用程序的方法。

（1）单击应用程序窗口的"关闭"按钮，这是最常用的方法。

（2）选择菜单（一般是"文件"菜单）中的"退出"命令。

（3）按 Alt+F4 组合键。

3. 应用程序的安装

应用程序一般有以下两种安装方法。

（1）将安装光盘放入光驱，双击其中的 setup.exe 或 Install.exe 文件，打开安装向导，再根据提示进行安装。某些安装光盘提供了智能化功能，即只需将安装光盘放入光驱，系统就会自动运行可执行文件，打开安装向导。

（2）如果安装程序是从网络上下载并存放在硬盘中的，则可在"Windows 资源管理器"窗口中找到该安装程序的存放位置，双击其中的安装文件，再根据提示进行操作。

注　意

并不是所有的安装程序的文件名都是 setup.exe 或 Install.exe，有些应用程序将安装程序打包为一个文件，双击该文件也可进行安装，其文件名可能是该应用程序的名称。

按照以上方法打开安装向导后，根据提示操作即可完成软件的安装。其具体过程如下。

① 阅读软件介绍：包括软件的主要功能和开发商等内容。

② 阅读许可协议：即用户使用该软件需要接受的相关协定。

③ 填写用户信息：如用户名、单位等内容。

④ 输入安装序列号：也称为 CD key 或产品密钥，只有输入了正确的安装序列号后才能继续安装。

⑤ 选择安装位置：即指定软件安装在计算机中的文件夹。

⑥ 选择安装项目：有些大型软件包含多个功能或组件，用户可以根据需要进行选择。

⑦ 开始安装：显示安装进度。

⑧ 安装完毕：显示安装成功等信息。

提　示

上述步骤只是软件安装的一般步骤，并不是所有软件的安装过程都要经历以上每个步骤，根据软件的类型、大小的不同，其操作步骤或增或减，每个步骤的顺序也或前或后。在安装过程中，只需仔细阅读安装向导中的提示，并按照其要求进行操作即可。

4. 查看安装好的软件

用户要了解计算机中已经安装的软件，主要有以下 3 种方法。

1）通过"开始"菜单查看

在安装过程中，如果用户选择默认的安装路径进行安装，大多数软件将出现在"开始"菜单的"所有程序"列表中，因此用户可以在"所有程序"列表中查看已安装的软件，在相应程序文件夹下单击相应的软件图标，即可启动软件。

提　示

某些软件安装成功后还将自动在桌面上创建一个快捷方式图标，双击该图标也可快速启动该软件。

2）通过"此电脑"窗口查看

软件安装成功后如果并未显示在"开始"菜单的"所有程序"列表中，也没有在桌面上创建快捷方式图标，用户可以通过"此电脑"窗口查找该软件，并在桌面上创建一个快捷方式图标以方便使用。可以在"此电脑"窗口中打开 C 盘（系统盘）中的 Program Files 文件夹，该文件夹中显示了计算机中所有安装的软件，如图 2-16 所示。

注　意

一般软件的默认安装位置是系统盘的 Program Files 文件夹，如果安装时用户手动更改了其安装位置，则只有在指定的位置才能找到该文件。

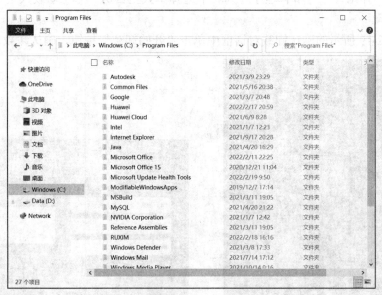

图 2-16　Program Files 文件夹

3）通过控制面板查看

用户通过控制面板也可以查看计算机中安装了哪些程序：打开"控制面板"窗口，单击"程序"超链接，在打开的"程序"窗口中单击"程序和功能"超链接，打开"程序和功能"窗口，即可查看计算机中安装的所有程序，如图 2-17 所示。

图 2-17　"程序和功能"窗口

5. 卸载软件

对于不再使用的软件或由于程序错误导致不能再继续使用的软件,可以将其从计算机中卸载。卸载软件一般可以通过下面两种方法实现。

1)通过"开始"菜单卸载

对于本身就提供了卸载功能的软件,可以通过"开始"菜单直接将其卸载,这是最简单的一种方法。例如,卸载计算机中安装的"人生日历"程序的操作步骤如下。

① 选择"开始"→"所有程序"列表中选择"人生日历"→"卸载人生日历"命令,如图2-18所示。

② 在图2-19所示的确认卸载对话框中单击"开始卸载"按钮,确认卸载。

图2-18　选择"卸载人生日历"命令

图2-19　确认卸载

③ 系统开始卸载软件,并同时显示卸载进度,如图2-20所示。软件卸载完成后,在打开的对话框中单击"卸载完成"按钮,如图2-21所示,完成卸载。

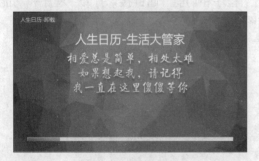

图2-20　卸载进度

图2-21　完成卸载

注　意

软件不同,软件的卸载命令项也会有所不同,但大都包含"卸载"、"删除"或"反安装"等字样。不同软件的卸载过程也会存在差异,只要根据其中的提示进行操作,便可完成软件的卸载。有些软件在卸载后还会要求重启计算机以彻底删除该软件的安装文件。

2）通过控制面板卸载

如果"开始"菜单中没有卸载命令项，则可以在控制面板中完成卸载操作。例如，通过控制面板卸载"暴风影音 5"程序的操作步骤如下。

① 选择"开始"→"控制面板"命令，打开"控制面板"窗口，在"程序"分类中单击"卸载程序"超链接，如图 2-22 所示。

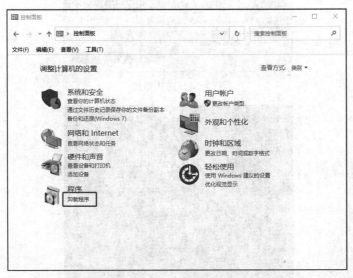

图 2-22　单击"卸载程序"超链接

② 在打开的程序列表中选择"暴风影音 5"选项，单击工具栏中的"卸载/更改"按钮，如图 2-23 所示。

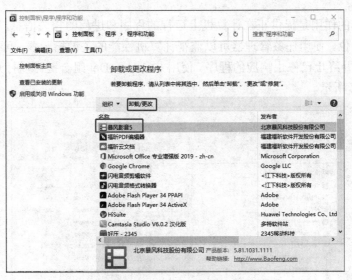

图 2-23　单击"卸载/更改"按钮

③ 在打开的对话框中选中"我要卸载"单选按钮，单击"继续"按钮，确认卸载，如图 2-24 所示。

④ 卸载程序开始卸载"暴风影音 5"程序，并显示卸载进度，进度走完后在打开的对话框中单击"完成"按钮完成卸载，如图 2-25 所示。

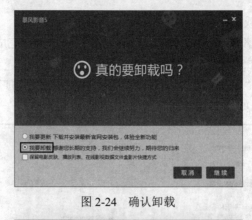

图 2-24 确认卸载

图 2-25 完成卸载

2.3.4 Windows 10 的任务管理

任务管理器的作用是提供正在计算机上运行的程序和进程的相关信息，显示最常用的度量进程性能的单位。使用任务管理器可以监视计算机性能的关键指示器，可以查看正在运行的程序的状态，并终止已停止响应的程序。使用 Ctrl+Alt+Del 组合键可以打开"任务管理器"窗口，如图 2-26 所示。

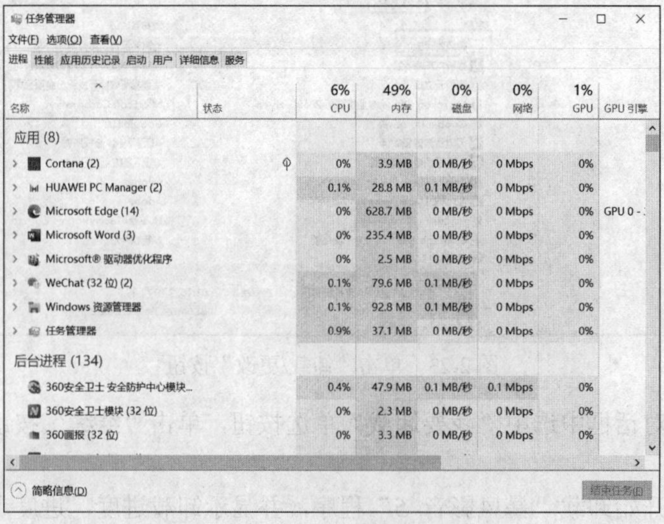

图 2-26 "任务管理器"窗口

1. 任务管理器中的显示选项卡

（1）进程：整体查看应用程序、后台进程和 Windows 进程的资源占用情况。

（2）性能：查看 CPU、内存、磁盘、以太网、GPU 的资源占用情况。尤其是 CPU 部分，在 CPU 曲线显示位置右键-将图更改为-逻辑处理器，就可以清晰地看到每个逻辑处理器的工作情况了。如果计算机莫名其妙地卡顿，可以在这里查看 CPU 和磁盘的使用率。

（3）应用历史记录：可以查看使用的软件占用了 CPU 多久，以及使用了多少网络流量，类似很多管家类软件的"流量监控"功能。在该选项卡中，可以了解哪个软件网络占有率高，或者用热点上网看看流量的使用情况。

（4）启动：主要管理开机自启的软件，比管家类软件更加方便和清晰。所有开机启动项都在这里显示，而且显示基本输入输出系统（basic input/output system，BIOS）所用时间，还会平均算出启动影响。

（5）用户：查看系统有几个账户，每个账户的资源使用情况。

（6）详细信息：查看每个进程的详细情况，还可以为进程设置优先级。例如，在做视频渲染的时候根本玩不了游戏，非常卡，那么不妨将渲染的软件优先级调低一档，这样基本不会影响效率，还能畅快地玩游戏。

（7）服务：这个选项卡只是"服务"面板的简化版，可以进行开始、停止、重新启动服务等操作。如果希望进行详细设置，可以单击"打开服务"按钮，或者在运行框内输入 services.msc。该选项卡使用最少，建议普通用户，尽量不要动这里的项目，以免误操作影响系统正常运行。

2. 重置任务管理器

任务管理器也有损坏的可能，在启动任务管理器的同时按 Ctrl+Alt+Shift 组合键，即可将任务管理器重置为出厂状态。

3. 自定义检测数据更新速度

当计算机运行缓慢或卡顿时，可以启动任务管理器，查看 CPU、内存、磁盘的资源占用情况，如果出现磁盘利用率 100%或 CPU 利用率高等问题，还可以在其中查看到底是哪些应用程序占用了过多的系统资源，但是默认情况下任务管理器监测数据的刷新速度太快了，往往还没看清就变化了。选择"查看"→"更新速度"命令，其级联菜单中有以下 4 个命令项。

① 高：更新时间为 0.5 秒。

② 正常：这是默认值，更新时间为 1 秒。

③ 低：更新时间为 4 秒。

④ 已暂停：可以让它不再更新，相当于冻结当前监测数据。

只需把更新速度设置为"低"或者"已暂停"，就可以清楚地查看某个应用程序的资源占用情况了。

2.3.5　Windows 10 的设备管理

Windows 10 通过设备管理器来管理计算机上的设备。Windows 的设备管理器是一种管理工具，用来查看和更改设备属性、更新设备驱动程序、配置设备设置和卸载设备。设备管理器提供计算机上所安装硬件的图形视图。所有设备都通过一个称为"设备驱动程序"的软件与 Windows 通信。使用设备管理器可以安装和更新硬件设备的驱动程序、修改这些设备的硬件设置，以及解决硬件问题。

打开"设备管理器"窗口的方法有如下 3 种，用户可根据自己的习惯任意选择。"设备管理器"窗口如图 2-27 所示。

（1）按 Windows+X 组合键，选择"设备管理器"命令。

（2）在任务栏中的搜索框中搜索"设备管理器"。

（3）在"控制面板"窗口中单击"设备管理器"超链接。

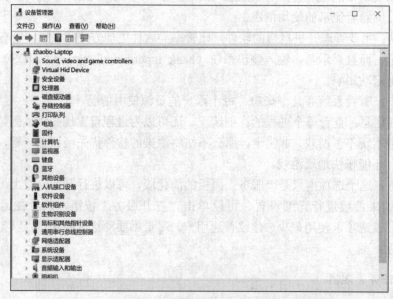

图 2-27 "设备管理器"窗口

"设备管理器"窗口中显示了本地计算机安装的所有硬件设备，如 CPU、硬盘、显示器、显卡、网卡、调制解调器等。下面介绍设备管理器中的几个问题符号。

（1）红色的叉号。硬件设备显示了红色的叉号，说明该设备已被停用。

解决办法：右击该设备，在弹出的快捷菜单中选择"启用"命令。

（2）黄色的问号或感叹号。如果看到某个设备前显示了黄色的问号或感叹号，前者表示该硬件未能被操作系统所识别；后者指该硬件未安装驱动程序或驱动程序安装不正确。

解决办法：右击该硬件设备，在弹出的快捷菜单中选择"卸载"命令，然后重新启动系统，大多数情况下系统会自动识别硬件并自动安装驱动程序。不过，某些情况下可能需要插入驱动程序盘，手动安装。如果本地没有驱动程序，可以使用第三方软件如驱动精灵、驱动人生等辅助安装驱动程序安装。

2.4 Windows 10 的系统设置

2.4.1 设置显示属性

右击桌面空白处，在弹出的快捷菜单中选择"显示设置"命令，即可打开显示设置窗口，如图 2-28 所示。

图 2-28　显示设置窗口

（1）显示和颜色：更改内置显示器的亮度。

（2）夜间模式：显示器屏幕发出的蓝光会在夜间影响睡眠，开启夜间模式可以减少屏幕蓝光，提高睡眠质量。用户可以自定义开启夜间模式的时间和强度。

（3）Windows HD Color：设置 Windows HD Color，设备将在可用时显示高动态范围（HDR）和宽色域（WCG）内容。

（4）缩放与布局：在该选项组中，可以更改屏幕上的文本及其他项目的大小，以适应用户的视觉。系统会根据显示器的尺寸推荐较为合适的缩放大小，如果觉得推荐的大小不合适，用户也可以自定义设置。

（5）显示分辨率：屏幕分辨率是指显示器上显示的像素数量，分辨率越高，项目越清楚，同时屏幕上的项目显得越小，因此屏幕可以显示的内容就越多，反之则越少。推荐使用厂商提供的分辨率。

（6）显示方向：Windows 10 默认横向显示，但是有些触控屏计算机需要改变屏幕的方向。因此，Windows 10 提供了横向、纵向、横向（翻转）、纵向（翻转）4 种显示方向。

（7）多显示器设置：当计算机连接多台显示器时，用户可以对多台显示器的关系进行自定义设置。可以将多台显示器设置为扩展关系或者复制关系。

2.4.2　设置鼠标与键盘

1. 设置鼠标

在 Windows 10 操作系统中，鼠标是一种重要的输入设备，主要有 5 种操作。

（1）指向：将鼠标指针移到某一对象上，通常会激活该对象或显示有关该对象的提示信息。

（2）单击：迅速按下并立即释放鼠标左键这一过程称为单击。单击某个对象会选中或打开该对象。

（3）右击：迅速按下并立即释放鼠标右键这一过程称为右击。右击某个对象会弹出对应的快捷菜单。

（4）双击：快速地连续两次单击左键即为双击，一般用于启动应用程序或者打开窗口。

（5）拖动：包括左键拖动和右键拖动。将鼠标指针指向某一对象，按住鼠标左键或右键并拖动将对象移到指定位置后，释放鼠标。左键拖动通常用于滚动条操作、标尺滑块滑动操作，或复制、移动对象操作。右键拖动后会弹出快捷菜单，可选择相应的命令完成操作。本书中除非特别指明是右键拖动，提到的"拖动"均指左键拖动。

在执行不同任务或处于不同状态时，鼠标指针的形状会有所不同。表 2-3 是 Windows 10 系统中常见的鼠标指针形状。

表 2-3　Windows 10 系统中常见的鼠标指针形状

鼠标指针形状	含义及可执行的操作	
▷	标准选择	表示系统处于闲置状态，随时可执行任务
▷?	帮助选择	此时单击某项目，可获得该项目的帮助信息
▷○	后台操作	表示系统正在执行任务，但还可以执行其他任务
○	忙	表示系统正忙于处理某项任务，无暇处理其他任务
I	文字选择	表示此时可以通过拖动来选择文字
⊘	不可用	表示当前鼠标操作无效
╲	手写	表示此时可用手写输入
↕	调整垂直大小	拖动可改变对象高度
↔	调整水平大小	拖动可改变对象宽度
↗	对角线调整	拖动可同时改变对象高度和宽度
✥	移动	拖动可改变所选对象位置
👆	链接选择	单击可打开所指向的对象

选择"开始"→"设置"命令，打开"设置"窗口，单击"设备"图标，在打开的窗口左侧选择"鼠标"选项，可打开鼠标设置窗口，如图 2-29 所示。鼠标的常用设置如下。

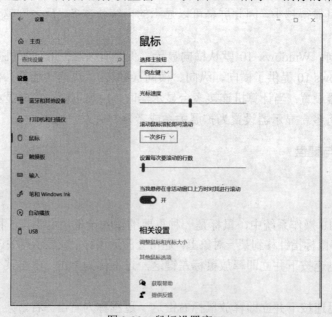

图 2-29　鼠标设置窗口

（1）选择主按钮：系统默认的鼠标主按钮是左键，右键一般用于打开隐藏菜单。当主按钮为右键时，就意味着调换了左右键的功能。

（2）光标速度：指移动鼠标时，屏幕中的指针移动的距离。光标速度越快，移动鼠标时，屏幕中鼠标指针移动的距离就越大，感觉鼠标更灵敏。反之，会感到鼠标更迟钝。

（3）滚动鼠标滚轮即可滚动：可以选择滑动滚轮时，光标移动的范围是多行或是一个屏幕，具体移动的行数也可以精确设置。

（4）其他鼠标选项：关于鼠标的所有细节设置，可以单击"其他鼠标选项"超链接，在打开的"鼠标 属性"对话框中设置，如图 2-30 所示。

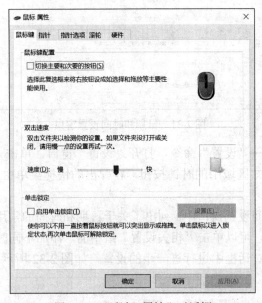

图 2-30　"鼠标 属性"对话框

2．设置键盘

选择"开始"→"设置"命令，打开"设置"窗口，单击"轻松使用"图标，在打开的窗口左侧选择"键盘"选项，可打开键盘设置窗口。键盘的常用设置如下。

（1）使用屏幕键盘：按 Windows+Ctrl+O 组合键可打开或关闭屏幕键盘。

（2）使用黏滞键：黏滞键指计算机中的一种快捷键，专为同时按下两个或多个键有困难的人而设计的。黏滞键的主要功能是方便 Shift 等键的组合使用。黏滞键可以先按一个键（如 Shift 键），再按另一键，而不是同时按下两个键，一般在计算机中连按 5 次 Shift 键会出现黏滞键提示。

（3）使用切换键：在按 Caps Lock、Num Lock 和 Scroll Lock 键时播放声音。

（4）使用筛选键：忽略短暂或重复的击键操作，并可变更该键盘重复速率。

2.4.3　设置日期、时间和区域语言

1．日期和时间设置

日期和时间设置主要包括日期和时间、时区等的设置。用户可以通过以下方法之一打开日期和时间设置窗口，如图 2-31 所示。

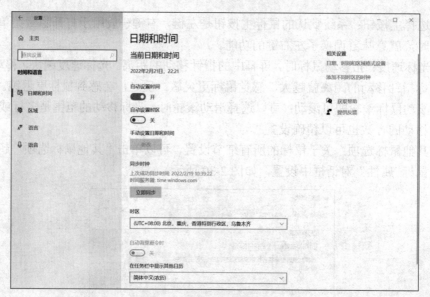

图 2-31 日期和时间设置窗口

（1）选择"开始"→"设置"命令，打开"设置"窗口，单击"时间和语言"图标。

（2）右击任务栏通知区域中的时钟按钮，在弹出的快捷菜单中选择"调整时间/日期"命令。

在打开的日期和时间设置窗口中，列出了关于日期和时间的常用设置，如果这些设置不能满足用户的细节要求，可以单击"相关设置"组中的"添加不同时区的时钟"超链接，在打开的"日期和时间"对话框中进行进一步的设置，如图 2-32 所示。

图 2-32 "日期和时间"对话框

2. 区域设置

区域设置主要包括国家和地区、区域格式和区域格式数据的设置。Window 10 根据系统设定的国家或区域，自动匹配了相应的数据格式供用户选择，即使用户对某些格式不满意，也可以单击"更改数据格式"超链接，进行细微调整。区域设置窗口如图 2-33 所示。

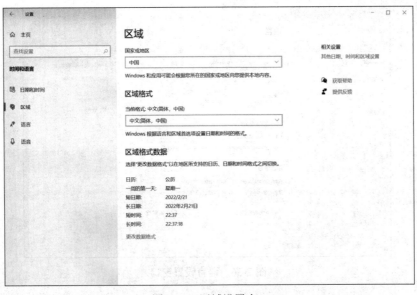

图 2-33　区域设置窗口

如果仍然不满意。单击"其他日期、时间和区域设置"超链接，打开"区域"对话框，如图 2-34 所示。单击"其他设置"按钮，打开"自定义格式"对话框，如图 2-35 所示。在该对话框中可进一步对数字、货币、时间、日期等格式进行设置。

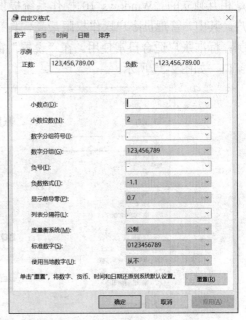

图 2-34　"区域"对话框　　　　　图 2-35　"自定义格式"对话框

3. 语言设置

选择"开始"→"设置"命令，打开"设置"窗口，单击"时间和语言"图标，在打开的窗口左侧选择"语言"选项，可打开语言设置窗口，如图 2-36 所示。用户可以单击"添加语言"按钮，安装语言包，并设置首选语言。由于日期时间、区域格式和输入法设置都与语言设置有关，在语言设置窗口中，可以在"相关设置"组中选择合适的项目跳转。

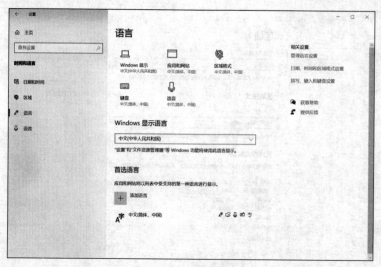

图 2-36　语言设置窗口

2.4.4　用户账户管理

Windows 10 操作系统支持多用户，每个用户只需建立一个独立的账户，即可按需进行个性化设置。每个用户用自己的账号登录 Windows 10 操作系统，并且多用户间的系统设置是相互独立的。Windows 10 操作系统提供了两种不同类型的账户，分别是管理员、标准账户。其中，管理员账户操作权限最高，具有完全访问权限，可以对计算机进行最高级别的控制；标准账户适合日常使用。在"设置"窗口中，单击"账户"超链接，即可打开账户设置窗口，如图 2-37 所示。

图 2-37　账户设置窗口

1. 管理账户信息

如果登录的是本地账户，只能修改头像；如果登录的是邮件账户，可单击"管理我的 Microsoft 账户"超链接，进入该账户界面，查看账户绑定的设备、付费信息等数据。

2. 添加账户

（1）电子邮件和账户：该设置可以为不同的应用添加不同的账户，使各个账户可以有针对性地访问系统中的应用。

（2）家庭和其他用户：该设置仅限 Windows 10 操作系统家庭版。

① 添加家庭成员：让每个人都能有自己的登录信息和桌面，可以让孩子们只访问合适的网站，只能使用合适的应用，只能玩合适的游戏，并且设置时间限制，从而确保孩子们的安全。

② 其他用户：允许不是家庭一员的用户使用自己的账户登录。这样不会将其添加到家庭组中。可以使用 Microsoft 账户登录，也可以创建本地账户后登录。

3. 登录选项

Windows 10 操作系统提供了多种登录选项，如 Windows Hello 人脸、Windows Hello 指纹、Windows Hello PIN、安全密钥。登录选项设置窗口如图 2-38 所示。

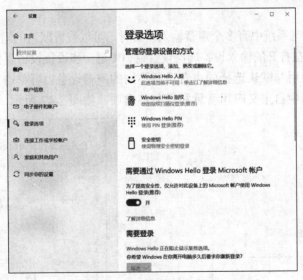

图 2-38　登录选项设置窗口

当设置为 Windows Hello 生物识别时，它将从面部摄像头、虹膜传感器或者指纹读取器采集数据，然后创建数据表示或图形，经过加密之后存储到设备上。如果没有专门的生物信息采集装置，Windows Hello 人脸、Windows Hello 指纹不能使用。

2.4.5　设置声音属性

选择"开始"→"设置"命令，打开"设置"窗口，单击"系统"图标，在打开的窗口左侧选择"声音"选项，可打开声音设置窗口，如图 2-39 所示。

1. 输出

选择输出设备：当系统中有多个声音输出设备时，可以设置默认的输出设备。单击"设备属性"超链接，可以在打开的输出设备属性设置窗口中进一步设置设备属性，如图 2-40 所示。

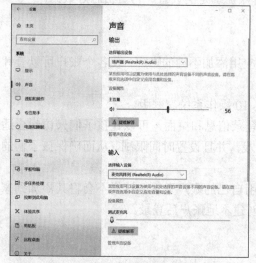

图 2-39　声音设置窗口

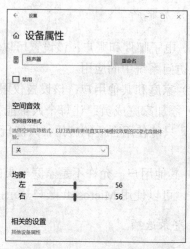

图 2-40　输出设备属性设置窗口

2. 输入

选择输入设备：当系统中有多个声音输入设备时，可以设置默认的输入设备。单击"设备属性"超链接，可以在打开的输入设备属性设置窗口中进一步设置设备属性，如图 2-41 所示。

某些应用可能使用与默认选择的声音设备不同的声音设备，可单击"高级声音选项"超链接，在打开的窗口中自定义应用音量和设备首选项，如图 2-42 所示。

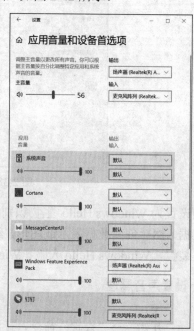

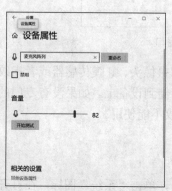

图 2-41　输入设备属性设置窗口

图 2-42　应用音量和设备首选项设置窗口

2.4.6　设置打印机

1. 添加打印机

打印机连接计算机后，还要安装其驱动程序。如果厂商提供了驱动程序的安装程序，则用户可直接执行安装程序，按照向导的提示安装驱动程序。如果厂商只提供了驱动程序，而未提供安装程序，则用户需要手动安装驱动程序，具体操作过程如下。

① 选择"开始"→"设置"命令，打开"设置"窗口，单击"设备"图标，在打开的窗口左侧选择"打印机和扫描仪"选项，打开打印机和扫描仪设置窗口，如图 2-43 所示。单击"添加打印机或扫描仪"按钮。

② 选择要安装的打印机的类型。安装的打印机的类型有两种，一种是"本地打印机"，另一种是"网络、无线或蓝牙（bluetooth）打印机"。这里以添加本地打印机为例，因此选择"添加本地打印机"选项。

③ 选择打印机端口。

④ 选择厂商和型号。如果没有对应的型号，可以单击"从磁盘安装"按钮来获得驱动程序。

⑤ 输入打印机名称。输入打印机名称后，单击"下一步"按钮，开始安装驱动程序。

⑥ 打印机共享设置。驱动程序安装完成后，设置打印机是否共享，单击"下一步"按钮，完成安装。

2. 删除打印机

不再使用打印机后，可以将其删除。具体操作步骤如下。

① 打开打印机和扫描仪设置窗口。

② 单击要删除的打印机图标，如图 2-44 所示，单击"删除设备"按钮。

图 2-43　打印机和扫描仪设置窗口

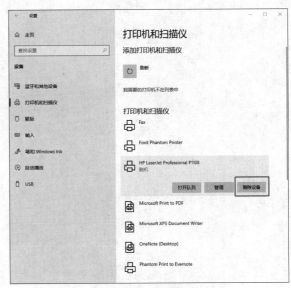

图 2-44　删除打印机

思考与练习

简答题

1. 简述网络操作系统与其他操作系统的区别。
2. 简述 Pin 码和普通密码的区别。
3. 当某一应用程序无法正常退出时，该如何处理？
4. 简述对话框与窗口的区别。
5. 文件的复制和移动有什么区别？
6. 回收站的文件放在哪里？如何改变回收站的空间大小？

第 3 章
计算机网络与信息安全

计算机网络是计算机技术与通信技术紧密结合的产物，网络技术正在对当代社会的发展产生重要影响。随着计算机技术的快速发展和广泛应用，网络技术逐渐深入人类社会的各个领域。掌握计算机网络的基础知识和应用技术，已经成为人们生活和工作中所必备的基本技能。

3.1　计算机网络

3.1.1　计算机网络的发展历程

计算机网络的发展速度与应用的广泛程度是惊人的。纵观计算机网络的形成与发展历史，大致可以将它分成 4 个阶段。

1. 第 1 阶段

20 世纪 60 年代末到 70 年代初，是计算机网络的萌芽阶段。这一阶段的主要特征如下：为了提高系统的计算能力，增加资源共享功能，把小型机连成实验性的网络。第一个远程分组交换网是阿帕网（ARPANET），由美国国防部于 1969 年建成，它第一次实现了由通信网络和资源网络复合构成计算机网络系统，标志着计算机网络的真正产生。ARPANET 是这一阶段的典型代表。

2. 第 2 阶段

20 世纪 70 年代中后期，是局域网的产生阶段。这一阶段的主要特征如下：局域网作为一种新型的计算机体系结构开始进入产业部门。局域网技术是从远程分组交换通信网络和 I/O 总线结构计算机系统派生的。1976 年，美国施乐（Xerox）公司的帕洛阿托（Palo Alto）研究中心推出以太网（ethernet），它成功地采用了夏威夷大学 Aloha 无线电网络系统的基本原理，使以太网发展成为第一个总线竞争式局域网。1974 年，英国剑桥大学计算机研究所开发了著名的剑桥环局域网（cambridge ring）。这些网络的成功实现，一方面，标志着局域网的产生；另一方面，它们形成的以太网及环网对以后局域网的发展起到了导航的作用。

3. 第 3 阶段

20 世纪 80 年代，是局域网的发展阶段。这一阶段的主要特征如下：局域网完全从硬件上具备了国际标准化组织的开放系统互连通信模式协议的能力。计算机局域网及其互连产品的集成，使局域网与局域网互连、局域网与各类主机互连，以及局域网与广域网互连的技术越来越成熟。综合业务数据通信网络（integrated services digital network，ISDN）和智能化网络（intelligent network，IN）的发展，标志着局域网的飞速发展。1980 年 2 月，美国电气和电子工程师学会（Institute of Electrical and Electronics Engineers，IEEE）下属的 802 局域网标准委员会宣告成立，相继提出 IEEE 801.5～IEEE 802.6 等局域网络标准草案，其中的绝大部分内容已被 ISO 正式认可。作为局域网的国际标准，它标志着局域网协议及其标准化的确定，为局域网的进一步发展奠定了基础。

4. 第 4 阶段

20 世纪 90 年代初至今，是计算机网络飞速发展的阶段。这一阶段的主要特征如下：计算机网络化、协同计算能力发展及全球互连网络的盛行。计算机的发展已经完全与网络融为一体，体现了"网络就是计算机"的口号。目前，计算机网络已经真正进入人类社会的各行各业。另外，虚拟网络光纤分布式数据接口（fiber distributed data interface，FDDI）及异步传输模式（asynchronous transfer mode，ATM）技术的应用，使网络技术蓬勃发展并迅速走向市场，走进平民百姓的生活。

3.1.2　计算机网络基本概念

网络通常是指为了达到某种目标而以某种方式联系或组合在一起的对象或物体的集合。例如，日常生活中四通八达的交通系统、供水系统或供电系统、邮政系统等都是某种形式的网络。计算机网络是指将地理位置不同且功能相对独立的多台计算机通过通信线路相互连在一起，由专门的网络操作系统进行管理，以实现资源共享、数据通信的系统。

"地理位置不同"是指计算机网络中的计算机通常处于不同的地理位置。例如，当人们通过 Internet 访问网络服务时，被访问的主机在地理上往往是不可见的，不仅如此，这个主机还可能与人们位于不同的城市、省份乃至不同的国家。事实上，在绝大部分情况下，人们甚至不知道也不需要知道它所处的确切位置。正是地理位置分布性所形成的空间障碍，才形成了以组建计算机网络的方式来实现资源共享的原始驱动因素。

"功能相对独立"是指相互连接的计算机之间不存在相互依赖的关系。作为各自独立的计算机系统，它们具有各自独立的软件和硬件，任何一台计算机都可以脱离网络和网络中的其他计算机独立工作。例如，家族用计算机既可以接入网络运行，也可以脱离网络以单机方式运行。

当这些地理位置不同的计算机组成计算机网络时，必须通过通信线路将它们互连起来，通信线路由通信介质和通信控制设备组成。但是，单纯依靠计算机之间的物理连接是远远不够的，为了在这些功能相对独立的计算机之间实现有效的资源共享，还必须提供具备网络软硬件资源管理功能的系统软件，这种系统软件就是网络操作系统。组建计算机网络的根本目的是实现资源共享，这里的资源既包括计算机网络中的硬件资源，如磁盘空间、打印机、绘图仪等，也包括软件资源和数据。

3.1.3　计算机网络的分类

在计算机网络的研究中，常见的分类方法有以下几种。

（1）按通信所使用的传输介质分为有线网络和无线网络。有线网络是指采用有形的传输介质如铜缆、光纤等组建的网络；使用微波、红外线等无线传输介质作为通信线路的网络属于无线网络。

（2）按使用网络的对象分为公众网络和专用网络。公众网络是指为公众提供网络服务的开放网络，如 Internet；专用网络是指专门为特定的部门或应用而设计的网络，如银行系统的网络。

（3）按照网络传输技术分为广播式网络（broadcast network）和点到点式网络（point-to-point network），如图 3-1 所示。广播式网络是指网络中所有计算机共享一条通信信道。广播式网络在通信时具备两个特点：一是任何一台计算机发出的消息都能够被其他连接到这条总线上的计算机收到；二是任何时间内只允许一个结点使用信道。在点到点式网络中，由一条通信线路连接两台设备，为了能从源端到达目的端，网络上的数据可能需要经过一台或多台中间设备。

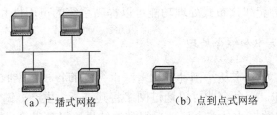

（a）广播式网格　　　　　　（b）点到点式网络

图 3-1　广播式网络和点到点式网络

（4）按照地理覆盖范围分为局域网、城域网和广域网。按照地理覆盖范围对网络类型进行划分是目前较常见的一种计算机网络分类方法。这是因为地理覆盖范围的不同直接影响网络技术的实现与选择。也就是说，局域网、城域网和广域网由于地理覆盖范围不同而具有明显不同的网络特性，并在技术实现和选择上存在明显差异。

① 局域网（local area network，LAN）。局域网的覆盖范围只有几千米，如一幢大楼内或一所校园内。局域网通常为使用单位所有，校园网络或中小型公司的网络通常属于局域网。

② 城域网（metropolitan area network，MAN）。城域网的覆盖范围从几千米到几十千米不等，主要是满足城市、郊区的连网需求。例如，将某个城市中所有中小学互连起来所构成的网络可以称为教育城域网。

③ 广域网（wide area network，WAN）。广域网的覆盖范围一般从几十千米到几千千米不等，能够在很大范围内实现资源共享和信息传递。大家熟悉的 Internet 就是广域网中最典型的代表。

（5）按照拓扑结构分为总线型网络、星形网络、环形网络等。

3.1.4　计算机网络的功能

计算机网络的功能可归纳为资源共享、数据传送、均衡负荷和分布式处理、数据信息的集中和综合处理 4 项。

1. 资源共享

资源共享是网络的基本功能之一。计算机网络的资源主要包括硬件资源、软件资源和数据。硬件资源包括处理机、大容量存储器、打印设备等，软件资源包括各种应用软件、系统软件等。资源共享功能不仅使网络用户克服了地理位置上的差异，共享网络中的资源，还可以充分提高资源的利用率。

2. 数据传送

数据传送是计算机网络的另一项基本功能。它包括网络用户之间、各处理器之间及用户与处理器之间的数据通信。例如，人们在网络上相互发送与接收电子邮件就是一种基于数据传送的应用。

3. 均衡负荷和分布式处理

均衡负荷是指当网络的某个结点系统的负荷过重时，新的作业可以通过网络传送到网络中其他较空闲的计算机系统中处理。分布式处理是指当网络中的某个结点的性能不足以处理某项复杂的计算或数据处理任务时，可以通过调用网络中的其他计算机，通过分工合作来共同完成。利用均衡负荷和分布式处理功能可以提高系统的可用性和可靠性。

4. 数据信息的集中和综合处理

以网络为基础，可以将从不同计算机终端上得到的各种数据收集起来，并进行整理、分析等综合处理。例如，一个企业可以通过网络将其进货、生产、销售和财务等各个方面的数据集中在一起，这些数据通过综合处理后得到的结果可以帮助企业调整生产和管理的各个环节或作出一些重要的决策。

前面列举的计算机网络的功能不是完全独立存在的，它们之间是相辅相成的关系。以这些功能为基础，可以在网络上开发出许多应用。

3.1.5　常用计算机网络设备

1. 集线器

集线器（hub）是一个多端口转发器，主要功能是对接收的信号进行再生整形放大，以扩大网络的传输距离，同时把所有结点集中在以它为中心的结点上。它工作在开放系统互联（open system interconnection，OSI）参考模型中的物理层。集线器采用带冲突检测的载波监听多路访问（carrier sense multiple access with collision detection，CSMA/CD）介质访问控制机制，采用广播方式发送数据，通过集线器连接的计算机或者网络属于同一个冲突域和广播域。图3-2所示为桌面式集线器。

2. 交换机

交换机（switch）实质是一个多端口的网桥，工作在OSI参考模型中的数据链路层，可以连接计算机或者扩展网络，为接入交换机的任意两个网络结点提供独享的信号通路，常用于扩展网络。交换机利用自主学习算法形成介质访问控制（medium access control，MAC）地址和端口之间对应关系的转发表，端口收到数据后依据转发表，通过交换机内部高速交换矩阵进行全双工独立的数据交换，实现任意端口之间数据的快速转发。通过交换机连接的计算机或者网络属于同一个广播域，但不属于同一个冲突域。交换机示例如图3-3和图3-4所示。

图 3-2 桌面式集线器

图 3-3 机架式交换机

3. 路由器

路由器（router）是连接两个或多个网络的硬件设备，工作在 OSI 参考模型中的网络层，在网络间起网关的作用，不同的网络属于不同的广播域。路由器利用路由算法计算得出去往目标网络的最佳路径，并把数据转发到对应的端口上，实现了不同网络之间的数据存储、分组转发功能。图 3-5 所示为企业路由器。

图 3-4 盒式交换机

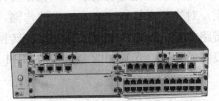

图 3-5 企业路由器

4. 无线接入点

无线接入点（access point，AP）是无线局域网中的一种典型应用，是无线网和有线网之间沟通的桥梁，相当于有线网络中的交换机，能够把各个无线客户端连接起来。AP 是组建无线局域网（wireless LAN，WLAN）的核心设备，主要用于家庭宽带网络、楼宇网络及园区网络，覆盖范围一般从几十米到上百米。图 3-6 和图 3-7 所示为典型的无线 AP。

图 3-6 面板式无线 AP

图 3-7 吸顶式无线 AP

5. 宽带路由器

宽带路由器是近年来新兴的一种网络产品，伴随宽带的普及应运而生。宽带路由器是一个集成了路由器、网络地址转换（network address translation，NAT）、动态主机配置协议（dynamic host configuration protocol，DHCP）、防火墙、带宽控制和管理等功能，具备快速转发能力，为用户提供接入宽带网络服务的设备。宽带路由器分为有线宽带路由器和无线宽带路由器。无线宽带路由器在有线宽带路由器基础上进一步集成了 AP 的功能，实现了宽带路由器和 AP 的一体化，即通常所说的 WiFi 路由器。宽带路由器如图 3-8 和图 3-9 所示。

图 3-8　无线宽带路由器　　　　　　　　图 3-9　有线宽带路由器

6. 光猫

光猫是单端口光端机的别称，也称为光调制解调器，是针对特殊用户环境设计的产品。它利用一对光纤进行点到点式的光波传输，具备光电信号转换功能。部分光猫设备集成了无线宽带路由器的功能，实现了光电信号转换、路由器、AP 功能的一体化，精简了弱电箱内用户设备的数量。光猫如图 3-10 和图 3-11 所示。

图 3-10　普通光猫　　　　　　　　　　图 3-11　光猫 WiFi 一体机

3.2　Internet 基础

Internet 即因特网，又称万维网（world wide web，WWW）简称 Web，是全球计算机网络互连的一种大型公用网络。它是利用通信设备和线路将全世界不同地理位置且功能相对独立的数以千万计的计算机系统互连起来，以功能完善的网络软件实现网络资源共享和信息交换的数据通信网。

3.2.1　Internet 概述

Internet 是在 ARPANET 的基础上经过不断发展变化而形成的。Internet 的发展主要经历了以下 3 个阶段。

1. Internet 的雏形阶段

1969 年，美国国防部研究计划管理局（advanced research projects agency，ARPA）开始建立一个命名为 ARPANET 的网络，当时建立这个网络的目的只是将美国几个军事及研究用计算机主机连接起来。人们普遍认为这就是 Internet 的雏形。Internet 沿用了 ARPANET 的技术和协议，并且在 Internet 正式形成之前，已经建立了以 ARPANET 为主的国际网，这种网络之间的连接模式，也是随后 Internet 所采用的模式。

2. Internet 的发展阶段

美国国家科学基金会（National Sanitation Foundation，NSF）于 1985 开始建立 NSFNET。NSF 规划建立了 15 个超级计算中心及国家教育科研网，用于支持全国性规模的科研和教育计算机网络 NSFNET，并以此作为基础，实现同其他网络的连接。NSFNET 成为 Internet 上用于科研和教育的主干部分，代替了 ARPANET 的骨干地位。

1989 年，MILNET（由 ARPANET 分离出来）实现了与 NSFNET 连接后，开始采用 Internet 这个名称至今。随后，其他部门的计算机网络相继并入 Internet，ARPANET 后来宣告解散。

3. Internet 的商业化阶段

20 世纪 90 年代初，商业机构开始进入 Internet，Internet 开始了商业化的新进程，这也成为 Internet 大发展的强大推动力。1995 年，NSFNET 停止运作，Internet 彻底商业化。

这种把不同网络连接在一起的技术的出现，使计算机网络的发展进入一个新的时期，形成由网络实体相互连接而构成的超级计算机网络，人们把这种网络形态称为互联网。随着商业网络和大量商业公司进入 Internet，网上商业应用高速地发展，同时也使 Internet 能为用户提供更多的服务，使 Internet 迅速普及和发展起来。

现在 Internet 已开启多元化发展，不仅单纯为科研服务，而且已逐步深入人类日常生活的各个领域。近年来，Internet 在规模和结构上都有了很大的发展，已经发展成为一个名副其实的"全球网"。

网络的出现，改变了人们使用计算机的方式；而 Internet 的出现，又改变了人们使用网络的方式。Internet 使计算机用户不再被局限于分散的计算机上，脱离了特定网络的约束。任何人只要进入 Internet，就可以利用网络中和各种计算机上的丰富资源。

3.2.2　IP 地址

Internet 将世界各地大大小小的网络互连起来，这些网络又连接了许多独立的计算机。用户可在这些连网的计算机上与 Internet 上的其他任何计算机进行通信，以获取网络信息资源。为了使用户能够方便、快捷地找到需要与其连接的主机，首先必须解决如何识别网络中各个主机的问题。

从网络互连的角度看，Internet 的目标是将不同的网络互连起来，实现广泛的资源共享。网络互连的第一步是物理连接，由于信息传输的起点和终点都是对象（即各类计算机），因此在物理连接中，首先必须解决对象的识别问题。在网络中，一般可以依靠地址识别对象，所以 Internet 在统一全网的过程中，首先要解决地址的统一问题。Internet 采用一种全局通用的地址格式，为全网的每个网络和每台主机都分配一个 Internet 地址。IP 协议的一项重要功能就是专门处理这个问题，即通过 IP 协议，把主机原来的物理地址隐藏起来，在网际层中使用统一的地址。地址管理是 Internet 技术中一个非常重要的组成部分，对于 Internet 用户来说也是一种必须要了解的基础知识。下面分别介绍 Internet 地址的构成、分类和表示方法等内容。

为了使接入 Internet 的众多主机在通信时能够相互识别，Internet 给每个网络设备和每台主机分配一个唯一通用的地址，即 IP 地址，它能唯一地标识网络中的一个系统的位置且拥有统一的格式。

TCP/IP 协议规定，IP 地址用二进制来表示，每个 IP 地址长 32 位，分为 4 个字节。IP 地址按第一个字符的前几位的不同分为 A、B、C、D、E 5 类，其中 A、B、C 类为基本类型，它们的地址分为两部分：网络号和主机号。网络号表明主机所连接的网络，在给定网络中的所有系统必须拥有相同的网络号；主机号标识该网络上某台特定的主机，每个主机号对应的网络号必须是唯一的。IP 地址分类表如图 3-12 所示。

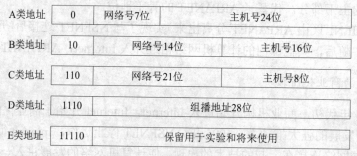

图 3-12　IP 地址分类表

1. A 类地址

A 类地址一般分配给拥有大量主机的超大型网络。A 类地址的标志为第一个字节的最高位为 0。其后的 7 位是网络号，其余的 24 位为主机号。它允许有 126 个网络，每个网络可以有 1600 多万台主机。

2. B 类地址

B 类地址一般分配给中等规模网络。B 类地址的标志为第一个字节的前两位为 10，其后的 14 位为网络号，其余的 16 位为主机号。它允许有 16384 个网络，每个网络可以有 6 万多台主机。

3. C 类地址

C 类地址通常用于小型的局域网。C 类地址的标志为第一个字节的前 3 位为 110，其后的 21 位为网络号，其余的 8 位表示主机号。它允许有大约 200 万个网络，每个网络可以有 256 台主机。

4. D 类地址

D 类地址通常用于多点传送给多台主机，并把数据包传送给网络中用户选定的子网，只有那些注册为组播地址的主机才能接收数据包。

5. E 类地址

E 类地址是一个实验地址，保留给将来使用。E 类地址的标志为 11110。

IP 地址采用点分十进制表示法，即将 32 位地址按字节划分为 4 段，高字节在前。每个字节用十进制数表示，并且各字节之间用点号"."隔开。这样，IP 地址就表示成一个用点号隔开的 4 组数字，每组数字的取值只能是 0～255，如 210.31.112.1，其中 210.31 是网络号，112.1 是主机号。

3.2.3　域名系统

在日常生活中，人们都使用姓名，而不使用身份证号码来代表自己。同样，Internet 上的主机通常取一个名称，而不是用 IP 地址来表示自己，这样每台主机的地址就非常容易记忆了。

但是，当一个网络上有上百万台主机时，很难为每台主机起一个不同的名称。为了解决创造新名称的难题，可以使用由几部分组合而成的名称，这种命名方法称为域名系统。例如，IP 地址为 222.160.127.35 的主机，其主机域名为 www.thnu.edu.cn。

域名系统（domain name system，DNS）是一个以分级的、基于域的命名机制为核心的分布式命名数据库系统。DNS 将整个 Internet 视为一个域名空间。域名空间是由不同层次的域组成的集合，一个域代表该网络中需要命名资源的管理集合。不同的域由不同的域名服务器来管理，域名服务器负责管理存放主机名和 IP 地址的数据库文件，以及域中主机名和 IP 地址映射。IP 地址和域名之间的转换由 DNS 服务器来完成。

一般情况下，域名和 IP 地址是一一对应的。需要注意的是，主机的 IP 地址是唯一的，但对应的域名可以不唯一。

DNS 的域名空间是由树状结构组织的分层域名组成的集合，如图 3-13 所示。

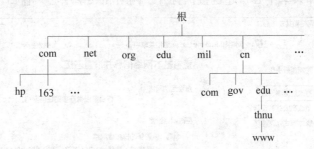

图 3-13　域名空间

DNS 域名空间树的最顶层是一个无名的根域。这个域名只用来定位，并不包含任何信息。在根域之下是顶级域名，顶级域名一般分为两类：组织上的和地理上的如 com、edu、gov、cn 等。顶级域名之下是二级域名，二级域名通常由网络接口控制器（network interface controller，NIC）授权给其他单位或组织管理。一个拥有二级域名的单位可以根据情况再将二级域名分为更低级的域名，并授权给单位下面的部门管理，DNS 域名空间树最底层的叶结点是单台计算机。

在 DNS 域名空间树中，每个结点都用简单的字符串表示，DNS 域名空间的任何一台计算机都可以用从主机到根的结点且中间用"."相连接的字符串来表示，即主机名.三级域名.二级域名.顶级域名。

结点的标志可以由英文字母和数字组成，级别最低的主机名写在最左边，级别最高的顶级域名写在最右边。

3.2.4　Internet 的接入方式

为了使自己的计算机能接入 Internet，用户必须先选择一种接入 Internet 的方式。常见的

Internet 接入方式有：通过局域网接入、光纤到户（fiber to the home，FTTH）、ADSL、数字数据网（digital data network，DDN）、综合业务数字网（ISDN）、电缆调制解调器（cable modem，CM）无线接入等。在选好接入方式后，再根据入网方式选配相应的硬件设备、软件，最后进行设备、软件的安装与设置。

1. 通过局域网接入

通过局域网接入 Internet 是指将用户的计算机连接到一个已经接入 Internet 的计算机局域网，该局域网的服务器应该是 Internet 上的一台主机，用户计算机通过该局域网的服务器访问 Internet。

（1）通过局域网接入 Internet 的准备工作通常包括以下内容。

① 为每台连网的计算机安装一块合适的网卡（网络适配器）。

② 用网络传输线（目前大多采用双绞线）将用户的计算机接入本地局域网。

③ 安装网卡驱动程序和 TCP/IP 协议等。

④ 设置 IP 地址，包括本机 IP 地址、子网掩码、网关 IP 地址及 DNS 域名服务器的 IP 地址等。

（2）设置用户计算机的 IP 地址。

在"控制面板"窗口中单击"网络和 Internet"超链接，在打开的"网络和 Internet"窗口中单击"网络和共享中心"超链接，打开"网络和共享中心"窗口，如图 3-14 所示。

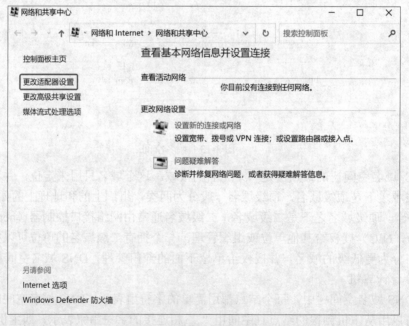

图 3-14 "网络和共享中心"窗口

单击"更改适配器设置"超链接，打开网络连接窗口，如图 3-15 所示。双击"本地连接"图标，打开"本地连接 属性"对话框，如图 3-16 所示。

在"本地连接 属性"对话框中的"此连接使用下列项目"列表中选中"Internet 协议版本 4（TCP/IPv4）"复选框，单击"属性"按钮，打开"Internet 协议版本 4（TCP/IPv4）属性"对话框，如图 3-17 所示。

图 3-15　网络连接窗口

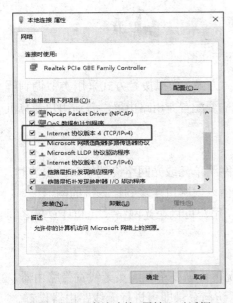
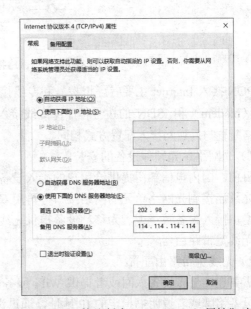

图 3-16　"本地连接 属性"对话框　　图 3-17　"Internet 协议版本 4（TCP/IPv4）属性"对话框

最后，将网络管理员提供的 IP 地址等信息填入相应位置，或由计算机自动获取 IP 参数，即可接入网络。

2. 光纤到户

光纤到户（FTTH）是指光纤直接接入每个用户的住所或办公场所内。根据光网络终端（optical line terminal，OLT）到各光网络单元（optical network unit，ONU）之间是否含有源设备，光网络可以划分为无源光网络（passive optical network，PON）和有源光网络（active optical network，AON），前者采用无源光分路器，后者采用有源电复用器。光纤网络拓扑结构示意图如图 3-18 所示。

PON 是一种纯介质网络，作为一种接入网技术定位在常说的"最后一千米"，也就是服务提供商、电信局端和商业用户或家庭用户之间的解决方案。其主要特点如下：首先，在接入网中去掉了有源设备，减少了线路和外设的故障率，降低了运行维护成本；其次，PON 的业务透明性较好，适用于任何制式和速率的信号，具备三重业务功能；最后，其局端设备和光纤（从馈线段一直到引入线）由用户共享，降低了铺设成本。

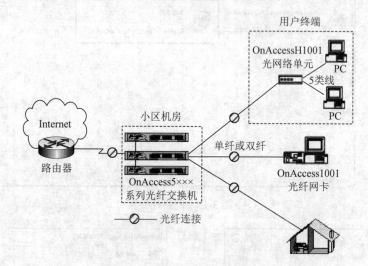

图 3-18　光纤网络拓扑结构示意图

PON 接入 Internet 主要有虚拟拨号和专线接入两种方式。虚拟拨号方式采用类似调制解调器（modem）和 ISDN 的拨号程序；专线接入方式需要配置专用路由器，普通用户计算机的网络配置与局域网接入配置方式相同。

1）光网络单元硬件设备的安装

目前，国内电信部门提供给用户的接入设备为光网络单元或光网络终端接口。安装时，入户光纤连接到光网络单元的网络接口，再用双绞线由以太网口连接到计算机的网卡接口，为了增加接入设备数量或者为移动设备提供无线信号，用户可以在光网络单元和计算机之间接入无线宽带路由器。

2）无线宽带路由配置

需要连接更多设备入网或者提供 WiFi 服务的情况下，需要单独购买无线宽带路由器，根据设备铭牌或者说明书指定的 IP 地址，通过浏览器访问登录即可进行无线路由器设置。

宽带路由器有上网账号和无线账号两项基本配置，其他设置可以根据个人需求适当配置。上网账号在申请安装宽带时由网络服务商提供，上网方式根据购买的宽带服务类型来选择，通常家庭用户选择宽带拨号上网方式（图 3-19）；无线名称和密码由用户自行设置，是为手机、平板电脑等无线设备联网时准备的入网信息（图 3-20）。

3）虚拟拨号连接的设置

如果不使用宽带路由器，直接使用计算机连接光猫，需要设置虚拟拨号。配置过程如下：单击"控制面板"→"网络和 Internet"超链接，打开"网络和 Internet"窗口，单击"网络和共享中心"超链接，打开"网络和共享中心"窗口。

单击"设置新的连接或网络"超链接，在打开的"设置连接或网络"窗口中选择"连接到 Internet"选项，如图 3-21 所示。

单击"下一步"按钮，在打开的窗口中选中"否，创建新连接"单选按钮，然后单击"下一步"按钮，打开"连接到 Internet"窗口，如图 3-22 所示。

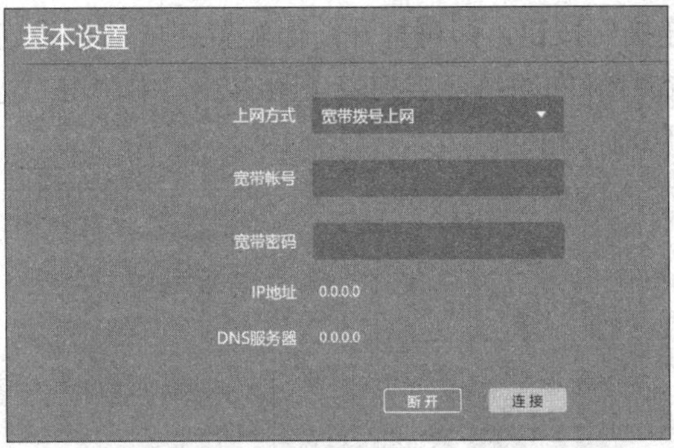

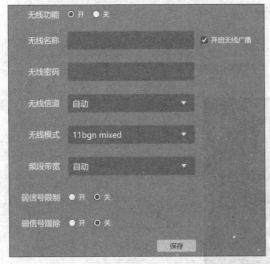

图 3-19　无线宽带路由器拨号上网账号设置

图 3-20　无线宽带路由器密码设置

图 3-21　"设置连接或网络"窗口

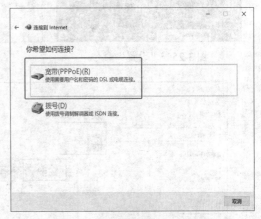

图 3-22　"连接到 Internet"窗口

在"连接到 Internet"窗口中选择"宽带（PPPoE）"选项，打开图 3-23 所示的窗口。在该窗口中输入 Internet 服务提供商（网通、电信等）提供的用户名和密码，输入任意连接名称，单击"连接"按钮，Internet 连接创建完成，如图 3-24 所示。

选择"开始"→"设置"命令（图 3-25），在打开的"设置"窗口中单击"网络和 Internet"图标（图 3-26），在打开的列表中选择"拨号"选项，打开拨号设置窗口（图 3-27），然后依次单击"宽带连接""连接"按钮，即可打开前面配置完成的拨号连接；也可以单击桌面右下角的"网络"图标，在打开的网络连接列表（图 3-28）中单击"宽带连接"按钮，打开拨号设置窗口，其他操作与前面相同。

图 3-23　输入用户名和密码

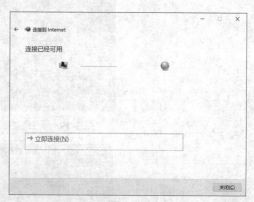

图 3-24　Internet 连接创建方式

图 3-25　"设置"命令

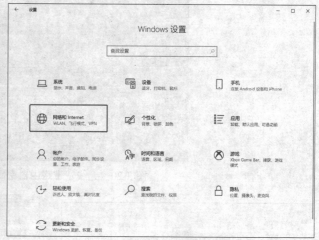

图 3-26　"设置"窗口

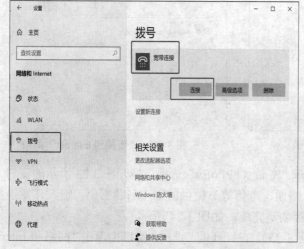

图 3-27　拨号设置窗口

图 3-28　网络连接列表

3.3　Internet 信息服务

Internet 主要提供如下服务：WWW 服务、电子邮件服务、远程登录服务、文件传送服务、搜索引擎服务等。

3.3.1　万维网

1. 万维网（WWW）和浏览器概述

WWW 提供一种方便、快捷的信息浏览和查询服务。Internet 把网上信息组织成超文本网页文件并存放在 Web 服务器上，Web 服务器之间以超链接的方式相互连接。只要在网页上单击相应的标题或图标超链接，就能从 Internet 上获取所需要的信息资源。

浏览器是一个浏览网页的应用软件，利用浏览器不但可以浏览文本信息，还可以浏览图形、音频和视频信息。

2. 超文本传输协议

超文本传输协议（hypertext transfer protocol，HTTP）是浏览器和 Web 服务器之间的会话语言。客户机通过浏览器提出连接请求，服务器根据情况给予应答。

统一资源定位器（uniform/universal resource locator，URL）也称网页地址，是 Internet 上标准的资源地址表示形式。URL 是为了能够使客户端程序查询不同的信息资源时有统一访问方法而定义的一种地址表示方法。在 Internet 上所有资源都有一个独一无二的 URL 地址。

URL 一般由 3 部分组成，具体格式为"传输协议://资源所在的主机地址/文件路径/文件名"。例如，http://web.thnu.edu.cn/jsj/index.htm，其中，http 为协议类型，web.thnu.edu.cn 为主机名，jsj/index.htm 为文件路径及文件名。协议类型代表数据传输的方式，通常也称为传输协议，URL 通过指定协议类型，访问不同类型的服务器。常见的协议类型有 HTTP、FTP、File、Telnet 等。主机名是指提供信息服务的计算机的域名或 IP 地址。文件路径及文件名是指信息资源在 Web 服务器中的目录及文件名。

3.3.2　文件传输

文件传输协议（file transfer protocol，FTP）允许 Internet 上的用户将一台计算机上的文件传输到另一台计算机上。这与远程登录有些类似，是一种实时的联机服务，在进行工作时先要登录对方的计算机。与远程登录不同的是，用户在登录后仅可进行与文件搜索和文件传输有关的操作，如改变当前工作目录、列文件目录、设置传输参数、传输文件等。通过文件传输协议能够获取远方的文件，同时也可将文件从自己的计算机复制到他人的计算机中。

3.3.3　电子邮件

电子邮件（E-mail）是一种通过计算机之间的连网与其他用户进行联系的一种快速、简便、高效、廉价的现代化通信手段，是 Internet 应用广泛的服务之一。通过网络的电子邮件系统，用户可以用非常低廉的价格（不管发送到哪里，都只需负担电话费和网费），以非常快速的方式（几秒钟之内就可以发送到世界上任何用户指定的目的地），与世界上任何一个角落的网络用户联系。这些电子邮件可以是文字、图像、声音等各种形式。同时，用户可以得到大量免费的新闻、专题邮件，并实现轻松的信息搜索。这是任何传统方式无法比拟的。正是电子邮件使用简易、投递迅速、收费低廉、易于保存、全球畅通无阻的特点，使电子邮件被广泛地应用，同时使人们的交流方式得到了极大的改变。另外，电子邮件还可以进行一对多的邮件传递，同一邮件可以一次发送给许多人。

在 Internet 中，邮件地址如同个人身份证。一般，邮件地址的格式如下：somebody@domain_name。此处的 domain_name 为域名的标识符，也就是邮件必须要交付到的邮件目的地的域名，somebody 是在该域名上的邮箱用户名。

3.3.4　搜索引擎

由于 Internet 中的信息资源非常丰富，用户往往无从下手，Internet 提供了专门用于在数台计算机中查找所需信息的工具——搜索引擎（search engine）。搜索引擎是指根据一定的策略、运用特定的计算机程序搜集互联网上的信息，并对信息进行组织和处理，然后将处理后的信息显示给用户，为用户提供检索服务的系统。常用的搜索引擎有以下几个。

必应搜索引擎：https://cn.bing.com/。

百度搜索引擎：http://www.baidu.com。

搜狗搜索引擎：http://www.sogou.com。

3.3.5　云服务与云计算

计算设备也称为计算资源，包括服务器、存储器、网络、应用软件和人力服务等。

云计算是一种资源交付和使用模式，可以将按需提供的自助管理虚拟基础架构汇集成高效池，以服务的形式交付使用，并能根据业务需求的变化调整对服务的使用，让人们方便、快捷地自助使用远程计算资源（包括服务器、存储、数据库、网络、软件、分析和智能）。提供资源的网络被称为"云"或"云端"。

计算资源所在地称为云端（也称为云基础设施），输入输出设备称为云终端（用户侧），两者通过计算机网络连接在一起。云终端与云端之间采用客户端/服务器模式——云终端通过网络向云端发送请求消息，云端计算处理后返回结果给云终端。

云计算具有 5 个基本特征、3 种服务模式和 4 种部署模型。云计算的可视化模型如图 3-29 所示。

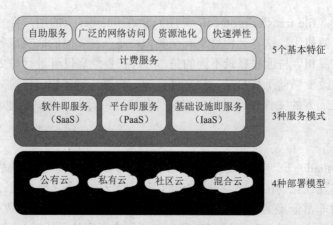

图 3-29　云计算的可视化模型

（图片来源：王良明，2019. 云计算通俗讲义[M]. 3 版. 北京：电子工业出版社.）

"云服务"是指在云计算的技术架构支撑下，对外提供的按需分配、可计量的 IT 服务，可用于替代用户本地自建的 IT 服务，主要分为 3 个层次：基础设施即服务（infrastructure as service，IaaS）、平台即服务（platform as service，PaaS）、软件即服务（SaaS）。

3.3.6　物联网

物联网（internet of things，IoT）是各种传感技术的综合应用，通过射频识别、红外感应器、全球定位系统、激光扫描器等信息传感设备，把任何物品与互联网连接起来，进行信息交换和通信，以方便识别、管理和控制，是互联网的延伸和扩展。

物联网基本框架由感知层、网络层、应用层 3 部分构成，如图 3-30 所示。

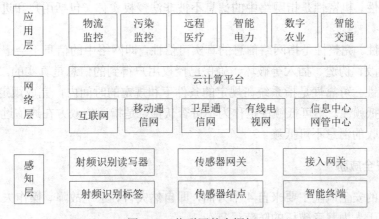

图 3-30　物联网基本框架

（图片来源：黄建波，2017. 一本书读懂物联网[M]. 2 版. 北京：清华大学出版社.）

感知层由传感器系统、标识系统、卫星定位系统及相应的信息化支撑设备组成，主要用于采集包括各类物理量、标识、音频和视频数据等在内的物理世界中发生的事件和数据。

网络层主要用于对感知层和应用层之间的数据进行传递，是连接感知层和应用层的桥梁。

应用层是物联网和用户的接口，能够针对不同用户、不同行业的应用，提供相应的管理平台和运行平台，并与不同行业的专业知识和业务模型相结合，实现更加准确和精细的智能化信息管理。

物联网作为一项前沿技术，已经广泛应用于智能交通、智慧医疗、智能家居、环保监测、智能安防、智能物流、智能电网、智慧农业、智能工业等领域，对国民经济与社会发展起到了重要的推动作用，整个物联网应用市场的细分化特点也日益显现。

3.4　网络安全

计算机网络的广泛应用对社会经济、科学研究、文化发展产生了重大的影响，同时也不可避免地带来一些新的社会、道德、政治与法律问题。Internet 技术的发展促进了电子商务、电子政务、远程教育、远程医疗等技术的成熟与广泛应用。网络的应用正在改变人们的生活方式、工作方式与思维方式，对提高人们的生活质量产生了重要的影响。网络技术的发展水平已经成为衡量一个国家政治、经济、文化、科技、军事与综合国力的重要指标。

由于 Internet 的开放性、共享性，网络操作系统目前还无法杜绝各种隐患，一些不法分子能够非法获取重要的政治、经济、军事、科技情报，或进行信息欺诈、破坏与网络攻击等犯罪活动。利用计算机犯罪日益引起社会的普遍关注，而计算机网络是被攻击的重点。

3.4.1　网络安全概述

网络安全是指为保护网络系统中的软件、硬件及数据信息资源免受偶然或恶意的破坏、盗用、暴露和篡改，保证网络系统的正常运行、网络服务不受中断而采取的措施和行为。

对用户而言，网络安全的总体目标是确保系统的可持续运行和数据的安全性。从广义上讲，网络安全包括硬件资源和信息资源的安全性。网络安全需要保护以下 5 个方面。

（1）可用性。可用性是指得到授权的实体在需要的时候可以得到所需要的网络资源和服务。

（2）机密性。机密性是指网络中的信息不被非法授权实体（包括用户和进程等）获取与使用。

（3）完整性。完整性是指网络信息的真实可信性，即网络中的信息不会遭到偶然或者蓄意地删除、修改、伪造、插入等破坏，确保已授权用户得到的信息是真实的。

（4）可靠性。可靠性是指系统在规定的条件下和规定的时间内，完成规定功能的概率。

（5）不可抵赖性。不可抵赖性也称为不可否认性，是指通信双方在通信过程中，对于自己所发送或接收的消息不可抵赖。

3.4.2　网络安全威胁

网络系统的安全风险主要来自 4 个方面，即自然灾害、系统故障、操作失误和人为蓄意破坏，其中对于人为蓄意破坏的防范最复杂。

网络信息系统主要有以下 3 个不安全因素。

1. 系统的缺陷和漏洞

软件系统在设计、开发过程中会产生许多缺陷、错误，形成安全隐患。系统越是庞大复杂，存在的安全隐患就越多。例如，协议本身的漏洞、弱口令等。为了防止这些漏洞给入侵者提供可乘之机，发现漏洞后要及时对系统进行维护，对软件进行更新和升级。

2. 网络攻击和入侵

网络系统的攻击或入侵是指利用系统（主机或网络）安全漏洞，非法潜入他人的系统，进行窃听、篡改、添加和删除信息等行为。只有了解自己系统的漏洞及入侵者的攻击手段，才能更好地保护自己的系统。

3. 恶意代码

计算机病毒：一种特殊的程序，能够附着在其他程序中不断进行复制和传播，在特定条件满足时运行，能耗尽系统资源，造成死机或拒绝服务。

蠕虫程序：一段独立的程序，能够针对系统漏洞直接发起攻击，通过网络进行大量繁殖和传播，造成通信过载，最终使网络瘫痪。

特洛伊木马：通常利用系统漏洞或以提供某些特殊功能为诱饵，将一种称为特洛伊木马的程序植入目标系统，当目标系统启动时，木马程序随之启动，在远程非法入侵者的操纵下，执行一些非法操作，如删除文件、窃取口令、重新启动系统等。

3.4.3　加密与数字签名

1. 加密

加密是指将一条报文通过加密密钥和加密函数转换成无意义的密文发送给接收方，接收方通过解密函数和解密密钥将密文还原成明文的过程。加密的目的是防止信息泄露，核心技术是密码学。密码学是研究密码系统或通信安全的一门学科，分为密码编码学和密码分析学。一般的数据加密模型如图 3-31 所示。

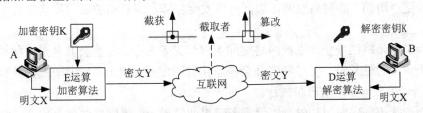

图 3-31　一般的数据加密模型

（图片来源：谢希仁，2017. 计算机网络[M]. 7 版. 北京：电子工业出版社.）

明文：原始未加密的数据。

密文：以明文和密钥为输入，通过加密算法处理后的数据。

密钥：由数字、字母或特殊符号组成的字符串，用于控制数据加密、解密的过程。注意保护密钥，密钥是不能公开的。

加（解）密算法：加（解）密所采用的变换方法、算法是公开的，常见的加密算法有数据加密标准（data encryption standard，DES）、高级加密标准（advanced encryption standard，AES）、非对称加密算法（RSA）等。

2. 数字签名

数字签名是指通过技术手段保证计算机网络通信双方的真实性，防止伪造、抵赖、冒充和篡改等问题，类似日常生活中文件的签名或者印章的作用。

1）数字证书的基本功能

（1）身份鉴别（报文鉴别）：接收者能够核实发送者对报文的签名，能够确认发送者的身份。

（2）防篡改（报文的完整性）：接收者能够确认数据在传输过程中没有被篡改，并且接收方也不能修改报文签名。

（3）防抵赖（不可否认）：发送者事后不能抵赖对报文的签名。

2）数字签名的基本实现过程

用户 A 将待发送的信息明文与自己的私有密钥进行运算，将形成的密文发送给用户 B。用户 B 接收到密文后，使用 A 的公开密钥验证进行运算还原出明文，在此过程中，可以实现 A 用户的签名和 B 用户对 A 身份的核实。数字签名工作过程如图 3-32 所示。

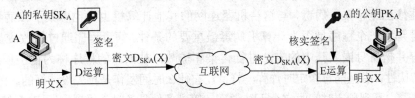

图 3-32　数字签名工作过程

（图片来源：谢希仁，2017. 计算机网络[M]. 7 版. 北京：电子工业出版社.）

3.4.4　信息安全法律法规

近年来，我国大力推进第五代语言（fifth generation language，5G）、物联网、云计算、大数据、人工智能、区块链等新技术新应用，坚持创新赋能，激发数字经济新活力，数字生态建设取得了积极成效，有力促进了各类要素在生产、分配、流通、消费各环节有机衔接，实现了产业链、供应链、价值链优化升级和融会贯通，为建设网络强国和数字中国奠定了重要基础。同时，数字化快速发展中也出现了一些新问题新挑战，为了应对数字技术带来的风险挑战，营造"清朗"的网络空间，加强网络安全保障，国家相关部门陆续出台了相关的法律法规。

（1）为了保障网络安全，维护网络空间主权和国家安全、社会公共利益，保护公民、法人和其他组织的合法权益，促进经济社会信息化健康发展，制定了《中华人民共和国网络安全法》，并于 2017 年 6 月 1 日起施行。

（2）为了规范密码应用和管理，促进密码事业发展，保障网络与信息安全，维护国家安全和社会公共利益，保护公民、法人和其他组织的合法权益，制定了《中华人民共和国密码法》，并于 2020 年 1 月 1 日起施行。

（3）为了规范数据处理活动，保障数据安全，促进数据开发利用，保护个人、组织的合法权益，维护国家主权、安全和发展利益，制定了《中华人民共和国数据安全法》，并于 2021 年 9 月 1 日起施行。

（4）为了保护个人信息权益，规范个人信息处理活动，促进个人信息合理利用，制定了《中华人民共和国个人信息保护法》，并于 2021 年 11 月 1 日起施行。

3.5　计算机病毒

3.5.1　计算机病毒的定义和特点

计算机病毒是指编制或者在计算机程序中插入的具有破坏计算机功能或者破坏数据，影响计算机使用并且能够自我复制的一组计算机指令或者程序代码。

计算机病毒具有以下特点。

（1）寄生性。计算机病毒寄生在其他程序中，当执行这个程序时，病毒就起破坏作用，在启动这个程序之前，不易被人发觉。

（2）传染性。计算机病毒本身不但具有破坏性，而且具有传染性。传染性是病毒的基本特征。计算机病毒会通过各种渠道从已被感染的计算机中扩散到未被感染的计算机中，在某些情况下还会造成被感染的计算机工作失常甚至瘫痪。计算机病毒可通过各种可能的渠道，如硬盘、计算机网络传染其他计算机。当在一台机器上发现了病毒时，曾在这台计算机上用过的硬盘往往已经感染了病毒，与这台机器连网的其他计算机也许也感染了该病毒。是否具有传染性是判别一个程序是否为计算机病毒最重要的条件。病毒程序通过修改磁盘扇区信息或文件内容并把自身嵌入其中的方法进行传染和扩散。被嵌入的程序称为宿主程序。

（3）潜伏性。有些病毒像定时炸弹一样，让它什么时间发作是预先设计好的。例如，"黑色星期五"病毒，不到预定时间时完全无法觉察，等到条件具备时就"爆炸"，对系统进行破坏。

（4）隐蔽性。计算机病毒具有很强的隐蔽性，有的可以通过病毒软件检查出来，有的很难检查出来，有的时隐时现、变化无常，这类病毒处理起来通常很困难。

（5）破坏性。计算机中毒后，可能会导致正常的程序无法运行，计算机内的文件也可能被删除或受到不同程度的损坏。

（6）可触发性。某个事件或数值的出现，会诱使病毒实施感染或进行攻击的特性称为可触发性。病毒的触发机制就是用来控制感染和破坏动作频率的。病毒具有预定的触发条件，这些条件可能是时间、日期、文件类型或某些特定数据等。病毒运行时，触发机制检查预定条件是否满足，如果满足，则启动感染或破坏动作，使病毒进行感染或攻击；如果不满足，则病毒继续潜伏。

3.5.2　计算机病毒防范与消除

（1）建立良好的安全习惯。例如，不要打开一些来历不明的邮件及附件，不要访问一些不太了解的网站，不要执行从 Internet 下载后未经杀毒处理的软件等，这些必要的习惯会使计算机更安全。

（2）关闭或删除系统中不需要的服务。默认情况下，许多操作系统会安装一些辅助服务，如 FTP 客户端、远程登录（telnet）和 Web 服务器。这些服务为攻击者提供了便利，而对用户没有太大用处，如果删除它们，就能大幅减少被攻击的可能性。

（3）经常升级安全补丁。据统计，有 80% 的网络病毒是通过系统安全漏洞进行传播的，如蠕虫王、冲击波、振荡波等，所以应该定期下载最新的安全补丁，防患于未然。

（4）使用复杂的密码。有许多网络病毒是通过猜测简单密码的方式攻击系统的，因此使用复杂的密码会大幅提高计算机的安全系数。

（5）迅速隔离受感染的计算机。当在计算机中发现病毒或异常时应立刻断网，以防止计算机受到更多的感染，或者成为传播源，再次感染其他计算机。

（6）了解一些病毒知识。多了解一些病毒知识就可以及时发现新病毒并采取相应措施，在关键时刻使自己的计算机免受病毒破坏。了解一些注册表知识，定期查看注册表的自启动项是否有可疑值；了解一些内存储器知识，经常查看内存储器中是否有可疑程序。

（7）尽量安装专业的杀毒软件进行全面监控。在病毒日益增多的今天，使用杀毒软件防毒是越来越经济的选择。用户在安装杀毒软件之后，应该经常进行升级，经常打开一些主要监控（如邮件监控、内存储器监控）等，这样才能真正保障计算机的安全。

（8）安装个人防火墙软件预防感染。随着网络的发展，用户计算机面临的非法入侵者问题也越来越严重，许多网络病毒都采用非法入侵者的方式来攻击用户计算机，因此，用户应安装个人防火墙软件，将安全级别设为中、高，这样才能有效地防止网络上的非法入侵者攻击。

3.5.3　防火墙技术

防火墙是一个由软件和硬件设备组合而成，在内部网络和外部网络之间、专用网络与公共网络之间的界面上构造的保护屏障，是一种获取安全性方法的形象说法。它结合计算机硬件和软件，在 Internet 与 Intranet（内部网或内网）之间建立安全网关（security gateway），从而保护内部网络免受非法用户的侵入。防火墙主要由服务访问规则、验证工具、包过滤和应用网关 4 部分组成。

防火墙最基本的功能是检查计算机网络中不同信任程度区域间传送的数据流（如互联网是不可信任的区域，内部网络是高度信任的区域），以避免安全策略中禁止的一些通信，与建筑中的防火墙功能相似。

防火墙会对流经它的网络通信进行扫描，这样能够过滤一些攻击，避免其在目标计算机上执行。防火墙也可以关闭不使用的端口、禁止特定端口的流出通信、封锁特洛伊木马程序，还可以禁止来自特殊站点的访问，从而禁止来历不明的入侵者的所有通信。

通过以防火墙为中心的安全方案配置，能将所有安全软件（如口令、加密、身份认证、审计等）配置在防火墙上。与将网络安全问题分散到各个主机上相比，防火墙的集中安全管理更经济。例如，在网络访问时，一次一加密口令系统和其他的身份认证系统完全不必分散在各台主机上，只需集中在防火墙上。

如果所有的访问都经过防火墙，那么，防火墙就能记录这些访问并作出日志记录，同时也能提供网络使用情况的统计数据。当发生可疑动作时，防火墙能进行适当的报警，并提供网络是否受到监测和攻击的详细信息。另外，收集一个网络的使用和误用情况也非常重要，首先可以清楚防火墙是否能够抵挡入侵者的探测和攻击，其次可以清楚防火墙的控制是否充足。同时，网络使用统计对于网络需求分析和威胁分析等也非常重要。

1. 防火墙的基本特性

（1）内部网络和外部网络之间的所有网络数据流都必须经过防火墙。这是防火墙所处的网络位置特性，也是一个前提。因为只有当防火墙是内外部网络之间通信的唯一通道时，才可以全面、有效地保护企业内部网络不受侵害。

防火墙适用于用户网络系统的边界，属于用户网络边界的安全保护设备。网络边界是指采用不同安全策略的两个网络连接处，如用户网络和互联网之间的网络连接、与其他业务往来单位的网络连接、用户内部网络不同部门之间的连接等。使用防火墙的目的就是在网络连接之间建立一个安全控制点，通过允许、拒绝或重新定向经过防火墙的数据流，实现对进出内部网络的服务和访问的审计与控制。

（2）只有符合安全策略的数据流才能通过防火墙。防火墙最基本的功能是确保网络流量的合法性，并在此前提下将网络的流量快速地从一条链路转发到另外的链路上去。从最早的防火墙模型开始，原始的防火墙是一台"双穴主机"，即具备两个网络接口，同时拥有两个网络层地址。防火墙将网络上的流量通过相应的网络接口接收，按照 OSI 参考模型的 7 层结构顺序上传，在适当的协议层进行访问规则和安全审查，然后将符合通过条件的报文从相应的网络接口送出，对于那些不符合通过条件的报文予以阻断。从这个角度上看，防火墙是一个类似桥接或路由器的、多端口的（网络接口数不少于 2 个）转发设备，跨接多个分离的物理网段之间，并在报文转发过程中完成对报文的审查工作。

（3）防火墙自身应具有非常强的抗攻击免疫力。这是防火墙能担当企业内部网络安全防护重任的先决条件。防火墙处于网络边缘，就像一个边界卫士一样，每时每刻都要面对非法入侵者的入侵，这就要求防火墙自身具有非常强的抗入侵能力。防火墙之所以具有这么强的能力，其操作系统本身是关键，只有自身具有完整信任关系的操作系统才可以谈论系统的安全性。其次是防火墙自身具有非常低的服务功能，除了专门的防火墙嵌入系统外，再没有其他应用程序在防火墙上运行。当然这些安全性也只是相对而言的。

2. 防火墙的类型

目前市场上的防火墙产品非常多，划分的标准也比较复杂。根据不同的分类标准，防火墙可以做如下分类。

（1）按防火墙的软硬件形式，可以分为软件防火墙、硬件防火墙及芯片级防火墙 3 种。

（2）按防火墙结构，可以分为有单一主机防火墙、路由器集成式防火墙和分布式防火墙 3 种。

（3）按防火墙的应用部署位置，可以分为边界防火墙、个人防火墙和混合式防火墙 3 类。

（4）按防火墙使用的技术，可以分为包过滤型防火墙和应用代理型防火墙两大类。前者以以色列的 Checkpoint 防火墙和美国思科（Cisco）公司的 PIX 防火墙为代表，后者以美国网络联盟（NAI）公司的 Gauntlet 防火墙为代表。

3.5.4　杀毒软件介绍

杀毒软件，也称反病毒软件或防病毒软件，是用于消除计算机病毒、特洛伊木马和恶意软件等计算机威胁的一类软件。杀毒软件通常集成了监控识别、病毒扫描和清除、自动升级、主动防御等功能，有些杀毒软件还带有数据恢复、防范黑客入侵、网络流量控制等功能，是计算机防御系统（包含杀毒软件、防火墙、特洛伊木马和恶意软件的查杀程序，入侵预防系统等）的重要组成部分。

杀毒软件的主要任务是实时监控，通过把内存储器中的数据与病毒库特征码相比较或者通过虚拟机执行用户提交的代码，分析行为结果的两种方式来判断是否为病毒。杀毒软件对被感染的文件的处理方式主要有清除病毒、删除、禁止访问、隔离、不处理等。常见的杀毒软件有 Windows Defender（安全中心）、火绒、McAfee、360 杀毒、360 安全卫士、金山毒霸等。

杀毒软件不可能查杀所有病毒，并且大部分杀毒软件滞后于计算机病毒。因此除了及时更新升级软件版本和定期扫描外，还要做到不随意打开陌生的文件或者不安全的网页，不浏览不健康的站点，注意更新自己的隐私密码，配套使用安全助手与个人防火墙等，这样才能更好地维护计算机的安全。

思考与练习

一、选择题

1. 计算机网络共享的资源是_____。
   A. 路由器、交换机　　　　　　　　B. 域名、网络地址与 MAC 地址
   C. 计算机的文件与数据　　　　　　D. 计算机的软件与硬件、数据

2. 以下关于物联网技术的描述中，错误的是_____。
   A. 物联网是在 Internet 技术的基础之上发展起来的
   B. 物联网利用射频标签与传感器技术等感知技术自动获取物理世界的各种信息
   C. 物联网的应用可以缓解 IP 地址匮乏的问题
   D. 物联网构建了一个覆盖世界上所有人与人、人与物、物与物的智能信息系统

3. 以下对 ARPANET 研究工程的描述中，错误的是_____。
   A. 提出了计算机网络定义与分类方法
   B. 提出了资源子网与通信子网的二级结构概念

  C. 提出了分组交换的协议与实现技术

  D. 提出了 IPv6 地址的划分方法

4. 以下关于网络拓扑的描述中，错误的是＿＿＿＿＿＿＿＿。

  A. 网络拓扑研究的是资源子网中结点结构关系问题

  B. 拓扑学将实体抽象成与其大小、形状无关的点、线、面

  C. 基本网络拓扑有星形、环形、总线型、树形与网形等 5 种

  D. 网络拓扑对网络性能、系统可靠性与通信费用都具有重大的影响

5. 交换式局域网的核心设备是＿＿＿＿＿＿＿＿。

  A. 集线器   B. 交换机   C. 中继器   D. 路由器

6. 域名系统（domain name system，DNS）解析功能是＿＿＿＿＿＿＿＿。

  A. 将域名转换为物理地址   B. 将域名转换为 IP 地址

  C. 将 IP 地址转换为物理地址   D. 将 IP 地址转换为域名

7. 以下 IPv6 地址 FE:30:0:0:060:0A00:0:09DC 的简化表示中，错误的是＿＿＿＿＿＿＿＿。

  A. FE:30::60:0A00:0:09DC   B. FE:30::60:A00:0:09DC

  C. FE:30:0:0:60:A00::9DC   D. FE:3::60:A:0:09DC

8. Internet 网站域名地址中的 GOV，表示＿＿＿＿＿＿＿＿。

  A. 政府部门   B. 商业部门   C. 网络机构   D. 非营利组织

9. DNS 的中文含义是＿＿＿＿＿＿＿＿系统。

  A. 邮件   B. 地名   C. 器   D. 域名

10. 具有异种网互连能力的网络设备是＿＿＿＿＿＿＿＿。

  A. 路由器   B. 网关   C. 网桥   D. 桥路器

11. 标准分类的 IP 地址 195.100.80.99 是＿＿＿＿＿＿＿＿类地址。

  A. A   B. B   C. C   D. D

12. 以下属于全局 IP 地址的是＿＿＿＿＿＿＿＿。

  A. 10.0.0.1   B. 127.32.0.1   C. 172.32.0.1   D. 192.168.255.1

二、简答题

1. 简述计算机网络的基本拓扑结构。

2. 举例说明 Internet 提供了哪些基本信息服务。

3. 说明数字签名的基本原理和功能。

4. 举例说明日常生活中见到的物联网应用。

第 4 章
多媒体技术

4.1   多媒体技术概述

早在 20 世纪 80 年代中后期，美国麻省理工学院多媒体实验室就开始了对多媒体技术的研究。多媒体技术虽然发展历史并不长，但它加速了计算机进入家庭和社会各个方面的进程，给传统的计算机系统、音频和视频设备带来了方向性的变革，给人们的工作、生活和娱乐带来深刻的影响。

自诞生开始，多媒体计算机技术就成为人们关注的热点之一，成为一个重要的研究与应用方向。有人说多媒体技术将是继印刷术、无线电、电视技术等之后又一个革命性的技术，是信息处理和传播技术的第四次飞跃。多媒体系统声、影、图、文并茂，形象生动，可使用户多方位、多层次地获取信息，提高生活质量和工作效率，是目前最受欢迎的计算机应用系统之一。

4.1.1   多媒体的定义和分类

简言之，多媒体就是信息的载体，又称媒介、媒质。媒体在计算机领域有两种含义：一是指存储信息的各种实体，如硬盘、光盘、移动存储盘等；二是指传递信息的载体，如数字、文字、声音、图形和图像等。多媒体技术中的媒体通常指后者。根据国际电信联盟（International Telecommunication Union，ITU）下属的国际电报电话咨询委员会（International Telephone and Telegraph Consultative Committee，CCITT）的定义，可将媒体分为以下 6 类。

（1）感觉媒体：能直接作用于人们的感觉器官，从而能使人产生直接感觉的一类媒体。例如，语言、音乐、自然界中的各种声音、图像、动画、文本、气味及物体的质地、形状、温度等。它是人类感觉器官所能感觉到的信息的自然种类。

（2）表示媒体：用于说明交换信息的类型，定义信息的特征。它是为了传送感觉媒体而人为研究出来的媒体。借助于此种媒体，能更有效地存储感觉媒体或将感觉媒体从一个位置传送到遥远的另一个位置。例如，对声音、图像、文字等信息的数字化编码表示。

（3）呈现媒体：是指人们用以获取信息或再现信息的物理手段，输入或输出信息的设备。例如，显示器、打印机和音箱等输出设备，键盘、鼠标器、扫描仪和摄像机等输入设备。

（4）存储媒体：是指用于存放某种媒体的媒体。例如，纸张、磁带、磁盘、光盘、闪存盘、内存储器等。

（5）传输媒体：是指传输数据和信息的物理设备。例如，电话线、同轴电缆、双绞线、光纤等。

（6）交换媒体：是指在系统之间交换信息的手段和类型，可以是存储媒体或传输媒体，也可以是两种媒体的组合。

4.1.2 多媒体技术的定义

既然有如此多种媒体，那么到底什么是"多媒体"？"多媒体"是指能够同时获取、处理、编辑、存储和展示两个以上不同类型信息媒体的技术。这些信息媒体包括文字、声音、图形、图像、动画、视频等。由该定义不难看出，多媒体本身是计算机技术与视频、音频和通信等技术的集成产物，将文字、图形、图像、音频、视频和动画等多媒体信息通过计算机进行数字化存储、采集、获取、压缩、编辑等加工处理，再以单独或合成形式表现出来。因此，通常可以将多媒体看作先进的计算机技术与视频、音频和通信等技术融为一体而形成的新技术或新产品。

多媒体技术（multimedia technology）的定义：计算机综合处理多种媒体信息，如文本、图形、图像、音频、视频和动画等，使多种信息建立逻辑关联，集成为一个系统并具有交互性的一种技术。简言之，计算机综合处理文、图、声、影等信息，使之具有集成性和交互性。

4.1.3 多媒体技术的主要特性

信息载体的多样化使计算机所能处理的信息空间范围扩展和放大，不再局限于数值、文本或特殊对待的图形和图像，这是计算机变得更加人性化所必需的条件。多媒体的关键特性主要包括集成性、交互性、多样性、实时性、非线性，它们既是多媒体的主要特征，也是在多媒体技术研究与应用中必须解决的主要问题。

1）集成性

多媒体计算机技术是结合文字、图形、影像、声音、动画等各种媒体的一种应用，并且建立在数字化处理的基础上。它不同于一般传统文件，是一个利用计算机技术的应用来整合各种媒体的系统。媒体依其属性可分为文字、音频及视频。其中，文字又可分为文字及数字，音频又可分为音乐及语音，视频又可分为静止图像、动画及影片等。多媒体中包含的技术非常广，有计算机技术、超文本技术、光盘存储技术及影像绘图技术等。

2）交互性

交互性是多媒体计算机技术的特色之一，即多媒体可与使用者进行交互沟通，这也正是它与传统媒体最大的不同。这种改变，除了可以使使用者按照自己的意愿来解决问题外，还可借助这种交谈式的沟通来帮助学习、思考，进行系统性的查询或统计，以达到增进知识及解决问题的目的。

3）多样性

信息载体的多样化是多媒体的主要特征之一，也是多媒体研究需要解决的关键问题。多媒体技术的多样性体现在其信息采集或生成、传输、存储、处理和显现的过程中，要涉及多种感知媒体、表示媒体、传输媒体、存储媒体或呈现媒体，或者多个信源或信宿的交互作用。

4）实时性

在多媒体中声音及活动视频图像是与时间密切相关的信息，很多场合要求实时处理，如声音和视频图像信息的实时压缩、解压缩、传输与同步处理等。多媒体系统必须提供对这些实时媒体实时处理的能力。另外，在交互操作、编辑、检索、显示等方面也都要求实时性。正是借助多媒体的实时性，才使进行即时媒体交互时，就好像面对面（face to face）一样，图像和声音等各种交互媒体信息都很连续，也很逼真。

5）非线性

通常而言，用户对非线性、跳跃式的信息存取、检索和查询的需求概率要远大于线性的存取、检索和查询。过去，在查询信息时，用户大部分时间用在寻找资料及接收重复信息上。多媒体系统能够克服这个缺点，使以往依照章、节、页线性结构、循序渐进地获取知识的方式得到了改观，借助"超文本"人们可以跨越式、跳跃式高效阅读和学习。超文本就是非线性文字集合，它可以简化使用者查询资料的过程，这也是多媒体特有的功能之一。

4.2　多媒体软硬件组成

多媒体技术来自不同的技术领域，组成形态及方法各有不同的侧重，大体上可分为偏软件技术和偏硬件技术两部分。

4.2.1　多媒体硬件系统基本组成

1. 多媒体计算机

媒体是指存储信息的载体和信息的本体。存储信息的载体包括磁带、磁盘、半导体存储器和光盘等，信息的本体包括数据、文档、声音、图形和影像等。

20 世纪 90 年代以来，随着电子技术和计算机的发展，以及数字化音频、视频技术的进步，多媒体技术和应用得到迅猛发展。在多媒体技术的推动下，计算机的应用进入了一个崭新的领域，计算机从传统的单一处理字符信息的形式，发展为同时能对文字、声音、图像和影视等多种媒体信息进行综合处理和集成。多媒体技术创造出集文字、图像、声音和影视于一体的新型信息处理模型，实现计算机多媒体化。它成功地将电话、电视、摄像机、图文传真机、音响系统和计算机集成于一体，由计算机及专用卡完成视频图像的压缩和解压缩工作。同时，利用计算机网络系统实现多媒体信息传输，为人类提供了全新的信息服务，可以使个人计算机成为录音电话机、可视电话机、电子邮箱、立体声音响、电视机和录像机等。

将多媒体技术和计算机组合在一起，就是常说的多媒体计算机。

2. 多媒体计算机的组成

一台标准的多媒体计算机硬件目前的基本配置为微机（386DX 或以上档次）+光盘驱动器+声卡+视频卡（或电影卡）+标准接口。

如果已经有了一台 386DX 或以上档次的计算机，购买光盘驱动器、声卡、视频卡（或电影卡）后，经过简单的装配就可以成为一台多媒体计算机，既可进行高层次的全动画游戏，饱览世界名胜风光，欣赏优美动听的交响乐，还可进行卡拉 OK 演唱，阅读大百科全书，享受丰富多彩的家庭教育和观赏精彩的电影节目。

3. 常见的多媒体部件

1）声卡

声音媒体是较早引入计算机系统的媒体信息之一，从早期的利用计算机内置喇叭发声，发展到利用声卡在国际互联网上实现电视电话，声音一直是多媒体计算机中重要的媒体信息。它是实现声波/数字信号相互转换的硬件电路，具有播放与录制音像数据的功能。声频卡从话筒中获得声音模拟信号，通过模数转换器将声波振幅信号转换成一串数字，即数字化录音，然后被抽样采集并存储到计算机中。为了重现声音，这些数字信号被送到数模转换器中，以同样的抽样速率还原为模拟波形，待放大后送到扬声器发声，这一技术也称为脉冲编码调制技术。

目前，多媒体计算机中的音效处理工作主要借助声卡完成，从对声音信息的采集、编辑加工、直到声音媒体文件的回放这一整个过程都离不开声卡。声卡在计算机系统中的主要作用是处理声音文件、控制音源、处理语音和提供乐器数字接口（music instrument digital interface，MIDI）功能。

采集（录音）、编辑、播放声音文件是声卡的基本功能。其中最直观的是利用声卡及控制软件，实现对多种音源的采集。将来自话筒、录音机、光驱等设备的声音信息数字化，并借助专用的声音媒体编辑软件，对已经数字化的声音文件进行再加工，如进行去噪、放大等音效处理可以达到特殊的效果。

音源控制用于控制音源在采集、回放时的音量，以及对各种音频的混合，以达到特殊的声音效果。语音处理主要利用现代语音合成及语音识别技术实现一定程度的人机对话，包括利用声卡朗读文字信息，如朗读英文单词或句子，利用声卡识别计算机操作者的声音。在对声音媒体的处理方面，声卡不仅能对常用的音波文件进行处理，还提供了 MIDI。

2）视频卡

在多媒体计算机中，视频卡也是不可缺少的部分。多媒体系统中的图形、图像可以直接用视频卡进行数字化提取和处理。视频卡的产品很多，常见的有以下几种。

（1）视霸卡。视霸卡是在计算机上提供图像功能的一种多媒体视频接口卡。其主要功能如下。

① 在可移动、可改变尺寸的窗口中显示全活动的数字化影像画面。

② 来自录像机、视盘、摄像机和广播电视的影像信号可以在计算机上播放、定格、存储和处理，并可输出到其他显示器上。

③ 在影像画面上可以叠加计算机数字与图像。

④ 影像的尺寸可大到全屏幕或缩小为图标。

⑤ 影像的色彩、饱和度、亮度和对比度均可调节。

⑥ 内含数字化的立体声语音台，每个通道的音量及总音量均可用程序控制。

（2）视频叠加卡。视频叠加卡可将计算机输出的数字、字幕的图形等叠加到从光盘、录像机、摄像机及电视机传送来的模拟信号源上，也可将模拟图像转换为计算机图形并在显示器上用一个相应窗口显示。由于计算机总线的带宽有限，因此视频叠加卡不能提供动态视频效果。

（3）视频输入输出卡。该卡可将视频信号数字化，然后可随意地同计算机图形及来自帧缓存的静态图像叠加，最后输出复合视频信号。

（4）视频信号调谐卡。采用该卡可以成功地接收 PAL 制/NTSC 制等电视广播信号，输出合成视频信号和音频信号，从而使计算机成为一台性能极佳的电视机。

（5）多功能卡。该卡是音响、视频、图像、窗口加速四合一多媒体多功能卡，其视频部分可输出 NTSC 制、PAL 制、SECAM 制信号；声卡部分可兼容 11 个声道的调频制（frequency modulation，FM）音乐合成器、9 种音阶 4 种调幅波音响。

3）触摸屏

触摸屏是基本的多媒体系统界面之一。由于它反应灵敏迅速、结果可靠，使计算机应用变得透明和直观，在某些方面代替了计算机键盘命令操作。触摸屏的最大优点是，用户不一定要精通计算机，即使不懂得操作系统或输入输出设备，也可随心所欲地进行操作，所以应用范围非常广泛。

4）只读光盘及驱动器

融声音和图文于一体的多媒体信息的特点是信息量大、实时性强，尤其是图像信息更为突出。当一幅分辨率为 320 像素×240 像素的图像采用 YUV 颜色编码时，若每个像素占 8 位，其数据量为 115KB，1 分钟的电视图像就有 207.36MB 的数据量。若采用 MPEG 标准（由国际标准化组织的运动图像专家组制定的一种主要适用于运动图像压缩的标准），压缩比按 26∶1 计算，1 小时图像的数据量仍需约 478.5MB 的存储容量。面对如此大的数据量，在体积、重量、价格及批量生产等方面，硬盘存储器已不能胜任。在这种情况下，光盘存储器应运而生。光盘存储器是 20 世纪 90 年代广泛应用的高新技术产品，基本原理是利用激光束在存储介质上进行光学读写。由于高能量的激光光束可以聚焦成约 1 微米的光斑，因此光盘具有其他存储技术无法比拟的存储容量。

光盘按其功能可分为 3 种类型：只读光盘、追忆型光盘、可重定光盘。目前，在多媒体技术中应用最广泛的是只读光盘。这种光盘具有价格低廉，技术相对成熟，适合多媒体软件产品批量生产等特点。1 张 5.25 英寸的只读光盘具有 650MB 的存储容量，是 1.2MB 软盘的 542 倍，是 1.44MB 软盘的 451 倍。显然，只读光盘是多媒体信息的优选载体。

4.2.2　多媒体软件系统基本组成

1. 多媒体系统软件

多媒体操作系统软件是多媒体系统的核心，多媒体各种软件要运行于多媒体操作系统平台（如 Windows）上，故操作系统平台是软件的核心。多媒体系统软件分为以下几种类型。

（1）多媒体驱动软件：最底层硬件的软件支撑环境，直接与计算机硬件相关联，用于完成设备初始化、各种设备操作、基于硬件的压缩/解压缩、图像快速变换及功能调用等。通常多媒体驱动软件包括视频子系统、音频子系统、视频/音频信号获取子系统等。

（2）驱动器接口程序：高层软件与驱动程序之间的接口软件。主要用于为高层软件建立虚拟设备。

（3）多媒体操作系统：主要用于实现多媒体环境下多任务调度，保证音频、视频同步控制及信息处理的实时性，提供多媒体信息的各种基本操作和管理的系统，具有对设备的相对独立性和可操作性。操作系统还具有独立于硬件设备和较强的可扩展性。

（4）多媒体素材制作软件及多媒体库函数：为多媒体应用程序进行数据准备的程序，主要为多媒体数据采集软件，作为开发环境的工具库，供设计者调用。

（5）多媒体创作工具、开发环境：主要用于编辑生成多媒体特定领域的应用软件。它们是在多媒体操作系统上进行开发的软件工具。

2. 多媒体应用软件

多媒体应用软件是指在多媒体创作平台上设计开发的面向应用领域的软件系统。

3. 常见的声音文件格式

1）CD

标准 CD 格式采用 44.1kHz 的采样频率，速率为 88K/s，16 位量化位数。由于 CD 音轨近乎无损，其声音基本上是忠于原声的，因此一直是音响发烧友的首选。

2）WAV

WAV 格式是微软公司开发的一种声音文件格式，也称波形声音文件，是最早的数字音频格式，被 Windows 平台及其应用程序广泛支持。WAV 格式采用 44.1kHz 的采样频率，16 位量化位数，因此 WAV 的音质与 CD 相差无几，但 WAV 格式对存储空间需求太大不便于交流和传播。

3）MP3

MP3 压缩技术的全称是 moving picture experts group audio layer iii。MP3 就是一种音频压缩技术，由于这种压缩方式的全称为 MPEG audio layer 3，因此人们把它简称为 MP3。MP3 利用 MPEG audio layer 3 技术，将音乐以 1∶10 甚至 1∶12 的压缩率，压缩成容量较小的文件。换句话说，它能够在音质丢失很小的情况下把文件压缩到更小的程度，而且保持原来的音质。正是 MP3 体积小、音质高的特点，几乎成为网上音乐的代名词。每分钟音乐的 MP3 文件大小只有 1MB 左右，这样每首歌的大小只有 3～4MB。使用 MP3 播放器对 MP3 文件进行实时解压缩（解码），就可以播放高品质的 MP3 音乐。

4）WMA

WMA 文件格式的全称是 windows media audio，是微软力推的一种音频格式。WMA 格式以减少数据流量但保持音质的方法来达到更高的压缩率目的，压缩率可以达到 1∶18，生成的文件大小只有相应 MP3 文件的一半。此外，WMA 还可以通过数字权利管理（digital rights management，DRM）方案加入防止拷贝、限制播放时间和播放次数，甚至播放机器的限制，可有力地防止盗版。

4. 常见视频文件格式

1）AVI

音频视频交错格式（audio video interleaved format），又称 AVI，是 Windows 操作系统的视频多媒体，是从 Windows 3.1 即开始支持的文件格式。AVI 可以看作由多幅连续的图形——动画的帧——按顺序组成的动画文件。由于视频文件的信息量很大，人们研究了很多压缩方法。这些 AVI 的压缩和解压缩的方法做成驱动程序就缩写为 codec。

2）ASF

ASF 文件格式的全称为 advanced streaming format，是微软为了与 Real Player 竞争而推出的一种视频格式，用户可以直接使用 Windows 自带的媒体播放器 Windows Media Player 对其进行播放。由于它使用了 MPEG-4 文件格式的压缩算法，因此压缩率和图像的质量都很不错（高压缩率有利于视频流的传输，但图像质量肯定会有损失，所以有时候 ASF 格式的画面质量不如 VCD 是正常的）。

3）WMV

WMV 文件格式英文全称为 windows media video，也是微软推出的一种采用独立编码方式并且可以直接在网上实时观看视频节目的文件压缩格式。WMV 格式的主要优点包括本地或网络回放、可扩充的媒体类型、部件下载、可伸缩的媒体类型、流的优先级化、多语言支持、环境独立性、丰富的流间关系及扩展性等。

4）RM，RMVB

RealNetworks 公司制定的音频、视频压缩规范称为 RealMedia，用户可以使用 RealPlayer 或 RealOne Player 对符合 RealMedia 技术规范的网络音视频资源进行实况转播，并且 RealMedia 可以根据不同的网络传输速率制定不同的压缩比率，从而实现在低速率网络上进行影像数据实时传送和播放。

4.3 多媒体技术的应用

随着多媒体技术的不断发展，计算机已成为越来越多人朝夕相处的伙伴，成为许多人的良师益友。作为人类进行信息交流的一种新的载体，多媒体正在给人类日常的工作、学习和生活带来日益显著的变化。此外，在多媒体领域进行的协同工作也是利用多媒体技术和通信技术实现的。其应用已经实现的有视频会议、远程医疗及远程教学等远程通信。利用通信技术和多媒体技术实现不同地域之间的多方协作是目前多媒体和通信技术的发展方向之一。

4.3.1 教育培训应用

多媒体技术对教育的影响远比对其他领域的影响要深远得多。有调查显示：在多媒体的应用中，教育培训应用大约占 40%。多媒体教学是指在教学过程中，根据教学目标和教学对象的特点，通过教学设计，合理选择文字、图形、图像、声音等多种媒体信息要素，并利用多媒体计算机对它们进行综合处理和控制，通过多种方式的人机交互作用，呈现多媒体教学内容，完成教学过程。计算机多媒体技术应用于教育培训使它们发生了以下变化。

（1）教学信息多媒体化。

（2）教学信息组织超文本化。

（3）教学过程强交互性。

（4）教学信息传输网络化。

（5）学习个别化。

（6）教学管理自动化。

多媒体技术能够为学生生成图文并茂、活灵活现的教学情景，能够很好地激发学生的学习积极性和主动性，提高学习效率和学习质量，改善教学效果。多媒体技术提供的交互性，有利于因材施教，有利于个别化教学。多媒体技术还可以弥补不同学校、不同地区之间教学资源、教学质量的差异，促进全社会教育的公平性。

4.3.2 商业展示

多媒体技术和触摸屏技术的结合为商业展示、销售和信息咨询提供了新的手段，现已广泛应用于交通、商场、饭店、宾馆、邮电、旅游、娱乐等公共场所，如医院管理系统、宾馆查询系统、商场导购信息查询系统等。信息咨询系统主要使用多媒体技术形成信息平台，信息内容包括文字、数据、图形、图像、动画、声音和影像，支持视频卡和触摸屏等。多媒体技术为商家展示它们的产品提供了一个新的途径，商家可以不再局限于报纸、电视等途径。各大厂商通过制作多媒体演示光盘，可以将产品性能、功能及其特色表现得淋漓尽致，客户也可通过多媒体演示光盘，更形象、直观地了解产品，这些产品展示在计算机、汽车等诸多领域得到大面积的推广和使用。以房地产为例：房地产公司在推销某一处楼房时，可将该楼房的周围环境、交通安全、外观、内部结构、室内装修等通过文字、图像、图形、影像等多种方式表现出来，加入对应的解说，并结合虚拟现实技术，使意向客户身临其境地感受楼房的方方面面。

4.3.3　电子出版

计算机多媒体技术的发展正在改变传统的出版业，CD-ROM 大容量、低成本等特点加速了电子出版物的发展。国家新闻出版署给出电子出版物的定义："电子出版物是指以数字代码方式，将有知识性、思想性内容的信息编辑加工后存储在磁、光、电等介质上，通过电子阅读、显示播放设备读取使用的大众传播媒体"。

电子出版物的内容可分为电子图书（E-Book）、辞书手册、文档资料、报纸杂志、宣传广告等。下面以电子图书为例说明多媒体技术在出版领域的应用。电子图书是以互联网为流通渠道、以数字内容为流通介质、以网上支付为主要交换方式的一种崭新的信息传播方式，是网络时代的新生产物，是网络出版的主流方式。相对于传统出版物，电子图书具备无可比拟的优越性。在资源利用上，它不需要纸张、油墨等，是一种纯粹的环保产品；在发行方式上，它不需要运输、库存，而且库存量永远充足；电子图书的更正、修订、改版等十分方便，不需要重新出片、打样、输出、装订等烦琐的过程。

同时，对于短版、几乎绝版的图书，电子图书的出版、发行方式，显得更加实用、可行。电子图书的诞生，预示了无纸化时代的来临，在阅读方式、阅读习惯，甚至阅读文化上引发了人们沟通方式、信息传播的一次变革。

4.3.4　娱乐游戏

影视作品和游戏产品制作是计算机应用的一个重要领域。多媒体技术的出现给影视作品和游戏产品制作带来了革命性的变化。多媒体的声、文、图、像一体化技术，使计算机与人之间的界面更加自然、逼真、简单，同时多媒体技术也使计算机具有了语言、音乐、动画、图像等功能。未来的家用多媒体计算机可以提供声像一体的交互式教育功能、游戏功能、电视和音响功能、卡拉 OK 功能，等等。也就是说，家用多媒体计算机将取代电视、音响和功率放大器等家电。事实也是如此，越来越多的多媒体系统已进入家庭，用于家庭娱乐。多媒体产品作为娱乐性消费产品已被各阶层的用户所接受。

多媒体技术为娱乐业创造一个新的辉煌时代。有了多媒体技术，娱乐产品将更加立体，更加逼真，交互性强，界面更友好。例如，计算机游戏，由于多媒体技术的介入，使游戏能够提供各种感官的刺激，同时玩游戏者通过与计算机的交互而有身临其境之感。另外，伴随计算机多媒体技术的发展，数字照相机、数字摄像机、DVD 等技术在市场上的普及，为人们的娱乐生活开创了一个新的时代。

目前，多媒体应用领域正在不断拓宽。在文化教育、技术培训、电子图书、观光旅游、商业及家庭应用等方面，已经出现了不少深受人们喜爱的以多媒体技术为核心的多媒体电子出版物，它们以图片、动画、视频片段、音乐及解说等易接受的媒体素材将所反映的内容生动地展现给广大读者。

4.4　多媒体技术

4.4.1　多媒体技术发展历程

多媒体技术始创于美国苹果（Apple）公司，1984 年 Apple 推出的 Macintosh 微机引入了位图概念来处理图形图像，并使用了窗口和图符作为用户界面，一改 DOS 文字界面单调乏味的风格，使 Macintosh 计算机成为用户使用方便的、能同时处理多种信息媒体的计算机。

1985 年，美国康懋达（Commodore）公司率先推出第一个多媒体系统 Amiga500。它具有音像和动画功能。

1986 年 3 月，菲利普（Philips）公司和索尼（Sony）公司联合推出了 CD-I 系统。它把各种多媒体信息以数字化的形式存放在 650MB 的 CD-ROM 上，用户可通过读取光盘中的内容来进行播放。CD-I 系统包括音视频处理系统、多任务实时操作系统、CD 播放机、微处理器等。

1987 年 3 月，美国无线电（RCA）公司推出了 DVI 系统，它以计算机技术为基础，用标准光盘来存储和检索静止图像、活动图像、声音和其他数据。

1989 年 3 月，Intel 宣布将 DVI 技术开发成一种可以普及的商品，包括把 DVI 芯片装在国际商业机器制造（IBM）公司 PS/2 微机上。Intel 和 IBM 推出了 DVI 的普及化商品 Action Media 750，其软件支持为 AVSS。

随着多媒体技术的迅速发展，特别是多媒体技术产业化发展，为建立相应的标准，1991 年 11 月，由微软发起的多家多媒体开发者会议制定了多媒体计算机标准Ⅰ的规则，并成立多媒体计算机市场协会。

同年，第六届国际多媒体和 CD-ROM 大会宣布 CD-ROM/XA 标准，填补了原有标准在音频方面的不足。Intel 和 IBM 推出 Action Media750Ⅱ及 AVK。

1992 年，计算机经销商博览会上有两大热点，一是笔记本计算机；二是多媒体计算机。在这次博览会上，Intel 和 IBM 共同研制的 DVI Action Media 750 Ⅱ荣获了最佳多媒体产品奖和最佳展示奖。

1993 年 10 月，美国"电话巨人"贝尔大西洋公司出资 330 亿美元并购了美国最大的有线电视公司——电讯传播公司，对发展新型有线电视、开发多媒体信息服务、实现"信息高速公路"起到了巨大的推动作用。

4.4.2　多媒体技术发展方向

多媒体技术是当前计算机产业的热点研究问题之一，并处于蓬勃发展之中。就像计算机在 20 世纪 80 年代的发展那样。90 年代以来，由于"信息高速公路"计划的兴起，因特网（Internet）的广泛使用，刺激了多媒体信息产业的发展和网络互连的需求，在全球掀起了一股家电行业、有线电视网、娱乐行业、计算机工业及通信业相互兼并、联合建网的浪潮，从而使 90 年代被称为"多媒体时代"。计算机、家电和娱乐业的大规模联合，造就了新一代信息领域，创造了无穷的机遇和潜在的市场。多媒体技术总的发展趋势是具有更好、更自然的交互性,更大范围的信息存取服务。多媒体技术与其他各种技术的完美结合,将为未来人类社会创造出一个功能、空间、时间及人与人交互更完美的崭新的世界。

1. 多媒体技术与网络通信技术的结合

通信网络环境的研究和建立,将使多媒体从单机单点向分布、协同多媒体环境发展,在世界范围内建立一个可全球自由交互的通信网。有学者认为,21 世纪多媒体通信将是整个通信领域的主体。高速局域网和综合业务数字网(integrated services digital net-work,ISDN)是目前多媒体通信的基础,宽带综合业务数字网(broadband integrated services digital network,B-ISDN)是未来多媒体通信的主要发展方向。

ISDN 即窄带综合业务数字网,是以数字信号形式和时分多路复用方式进行通信,数据等数字信号可以直接在数字网中传输。ISDN 改变了传统电话网模拟用户环路的状态,使全网数字化变为现实,用户可以获得数字化的优异性能。简言之,由模拟到数字化的飞跃就是 ISDN 带给人们的真正好处。

B-ISDN 是指宽频 ISDN,它的宽频是相对窄频而言的,指一个服务或系统所需要的传输通道能力高于 T1(1.544 Mbps,北美系统)或 E1(2.048 Mbps,欧洲系统)速率,网络若能提供宽频传送能力,则称为宽频网络。宽频应用是利用宽频网络能力来达成端点间(end-to-end)数据传输;宽频服务是指经由网络提供者所提供的单一用户撷取界面来提供宽频应用的方式。宽频整体服务数位网络在单一网络上同时提供多种资料形态的高速传输,如数据、语音、影像、视讯等,可利用连线导向与非连线导向方式来向用户提供各种服务与应用,并能保证连线的服务品质。

"三网合一"是未来的多媒体通信网的发展方向。B-ISDN 的出现为"三网合一"的实现提供了实现的可能。未来多媒体网络通信的应用领域十分广泛,包括计算机支持的协同工作(computer supported cooperative work,CSCW)、视频电子信函、远程医疗诊断、联合计算机辅助设计、数字网络图书馆系统、多媒体会议系统、超高清晰度图像系统、视频点播/多媒体点播系统等。

2. 媒体技术与仿真技术的集合

多媒体技术与仿真技术相结合生成一种新的技术——虚拟现实技术。美国一家杂志社在评选影响未来的十大科技水平时,Internet 位居第一,虚拟现实技术名列第二。虚拟现实技术是一种可以创建和体验虚拟世界的计算机系统。它充分利用计算机硬件与软件资源的集成技术,提供了一种实时的、三维的虚拟世界,使用者完全可以进入虚拟世界,观看计算机产生的虚拟世界,听到逼真的声音,在虚拟环境中交互操作,有真实感。

3. 多媒体技术与人工智能技术的结合

1997 年,徘徊了 50 年之久的人工智能技术在超级计算机"深蓝"与国际象棋大师卡斯帕罗夫的对弈中浮出水面时,世界为之震惊。现在,人工智能技术已悄然出现在人们的日常生活中,成为新世纪蓬勃发展的新技术之一。"人工智能"技术是指模拟人类大脑活动的技术。采用了人工智能技术的机器具有自行处理问题的能力。当前,人工智能技术已具有识别字迹、语音,以及自动处理动态数字的能力。

1993 年 12 月,在英国举行的"多媒体系统和应用国际会议"上,计算机研究人员首次提出了"智能多媒体"这一概念。以此为开端，"智能多媒体"技术逐渐进入计算机科研人员的视野并日益成为研究热点和难点。多媒体技术和人工智能技术相结合，是多媒体技术长远的发展方向，也是计算机智能化的发展方向。多媒体技术在计算机视觉、听觉、会话等研究领域亟待借助人工智能技术深入下去，而人工智能技术在知识的表示与推理、机器学习与知识获取、数据挖掘等方面的研究同样亟待借助多媒体技术深入下去。

多媒体是计算机技术中的综合技术，其发展正向多学科交汇、多领域应用、智能化方向演进。

4.4.3　多媒体关键技术

1. 数据压缩技术

在多媒体系统中，由于涉及的各种媒体信息主要是非常规数据类型，如图形、图像、视频和音频等，这些数据所需要的存储空间是十分巨大和惊人的。为了使多媒体技术达到实用水平，除了采用新技术手段增加存储空间和通信带宽外，对数据进行有效压缩也是多媒体发展中必须要解决的关键技术之一。

经过 40 多年的数据压缩研究，从 PCM 编码理论，到现今成为多媒体数据压缩标准的 JPEG 和 MPEG，已经产生了各种各样针对不同用途的压缩算法、压缩手段和实现这些算法的大规模集成电路或计算机软件，并逐渐趋于成熟。

JPEG 格式适用于连续色调、多级灰度、彩色或单色静止图像的国际标准。

MPEG 格式包括 MPEG 视频、MPEG 音频和 MPEG 系统 3 部分，MPEG 要考虑音频和视频的同步。

2. 多媒体信息的展现与交互技术

在传统的计算机应用中，大多数采用文本媒体，所以对信息的表达仅限于"显示"。在未来的多媒体环境下，各种媒体并存，视觉、听觉、触觉、味觉和嗅觉媒体信息的综合与合成，就不能仅仅用"显示"完成媒体的表现了。各种媒体的时空安排和效应，相互之间的同步和合成效果，相互作用的解释和描述等都是表达信息时必须考虑的问题。有关信息的这种表达问题统称为"展现"。尽管影视声音技术广泛应用，但是多媒体的时空合成、同步效果、可视化、可听化及灵活的交互方法等仍是多媒体领域需要研究和解决的棘手问题。

3. 多媒体通信与分布处理技术

多媒体通信对多媒体产业的发展、普及和应用有着举足轻重的作用，构成了整个产业发展的关键和瓶颈。在通信网络中，如电话网、广播电视网和计算机网络，其传输性能都不能很好地满足多媒体数据数字化通信的需求。从某些意义上讲，数据通信设施和能力严重地制约着多媒体信息产业的发展，因而，多媒体通信一直作为整个产业的基础技术来对待。当然，真正解决多媒体通信问题的根本方法是"信息高速公路"的实现方法。

多媒体的分布处理是一个十分重要的研究课题。因为要想广泛地实现信息共享，计算机网络及其在网络上的分布式与协作操作就不可避免。多媒体空间的合理分布和有效的协作操作将缩小个体与群体、局部与全球的工作差距。超越时空限制，充分利用信息，协同合作，相互交流，节约时间和经费等是多媒体信息分布的基本目标。

4. 计算机虚拟现实技术

虚拟现实技术起源于 20 世纪五六十年代，在 80 年代末期开始被广泛应用。所谓虚拟现实，就是采用计算机技术生成一个逼真的视觉、听觉、触觉及味觉等感官世界，用户可以直接用人的技能和智慧对这个生成的虚拟实体进行考察和操纵。这个概念包含三层含义：首先，虚拟现实是用计算机生成的一个逼真的实体，"逼真"就是要达到三维视觉、听觉和触觉等效果；其次，用户可以通过人的感官与这个环境进行交互；最后，虚拟现实往往要借助一些三维传感技术为用户提供一个逼真的操作环境。虚拟现实是多媒体发展的更高境界，具有更高层次的集成性和交互性，现在已成为多媒体技术研究中十分活跃的一个领域。它具有以下 3 个基本特征：沉浸性（immersion）、交互性（interaction）和想象性（imagination），即通常所说的"3I"。

（1）沉浸性：是指用户借助各类先进的传感器进入虚拟环境之后，由于他所看到的、听到的、感受到的一切内容非常逼真，因此，他相信这一切都"真实"存在，而且相信自己正处于所感受到的环境中。

（2）交互性：是指用户进入虚拟环境后，不仅可以通过各类先进的传感器获得逼真的感受，而且可以用自然的方式对虚拟世界中的物体进行操作。例如，搬动虚拟世界中的一个物体，人们可以在搬动盒子时感受到盒子的重量及其质感。

（3）想象性：是指由虚拟世界的逼真性与实时交互性而使用户产生更丰富的联想，它是获取沉浸感的一个必要条件。

虚拟现实是多媒体技术发展的更高境界，以更加高级的智能性、集成性和交互性，为人们提供更加逼真的体验，因此被广泛用于模拟训练、工程设计、商业运作、娱乐游戏等。

本质上，虚拟现实就是一种先进的计算机用户接口，它通过给用户同时提供如视、听、触等各种直观而又自然的实时感知交互手段、最大限度地方便用户的操作，从而减轻用户的负担、提高整个系统的工作效率。虚拟现实是一项综合集成技术，涉及计算机图形学、人机交互技术、传感技术、人工智能等领域，用计算机生成逼真的三维视、听、触、嗅觉等感觉，用户通过适当装置，采用自然的方式对虚拟世界进行体验和交互。虚拟现实主要有三方面的含义：第一，虚拟现实借助计算机生成逼真的虚拟世界，"虚拟世界"是相对人的感觉（视、听、触、嗅等）而言的；第二，用户可以借助一些三维设备和传感设备来实现人以自然技能与这个虚拟世界交互，自然技能是指人的头部转动、眼动、手势等其他人体的动作；第三，虚拟现实世界会实时地产生相应的反应。近年来，虚拟现实已逐渐从实验室的研究项目走向实际应用。目前在军事、航天、建筑设计、旅游、商业、医疗、文化娱乐及教育等领域得到应用。在国内，有关虚拟现实的项目已经列入计划，虚拟现实的研究和应用正在全面展开。

根据统计，目前在娱乐、教育及艺术领域的虚拟现实应用占据主流，其次是军事与航空、医学、机器人、商业领域，另外在可视化计算、制造业等方面也有相当的比重。可以预见，在不久的将来，虚拟现实技术将深入人们的日常工作与生活中，并影响甚至改变我们的观念与习惯。

5. 多媒体数据库技术

数据的组织和管理是任何信息系统都要解决的核心问题。数据量大、种类繁多、关系复杂是多媒体数据的基本特征。以什么数据模型表达和模拟这些多媒体信息空间？如何组织存储这些数据？如何管理这些数据？如何操纵和查询这些数据？这是传统数据库系统的能力和方法难以胜任的。目前，人们利用面向对象（object oriented，OO）方法和机制开发了新一代面向对象数据库（object oriented data base，OODB），并结合超媒体（hypermedia）技术的应用，为多媒体信息的建模、组织和管理提供了有效的方法。

传统数据库管理系统在处理结构化数据，如文字、数值等信息媒体方面已获得巨大成功，如果处理的领域涉及大量的声音、图像等信息媒体，传统的数据库管理系统就力不从心，于是多媒体数据库技术应运而生。多媒体数据主要包括图形、图像和语音等数据类型，这些数据和传统的字符、数值数据差异很大，因而其存储结构、存取方法、描述它们的数据模型和数据结构也随之大不同，为解决上述情况而产生的数据库管理系统即可称为多媒体数据库管理系统。由于多媒体数据具有数据量大、集成性、实时性、非解释性和非结构性等特性，因此多媒体数据库管理需要考虑许多新的需求。

由于目前研究多媒体数据库在理论上和实践上都存在较大困难，因此现在国内外研制开发许多商品化的系统都只能称作多媒体信息管理系统，它们只具备了管理多种媒体的能力，而与理想中的多媒体数据库还有一定差距。理想的多媒体数据库不仅具有存储管理多媒体信息的能力，还应具备综合多种媒体，支持对各种媒体信息的语义查询和检索的能力。

4.5 常用多媒体编辑软件概述

4.5.1 音频处理软件 Cool Edit Pro

Cool Edit Pro 是一款非常出色的数字音乐编辑器和 MP3 制作软件，不少人把它形容为音频"绘画"程序。Cool Edit Pro 是美国 Adobe Systems 公司开发的一款功能强大、效果出色的多轨录音和音频处理软件。人们可以用声音来"绘"制音调、歌曲的一部分、声音、弦乐、颤音、噪音或是调整静音。它还提供了多种特效用以为作品增色，如放大、降低噪音、压缩、扩展、回声、失真、延迟等。使用它，用户可以同时处理多个文件，轻松地在几个文件中进行剪切、粘贴、合并、重叠声音等操作。它可以生成噪音、低音、静音、电话信号等。

Cool Edit Pro 具有如下功能特性。

（1）支持丰富的声音文件格式。

（2）提供强大的数字信号处理能力。支持多达 128 音轨的同步合成，支持录音、回放、混音等声音编辑。

（3）提供丰富的特殊效果。例如，3D 室内混响、3D 混响、扭曲、冲压、降噪、段参数均衡、快速/科学滤波、相位控制、声音缩/放、合声、压缩/扩展/限幅、延迟、回旋、变形、颠倒/反转/静音等。

（4）支持损坏式编辑和非损坏式编辑。

（5）自定义 SES 文件格式。它不记录声音数据，只记录一些类似脚本的信息，如何时播放这个 WAV 文件，何时播放那个 WAV 文件等。

（6）操作界面简洁方便，周到细致。

该软件内置 CD 播放器。其具备的其他功能包括：支持可选的插件；崩溃恢复；支持多文件；自动静音检测和删除；自动节拍查找；录制等。另外，它还可以在 AIF、AU、MP3、

Raw PCM、SAM、VOC、VOX、WAV 等文件格式之间进行转换，并且能够保存为 RealAudio 格式。如果 Windows 计算机拥有一块声卡或健全的模块，Cool Edit Pro 就能把它变成一个职业音频工程师。

4.5.2　图像处理软件 Photoshop

Photoshop 是当今世界上一流的图像设计与制作工具，因性能优越而被众多专业人士所青睐，已成为出版界中图像处理的专业规范。

Photoshop 是平面图像处理业界霸主 Adobe 公司推出的大型图像处理软件。它功能强大，操作界面友好，得到众多第三方开发厂家的支持，也赢得了众多用户的认可。

Adobe Photoshop 最初的程序是由密歇根大学的研究生托马斯·诺尔（Thomas Knoll）创建的，后经诺尔兄弟及 Adobe 公司程序员的努力，Adobe Photoshop 产生巨大的转变，一举成为优秀的平面设计编辑软件。它的诞生可以说掀起了图像出版业的革命，Adobe Photoshop 的每一个版本都增添新的功能，这使它获得越来越多的支持者，也使它在诸多的图形图像处理软件中立于不败之地。

Adobe 产品的升级更新速度并不快，但每一次推出新版本总会有令人惊喜的重大革新。Photoshop 从当年名噪一时的图形处理新秀，经过 3.0、4.0、5.0、5.5 的不断升级，直到目前最新的 8.0 版，功能越来越强大，处理领域也越来越宽广，逐渐建立了图像处理的霸主地位。

Photoshop 支持众多的图像格式，对图像的常见操作和变换做到了非常精细的程度，是其他任何一款同类软件都无法做到的；它拥有异常丰富的插件（在 Photoshop 中称为滤镜），熟练后自然能体会到"只有想不到，没有做不到"的境界。

这一切，Photoshop 都为人们提供了相当简洁和自由的操作环境，从而使人们的工作游刃有余。从某种程度上来讲，Photoshop 本身就是一件经过精心雕琢的艺术品，更像为读者量身定做的衣服，使用不久就会备感亲切。

当然，简洁并不意味着傻瓜化，自由也并非随心所欲，Photoshop 仍然是一款大型处理软件，想要用好它更不会在朝夕之间，只有长时间的学习和实际操作才能充分贴近它。

4.5.3　GIF 动画制作软件 Ulead GIF Animator

GIF 的全称是 graphics interchange format，是美国在线信息服务机构之一 CompuServe 公司提出的一种图形文件格式。GIF 文件格式主要应用于互联网。GIF 格式提供了一种压缩比较高的高质量位图，但 GIF 文件的一帧中只能有 256 种颜色。GIF 格式的图片文件的扩展名为".gif"。

与其他图形文件格式不同的是，一个 GIF 文件中可以存储多幅图片，这时 GIF 将其中存储的图片像播放幻灯片一样轮流显示，这样就形成了一段动画。

GIF 文件还有一个特性：它的背景可以是透明的。也就是说，GIF 格式的图片的轮廓不再是矩形的，它可以是任意形状，就好像用剪刀裁剪过一样。GIF 格式还支持图像交织，当人们在网页上浏览 GIF 文件时，图片先是很模糊地出现，然后才逐渐变得很清晰，这就是图像交织效果。

很多软件都可以制作 GIF 格式的文件，如 Macromedia Flash、Microsoft PowerPoint 等，相比之下，Ulead GIF Animator 的使用更方便，功能也很强大。Ulead GIF Animator 是友立公司（Ulead Systems.Inc）出版的动画 GIF 制作软件，简称 UGA，内建的 Plugin 有许多现成

的特效可以立即套用，可将 AVI 文件转成动画 GIF 文件，还能将动画 GIF 图片最佳化，能给人们放在网页上的动画 GIF 图档"减肥"，以便让人能够更快地浏览网页。

Ulead GIF Animator 不但可以把一系列图片保存为 GIF 动画格式，还能生成 20 多种 2D 或 3D 动态效果，足以满足制作网页动画的要求。

4.5.4　动态屏幕的截取软件

动态屏幕的截取也称为录屏，这里包含如下两层意思。

（1）它能记录过程，即把屏幕图像及使用者的操作都记录下来。

（2）截取后生成的是视频文件，即最后获得的是能还原屏幕图像及操作的视频文件。

SnagIt 和 Camtasia Studio 软件都能截取动态屏幕，而且都是 TechSmith 公司的产品。SnagIt 截取后只能生成 AVI 格式的文件，而且无编辑功能；后者除了能生成多种不同格式的输出文件外，还能对视频进行编辑，因此功能比前者强大得多。

Camtasia Studio 是屏幕录像和编辑软件套装。它提供了强大的屏幕录像（camtasia recorder）、视频的剪辑和编辑（camtasi studio）、视频菜单制作（camtasia menumaker）、视频剧场（camtasi theater）和视频播放功能（camtasia player）等功能。使用 Camtasia Studio，用户可以方便地进行屏幕操作的录制和配音、视频的剪辑和过场动画设置、添加说明字幕和水印、制作视频封面和菜单、视频的压缩和播放等操作。

Camtasia Studio 支持多种常见视频格式，软件界面也比较简约明了，使用方法简单，各种工具都能快速找到，可以协助用户高效便捷地处理视频，还可以编辑声音、画中画和录制网络上的学习视频，功能十分强大。

思考与练习

选择题

1. 以下关于多媒体技术的描述中，错误的是_____。
   A. 多媒体技术将各种媒体以数字化的方式集中在一起
   B. 多媒体技术是指将多媒体进行有机组合而成的一种新的媒体应用系统
   C. 多媒体技术就是能用来观看的数字电影的技术
   D. 多媒体技术与计算机技术的融合开辟出一个多学科的崭新领域

2. 以下图形图像文件格式中，可实现动画的是_____格式。
   A. WMF　　　　　　B. GIF　　　　　　C. BMP　　　　　　D. JPG

3. 以下多媒体软件工具中，由 Windows 自带的是_____。
   A. MediaPlayer　　B. GoldWave　　　C. Winamp　　　　D. RealPlayer

4. 多媒体一般不包括的媒体类型是_____。
   A. 图形　　　　　　B. 图像　　　　　　C. 音频　　　　　　D. 视频

5. 以下格式中，音频文件是_____格式。
   A. WAV　　　　　　B. JPG　　　　　　C. DAT　　　　　　D. MIC

6. 以下程序中，属于三维动画制作软件工具的是_____。
   A. 3DSMAX　　　　B. Fireworks　　　C. Photoshop　　　D. Authorware

7. 以下程序中，不属于音频播放软件工具的是_____。

    A. Windows Media Player   B. GoldWave

    C. OuickTime   D. ACDSee

8. 不属于多媒体技术的典型应用的是_____。

    A. 教育和培训   B. 娱乐和游戏

    C. 视频会议系统   D. 计算机支持协同工作

9. 以下文件格式中不是视频文件的是_____。

    A. *.MOV   B. *.AVI   C. *.JPEG   D. *.RM

10. 在多媒体计算机中，声卡是获取数字音频信息的主要元器件之一，下列不是声卡主要功能的是_____。

    A. 声音信号的数字化   B. 数字音频信号

    C. 存储声音信号   D. 数据的压缩与解压缩

第 5 章

程序设计与算法

5.1 程序设计

计算机程序是一组计算机能够识别和执行的指令序列,程序设计是依据指定问题而设计计算机程序的过程。

5.1.1 程序设计语言

程序设计语言是人为设计的、用于书写计算机程序的语言,是人类与计算机沟通的桥梁。自 20 世纪 50 年代以来,程序设计语言经过不断演化,已发展出了更加简洁、易读性强、接近自然语言的编程语言。程序设计语言的发展提升了计算机与人类的交互能力,极大地促进了人类科学的发展进程。

1. 程序设计语言的定义

程序设计语言比自然语言更加严谨、精确。它是人类为了与计算机沟通而创造的符号语言,一般包含语法、语义、语境等内容。语法是由词法规则与语法规则组成的,程序设计语言的语法可用形式语言进行描述;语义是指语言中按语法规则构成的各个成分的含义;语境是指实现程序设计语言的使用环境,包括编译环境和运行环境。

2. 程序设计语言的发展概述

从第一个程序设计语言产生至今,大约有上千种计算机语言被开发出来。然而随着计算机的发展,大部分语言已经被淘汰。下面是几种在不同时期比较有代表性的计算机程序设计语言。

FORTRAN 是由美国约翰·巴克斯(John Backus)开发的编程语言,是第一个被广泛用于进行科学计算的高级语言,它的出现奠定了现代软件开发的基础。一个 FORTRAN 程序由一个主程序和若干子程序组成,每一个主程序或子程序都是一个单独的程序模块。

ALGOL60 是程序设计语言发展史上的一个里程碑,主导了 20 世纪 60 年代程序设计语言的发展。ALGOL60 是一个分程序结构的语言,具有严格的语法规则,每个分程序由 begin 开始,以 end 结尾,并且分程序的结构可以进行嵌套。

COBOL 是一种面向事务处理的高级语言,主要应用于商业数据处理及情报检索等领域,在国际上被广泛应用。COBOL 在具有严谨语法的同时更加接近英语书面语言的表达形式,采用了 300 多个英语单词作为保留字。

C 语言是 20 世纪 70 年代发展起来的一种程序设计语言,目前仍被广泛使用。C 语言兼顾了高级语言和汇编语言的特点,拥有完整的理论体系,普适性强,可生成质量高、目标代码执行效率高。C 语言是一种结构化语言，提供了丰富的运算符集合，其比较紧凑的模块化程序有利于调试，并且可以通过指针类型对内存直接寻址及对硬件进行直接操作。

　　C++语言是一种基于 C 语言发展而来的面向对象的编程语言，与 C 语言完全兼容，并且在 C 语言的基础上增加了类机制，支持继承和重用，以及数据的封装与隐藏。

　　Java 诞生于 20 世纪 90 年代，保留了 C++的类、继承等概念，并且摒弃了 C++中的一些不友好的特性，更加简单易用，可理解性更强，因而得到了广泛的应用。

　　Python 是一种面向对象的解释型程序设计语言，诞生于 20 世纪 90 年代初。Python 语言具备简洁性、易读性与可扩展性等特性，逐渐成为最受欢迎的程序设计语言之一。尽管 Python 本身的内核很小，但其具有数量相当丰富的扩展库，包括 NumPy、Matplotlib 等，Python 还可以与 C 语言、C++、Java 语言进行扩展，因此可通过 Python 来开发任何类型的程序。

　　3. 低级语言和高级语言

　　根据与计算机硬件连接的紧密程度，程序设计语言又分为低级语言和高级语言。低级语言包括机器语言和汇编语言。机器语言是最基本的计算机语言，机器指令序列只使用 0、1，可以直接控制计算机硬件的操作，运算速度非常快。但是使用机器语言的程序可读性差、难以理解和修改，鉴于此，人们使用一些符号来代替 0、1 的指令序列，产生了汇编语言。机器语言和汇编语言对硬件的依赖度高，可移植性差，以面向机器理解为主，对人的理解和开发不友好。为了便于对计算机进行操作，人们开发了功能性更强、抽象级别更高的面向各类应用的程序设计语言，如 C、Java 等。这类语言同自然语言比较接近，称为高级语言。

5.1.2　程序设计方法

　　程序设计的一般步骤包括分析问题、设计算法、编写代码、运行调试和分析结果、编写文档。

　　（1）分析问题：对于待求解问题，应认真理解、全面分析。分析所给定的条件，需要进行何种处理、数据包括哪些、处理问题时需要的硬件条件和软件环境等。在分析结果的基础上找出解决问题的方法。一般情况下，解决问题的方法有很多，应当根据实际情况尽量找到最优的解决方法。

　　（2）设计算法：选定解决方法后，需要设计出具体的解决步骤，即算法。可以用流程图、伪代码等方法对算法进行描述。

　　（3）编写代码：选择程序设计语言，将数据、数据之间的关系和已设计好的算法编写成程序代码，编写过程中需要注意代码风格。

　　（4）运行调试和分析结果：将编写好的代码输入计算机中运行。在运行过程中可能会出现程序错误或者最终运行结果出现偏差等情况，这时需要对代码进行修改和完善，分析运行结果出现偏差的原因，反复进行运行调试。运行调试是程序设计中不可缺少的重要步骤。

　　（5）编写文档：程序调试完毕后，为了使用户能够了解程序的具体功能，有利于程序的升级、维护等，必须将程序各个阶段的资料和有关说明，如程序名称、程序功能、运行环境、程序的装入和启动、需要输入的数据及使用注意事项等编写存档。

5.1.3　结构化程序设计

　　结构化程序设计的主要原则是"自顶向下、逐步求精、模块化"，具体是指从问题的全局进行分析，将一个复杂任务分解成若干易于控制和处理的子任务，将子任务进一步分解，逐步细化，直到每个子任务都能够解决为止，最终将软件系统划分成若干较小的、相对独立但又相互关联的模块。

结构化程序设计有 3 种基本的程序结构：顺序结构、选择结构和循环结构，一个结构化程序无论有多么复杂，都可以由这 3 种基本结构搭建而成。

（1）顺序结构：是指程序运行过程中各个操作按照先后顺序依次执行。这种结构的特点是从所描述的第一个操作开始，按顺序依次执行后续操作，直到序列最后一个操作，如图 5-1 所示。顺序结构是最基本、最简单的程序结构。

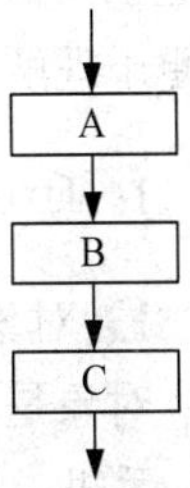

图 5-1　顺序结构

（2）选择结构：也称分支结构，是指在程序的步骤中出现了若干分支，需要选择其中一条分支执行的结构。基本的选择结构有两条分支，如图 5-2（a）所示，根据条件 Q 成立与否，程序选择执行操作 A 还是操作 B，其中操作 A 或操作 B 还可以包括顺序、选择和循环结构。选择结构还有一种简化的结构，就是没有分支操作 B，称为单分支选择结构，如图 5-2（b）所示。选择结构的特点是"无论有多少条分支，程序执行且只执行其中的一条"。

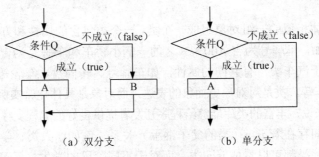

（a）双分支　　　　　　　　　（b）单分支

图 5-2　选择结构

（3）循环结构：在程序设计中，某处开始有规律地反复执行某一操作块，称为循环结构，该操作块称作循环体。循环结构有 3 种形式：while 循环，do-while 循环和 for 循环。while 循环是先判断条件 Q 是否成立，若成立则执行循环体 A，然后再判断循环条件，不成立则退出循环结构，如图 5-3（a）所示；do-while 循环是先执行循环体 A，再判断条件 Q 是否成立，若成立再次执行循环体，不成立则退出循环结构，如图 5-3（b）所示；for 循环也称为步长循环，是给定循环初始值、循环条件及步长，指定循环体次数的一种循环结构，如图 5-3（c）所示。

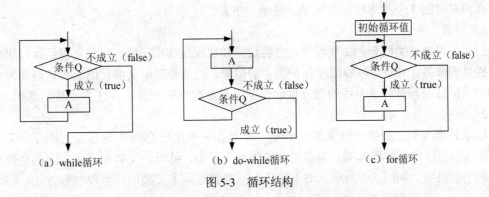

（a）while循环　　　　　　　（b）do-while循环　　　　　　（c）for循环

图 5-3　循环结构

5.1.4 面向对象程序设计

面向对象是一种系统化的软件开发方法，以符合人类思维的方式来分析和设计任务。面向对象程序设计方法将客观存在的任何事物视为对象，依据问题的求解内容来设计对象，引入继承的概念来诠释客观存在的对象之间的关系。在现实中，使用面向对象方法来设计，不仅便于理解和修改，而且因为对象之间的稳定关系，也容易应对客户对需求的变化。

1. 面向对象的基本概念

1）对象

对象是面向对象方法中的核心概念。现实中存在的任何事物都可以看作一个对象，如电视、手机、学生等。面向对象设计语言中的对象是以现实世界的对象为模型构造的，包括描述对象的数据和描述对象的行为，即属性和方法。每一个对象都有它的属性和方法，如手机有大小、颜色、内存等用来静态描述该手机的数据，同时手机还具有接打电话、发信息、看视频等操作。一个对象可以看作将属性和方法封装为一个整体，对于使用者来说，可以使用对象提供的行为但并不清楚行为具体实现的方法。

2）类

现实世界中大体相似的一组对象组成一个类，一个类包含的属性和方法是一组对象共同的特征和行为。例如，车牌号为吉 A00×××的一辆小轿车和车牌号为吉 A11×××的一辆客运车，它们都属于汽车类，有共同的属性，如车牌号、转向盘、车轮等；有共同的行为，如制动、前进、倒车等。类是对对象更抽象的表达，而对象是具体化、实例化的类。对于面向对象程序设计语言来说，丰富的类库能够给程序开发者提供良好的编程支撑，提高开发效率。

一些类和类之间存在着 is-a（类的父子继承）关系。例如，人类、学生类、教师类这 3 个类，学生类和教师类都可以看成 is-a 类，而对于不同阶段的学生，又可以分为大学生类、初高中生类及小学生类等，同学生类之间也存在 is-a 关系。这种关系形成了一种层次关联，描述了现实世界中类之间的相互关系。

3）消息传递

对象和对象之间的通信机制称为消息传递。当对象 A 向对象 B 发送指令执行某些行为时，即对象 A 向对象 B 发送一个消息，对象 B 会对消息进行及时响应，而对象 A 不需要知道对象 B 如何对请求予以响应。

2. 面向对象的基本特征

面向对象的 3 个基本特征是封装、继承、多态。

1）封装

封装是对象和类概念的主要特性。它将数据和实现封装成了类，对外界提供接口用来访问类提供的服务。封装可以隐藏和保护类中的信息，阻止外部定义的代码随意访问及恶意篡改类中的信息，同时提高系统的独立性，保证了对象数据的一致性并使系统易于维护。

2）继承

继承是类和类之间的一种关系，若是一个类在另一个已存在类的基础上进行定义和实现，那么已存在的类称作父类，当前定义的类称作子类。继承是父类和子类之间共享数据和方法的一种机制。如图 5-4 所示，对于每一个子类都继承了父类的所有属性和方法，并增加了若干新的内容。对于父类继承的方法，子类可以根据自身的需要重新定义，称为方法的重写，除此之外，子类还继承了父类的接口，发送给父类对象的消息同样可以发送给子类对象，这种机制既提高了代码的复用率，又保证了类的独立性。

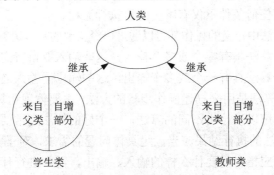

图 5-4　类的继承关系

3）多态

多态通俗上是指一种事物有多种状态。面向对象中有两种重要的多态表现形式，一种是方法的重载，另一种是父类引用指向子类对象。方法的重载实际是通过编译技术来实现的，具体表现为一个类中同一方法名可以用来定义多种不同的方法，但是在方法的参数上有所不同，这样通过传递不同参数来调用同一个方法，能够实现类的不同行为。父类引用指向子类对象的实现通过继承支持，具体表现为定义父类对象来引用不同的子类对象，子类对象可以对父类相同方法进行方法重写，这样实现了相同的对象可以显现出不同的行为。面向对象的多态性，体现了"一个接口，多种实现"，使程序具有良好的可扩展性。

5.2　算法与数据结构

随着信息时代的到来，现实世界中的信息量急剧膨胀，很多实际应用问题使用手工方法已无法完成信息的管理，应运而生的计算机正好适用于存储、处理数据量大、数据种类多的信息，而且处理速度快，可长久保存。在大量的信息中，通常有两种主要数据：一种是数值型数据，如整型、实型等；另一种是非数值型数据，如字符串、表、图形、图像、声音等。其中，非数值型数据占信息总量的一大部分，这些大量的非数值型数据是如何在计算机中存储及处理的呢？在计算机中进行存储及处理时又遵循什么规律、具备什么特点呢？这类问题，正是本节要介绍的主要内容。

在使用数据结构解决实际问题时，人们总要设计一定的方案来处理数据，这里的方案称为算法。算法存在时间效率的高低与算法所占空间的大小两个方面的因素，两者往往不可兼得。下面介绍算法的概念与衡量算法效率的方法。

5.2.1　算法

1. 算法的定义

算法是为解决某个特定问题所采取的方法和步骤，是指令的有限序列，一条指令表示一个或多个操作。

算法应该具有下列特性。

（1）有穷性：一个算法必须在有穷步骤之后结束，即必须在有限时间内完成。

（2）确定性：算法的每一步必须有确切的定义，无二义性。算法的执行对于相同的输入仅有相同的结果，在任何条件下仅有唯一的可执行流程。

（3）可行性：算法中定义的操作都可以通过已经实现的基本运算的有限次执行得以实现。

（4）输入：一个算法具有零个或多个输入，这些输入取自特定的数据对象集合。

（5）输出：一个算法具有一个或多个输出，这些输出同输入之间存在某种特定的关系。

在数据结构中，算法是用来描述操作步骤的方法，主要体现运算的设计思路、设计方法。为解决某一特定问题可以设计出不同的算法，一个好的算法通常要达到以下目标。

（1）正确性：算法的执行结果应当满足具体问题的需求，对于实际问题应事先给出功能和性能的要求，至少应指出需要什么样的输入、输出，需要进行什么样的处理或计算。

（2）可读性：一个算法应当思路清晰、层次分明、简单明了、易读易懂，便于大家交流，晦涩难懂的算法容易隐藏错误。

（3）健壮性：当输入不合法数据时，应能做出适当处理，不至于引起严重后果。

（4）高效性：算法应尽量占用较小的存储空间和较少的运行时间，以提高算法的空间与时间效率。

2. 算法效率的度量

由算法转换的程序在计算机上运行时都要占有一定的机器运行时间与存储空间，这两个因素是计算机的宝贵资源，因此应该尽量提高算法的时间效率与空间效率。

一个算法的绝对运行时间应该是将算法转换成程序并在计算机上执行时所用的时间，其运行所需要的时间与计算机的软硬件因素有关。经过总结，一个用高级语言编写的程序在计算机上运行时所消耗的时间取决于下列因素。

（1）硬件执行指令的速度。

（2）书写程序的语言。实现语言的级别越高，其执行效率就越低。

（3）编译程序所生成目标代码的质量。代码优化较好的编译程序所生成的程序质量较高。

（4）算法的策略与问题的规模。例如，求 10 个数据的乘积与求 100 个数据的乘积，其执行时间必然是不同的。

显然，在各种因素都不能确定的情况下，很难比较算法的执行时间。也就是说，使用执行算法的绝对时间来衡量算法的效率是不合适的。因此，可以抛开上述与计算机相关的软硬件因素，这样一个特定算法的运行时间只依赖问题的规模（通常用正整数 n 表示），或者说它是问题规模的函数。

1）时间复杂度

一个程序的运行时间是指程序运行从开始到结束所需要的时间。

算法是由控制结构和原操作构成的，其执行时间取决于二者的综合效果。为了便于比较同一问题的不同算法，通常的做法是，从算法中选取一种对于所研究的问题来说是基本运算的原操作，该原操作的重复执行次数应该与算法的执行时间成正比，以该原操作重复执行的次数作为算法的时间度量。一般情况下，算法中原操作重复执行的次数是规模 n 的某个函数 $f(n)$。

许多时候难以精确地计算 f(n)，因此人们引入了渐进时间复杂度在数量上估计一个算法的执行时间，以达到分析算法的目的。

定义：假设 f(n) 是正整数 n 的一个函数，则 $x_n = O(f(n))$ 表示如果存在两个正常数 K 和 n_0，使得对所有的 n，当 $n \geqslant n_0$ 时，有 $|x_n| \leqslant K|f(n)|$。

算法中基本操作重复执行的次数依据算法中的最大语句频度来估算，它是问题规模 n 的某个函数 f(n)，算法的时间量度记作 $T(n) = O(f(n))$，表示随问题规模 n 的增大，算法执行时间的增长度和 f(n) 的增长率相同，称为算法的渐近时间复杂度（asymptotic time complexity）。

由于算法的时间复杂度考虑的只是问题规模 n 的增长率，在难以精确计算基本操作行次数的情况下，只需求出它关于 n 的增长率或阶即可。

例如，一个程序的实际执行时间 $T(n) = 2.7n^3 + 3.8n^2 + 5.3$。问题规模 n 的增长率为 n^3，它是语句频度表达式中增长最快的项，记为 $T(n) = O(n^3)$。

例 5.1　设 n 为正整数，将下列程序段的执行时间表示为 n 的函数。
代码如下：

```
i=1;k=0;
while(i<n)
{k=k+10*i;i++;}
```

该程序段的时间复杂度 $T(n) = O(n)$，称为线性阶。
以下是计算两个 n 阶方阵乘积的程序段：

```
for(i=1;i<=n;++i)
  for(j=1;j<=n:++j){
        c[i,j]=0;
     for(k=1;k<=n;++k)
        c[i,j]+=a[i,k]*b[k,j];
     }
```

"乘法"运算是该程序段的基本操作，该算法的执行时间与其基本操作（乘法）重复执行次数 n^3 成正比，该程序段的时间复杂度 $T(n) = O(n^3)$。

常见的渐进时间复杂度还有 O(1)、$O(\log_2 n)$、O(n)、$O(2^n)$，分别称为常量阶、对数阶、线性阶、指数阶，如图 5-5 所示。

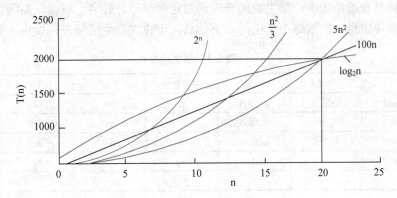

图 5-5　不同阶的算法时间复杂度

2）空间复杂度

一个算法的空间复杂度（space complexity）记作 $S(n)=O(f(n))$，其中 n 为问题的规模。

一个运行中的程序除需要存储空间来存储本身所用的指令、常量、变量、输入数据以外，还需要一部分辅助存储空间。

算法可以使用各种不同的方法来描述。最简单的方法是使用自然语言，用自然语言来描述算法的优点是简单且便于人们对算法进行阅读，缺点是不够严谨。也可以使用程序流程图、N-S 图等算法描述工具，其特点是描述过程简洁、明了。用以上两种方法描述的算法不能够直接在计算机上执行，若要将其转换成可执行的程序，还有一个编写程序的过程。

5.2.2 数据结构

"数据结构"于 1968 年由西方国家引入，在开始阶段包括图、表、树、集合代数、关系等内容，是计算机学科的一门基础课程，综合性、理论性、抽象性、复杂性均很突出，因此需要配合适量的实践才能很好地掌握。"数据结构"的研究不仅涉及计算机硬件的研究范围，特别是存储设备、编码、存取方法等，而且与计算机软件的关系也十分密切，在编译理论、操作系统等计算机专业课程中都有所应用。

1. 数据结构研究的问题

利用计算机解决实际问题一般是将问题的解决步骤设计成算法，将算法设计成可执行程序，然后运行该程序得出结果。对于数值型问题，通常可以找到对应实际问题的数学公式，然后针对数学公式编写程序；对于大多数的非数值型问题，如企业合同管理问题、职工信息管理问题、学生成绩管理问题等，处理的数据量很大，大部分是一些表格，如合同信息表、职工信息表、学生成绩表等，这些问题主要是对表格进行操作，如插入、删除、排序、查找、更新等，用单一的数学公式已经无法实现这些非数值型问题的操作。对于这些大量的非数值型数据，在计算机中存储时不能随意地放置在存储器中，应依据数据之间满足的关系特点将它们有规律地存储起来，然后设计出高效率的算法，这也是数据结构主要研究的问题。依据数据之间的关系特点，可以将数据结构分成 4 类，分别是线性结构、树形结构、图形结构和集合结构。

例 5.2 学生成绩管理问题。

在学生信息管理系统中，学生成绩管理通常包含学号、姓名、班级、高等数学、外语、计算机、体育等信息，根据每个学生的相关信息，可建立学生成绩表，如表 5-1 所示。

表 5-1　学生成绩表

序号	学号	姓名	班级	高等数学	外语	计算机	体育
a_1	011012	赵明明	011005	98	89	80	79
a_2	011017	王乐	011009	87	85	77	88
a_3	011020	周小君	011004	80	67	90	72
a_4	011032	孙天乐	011005	90	73	83	65
...	...	...	...	...	...	...	...

在该表中，每一行作为一个完整的学生信息。当有新同学转入该校时，在该表中可完成新学生信息的输入；有某同学转出时，要删除该学生的信息；还可以按给出的条件进行查询，

或根据需要进行排序等。在该表中，每一行之间逻辑上都存在一种简单的线性关系。

▎**例 5.3**▎　域名树形空间。

在网络中，计算机之间的正确通信是基于 IP 地址实现的，每台计算机都配置有一个 IP 地址。为了解决 IP 地址难以记忆的问题，各台计算机可以使用域名进行通信，如 www.imau. edu.cn；DNS 服务器负责解析域名对应的 IP 地址，整个 DNS 域名空间被划分成许多区域，这些区域呈现树形结构，如图 5-6 所示。

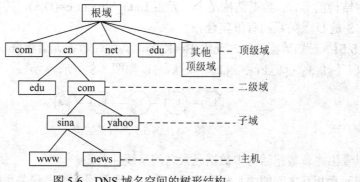

图 5-6　DNS 域名空间的树形结构

▎**例 5.4**▎　各个城市构成的通信问题。

假设要在 m 个城市之间建立通信网，并且城市之间都有通信线路相连，如图 5-7 所示。

在图中，顶点表示城市，顶点之间的连线表示两城市之间的通信线路。在计算机描述这类问题时，需要描述清楚顶点及顶点间的连线关系。这种关系不同于前面的线性结构和树形结构，而是更复杂的结构，属于数据结构中的图形结构。

由此可见，描述这类非数值问题的数学模型不再是数学方程，而是如线性、树形和图形数据结构。因此，数据结构是一

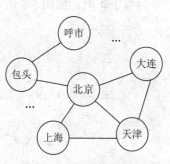

图 5-7　城市之间的通信网

门研究非数值计算的程序设计问题中计算操作对象，以及它们之间的关系和操作等的学科。

2. 数据结构的主要概念与术语

（1）数据。数据是对客观事物的符号表示，是计算机领域中所有能输入计算机中被计算机程序处理的符号的总称。随着计算机处理能力的增强，图像、声音等多媒体数据都可以在计算机中进行加工处理，所以现在数据的含义已经非常广泛，不再局限于单一的数值类型。

（2）数据元素。数据元素是数据的基本单位，在计算机程序中作为一个整体进行考虑和处理。例如，例 5.2 中表格的一横行就是一个数据元素，每个数据元素包括学号、姓名、高等数学、外语、计算机、体育 7 个数据项，数据项是数据中不可分割的最小单位。图 5-6 所示树形结构中的第一个域，如 cn 域、edu 域，以及图 5-7 中的每一个顶点都是一个数据元素。

（3）数据对象。数据对象是性质相同的数据元素的集合，是数据的一个子集合。例如，字母数据对象是集合 {'A', 'B', 'C', …, 'Z'}，每个元素都是字符；表 5-1 所示学生成绩表也是一个数据对象，每个元素都有学号、姓名、班级、高等数学、外语、计算机、体育 7 个数据项的值；整数数据对象包括 $\{0, \pm1, \pm2, \pm3, …\}$，每个数据元素都是整数。

（4）数据结构。数据结构是相互之间存在一种或多种关系的数据元素的集合。

下面从集合的概念出发说明什么是关系。定义关系，需要先定义什么是笛卡儿积。

笛卡儿积和关系：假设已知两个集合 A、B，A 和 B 的笛卡儿积表示为 A×B，为下面有序偶对的集合：A×B= {<x, y>|x∈A, y∈B}，则将 A×B 的每一个子集都称为在 A×B（或在 A 上，当 A=B 时）上的一个关系。设 r 是集合 M 上的一个关系，如果有<a, b>∈r，则称 a 是 b 的直接前驱，b 是 a 的直接后继。

数据结构的形式：数据结构是个二元组 Data_Structure=(D,S)，其中，D 是数据元素的有限集合，S 是 D 上关系的有限集合。

┃例 5.5┃ 已知数据结构二元组 B=(K,R)，其中，数据元素集合 K= {k_1,k_2,k_3,k_4,k_5}，关系集合 R= {<k_1,k_2>,<k_2,k_3>,<k_3,k_4>,<k_4,k_5>}，如图 5-8 所示。

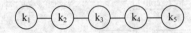

图 5-8 例 5.5 的数据结构

可以看出，该数据结构中数据元素之间呈线性关系。

数据元素相互之间的关系称为数据结构。根据数据元素之间关系的特性，数据结构又可分为以下 4 类，如图 5-9 所示。

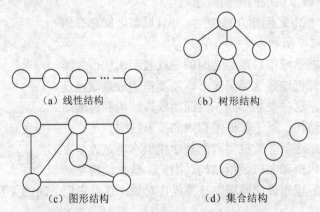

（a）线性结构 （b）树形结构

（c）图形结构 （d）集合结构

图 5-9 数据结构的分类

（1）线性结构：数据元素之间存在一对一的关系。

（2）树形结构：数据元素之间存在一对多的关系。

（3）图形结构（或网状结构）：数据元素之间存在多对多的关系。

（4）集合结构：数据元素堆放在一个整合中，没有其他关系。

数据结构研究的是带结构的数据元素，上述 4 种数据结构描述的是数据元素之间的逻辑关系。讨论数据结构的目的是在计算机中实现数据结构上的操作，因此，还需要研究数据结构在计算机中的存储表示方法。

数据结构在计算机中的存储表示称为数据的物理结构，也称为存储结构。既然数据结构中的数据元素之间是具有某种关系的，那么在存储数据结构时，一方面要存储数据元素本身，另一方面还要存储表示关系。数据元素之间的关系在计算机中有两种不同的表示方法，因此存在两种不同的存储结构：顺序存储结构和链式存储结构。

顺序存储结构的特点是，依据数据元素在存储器中的相对位置来表示数据元素之间的关系，并采用一组地址连续的存储单元依次存储各个数据元素。例 5.5 中的元素 k_1、k_2、k_3、k_4、k_5 采用顺序存储结构，如图 5-10 所示。

图 5-10　例 5.5 顺序存储结构

链式存储结构的特点是，通过存储元素来表示数据元素之间的逻辑关系，并且每个数据元素在存储器中的地址可以是不连续的。例 5.5 中的元素 k_1、k_2、k_3、k_4、k_5 采用链式存储结构，如图 5-11 所示。

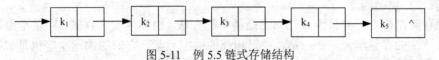

图 5-11　例 5.5 链式存储结构

数据的逻辑结构与存储结构密切相关，二者在算法设计过程中起到很重要的作用。

5.2.3　线性表

在现实中存在着大量可以以线性表进行描述的实例，如学生基本信息表、列车时刻表、书籍目录、职工工资表等。因此，线性表是最简单、最基本、最常用的一种数据结构。

1. 线性表的定义

线性表是具有 $n(n \geqslant 0)$ 个元素的一个有限序列。线性表中元素个数 n 为线性表的长度，当 $n=0$ 时，称为空表，用空括号表示；当 $n \neq 0$ 时，该线性表表示为 $(a_1, a_2, \cdots, a_n)$，其中，a_1 称为表头元素，a_n 称为表尾元素，a_{i-1} 称为 $a_i(i \geqslant 2)$ 的直接前驱，a_{i+1} 称为 $a_i(i \leqslant n-1)$ 的直接后继。

线性表的特点是，在数据元素的非空有限集合中，必存在唯一的一个"第一元素"和唯一的一个"最后元素"；除第一个元素之外，其余的数据元素均有唯一的直接前驱元素；除最后一个元素之外，其余的数据元素均有唯一的直接后继元素。

下面以图形化的方式来描述线性表的这一特性，如图 5-12 所示。

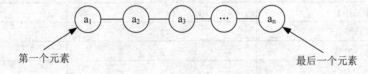

图 5-12　线性表结构特点示意图

下面给出几个线性表的示例，帮助读者更进一步地了解线性表的概念。

例如，$L_1=('a', '8', '4', 'e', '+', 'Y', 'S', '*')$，是由 8 个字符构成的线性表，长度为 8，其数据元素类型是字符型。

又如，$L_2=(2.5, 44, -2.8, 35, 4.9, 55, 18, 34, 47, -6)$，是由 10 个十进制实数构成的线性表，长度为 10，其数据元素类型是实型。

又如，$L_3=("BASIC","PASCAL","FORTRAN","COBOL","VC++","JAVA")$，是一个由 6 个名称构成的线性表，长度为 6，其数据元素类型是字符串。

又如，$L_4=(a_1,a_2,a_3,\cdots,a_n)$，是由一种复杂的类型构成（数组或者结构体）的线性表，这里用 a_1、a_2、a_3 等标识符表示，其目的是便于一般性的讨论。事实上，线性表是一种线性结构，其中的数据元素可以是一个数、一个符号，也可以是一个复杂类型，但同一线性表中的数据元素必须具有相同的属性。

2. 线性表的存储结构

在计算机内，线性表可以用不同的方式表示，即有多种存储结构可供选择，一般选择顺序存储结构和链式存储结构。对于完成某种运算来说，不同的存储方式，其执行效果也不一样。为了使所要进行的运算得以有效地执行，在选择存储结构时，必须考虑采用哪些运算，对选定的存储结构，应估计这些运算执行时间的量级，以及它对存储容量的要求。

1）顺序存储结构

顺序存储结构是计算机内存储信息最简单的方法，也称为向量存储。向量是内存储器中一块地址连续的存储单元。特点是，逻辑相邻的数据元素，它们的物理次序也是邻接的。如果线性表采用顺序存储结构来进行数据存储，通常称该线性表为顺序表。

假设每个数据元素占用 k 个存储单元，则相邻的两个数据元素 a_i 与 a_{i+1} 在机器内的存储地址 $LOC(a_i)$ 与 $LOC(a_{i+1})$ 满足下面的关系：

$$LOC(a_{i+1})=LOC(a_i)+k$$

存储地址 $LOC(a_i)$ 为

$$LOC(a_i)=LOC(a_1)+(i-1)\times k=LOC(a_1)+(i-1)\times sizeof(ElemType) \quad (1\leq i\leq n)$$

> **注　意**
>
> sizeof(ElemType)为数据元素所占空间大小，取决于数据类型。

很多高级语言中数组的下标是从 0 开始的，在逻辑上所指的"第 k 个位置"实际上对应的是顺序表的"第 k-1 个位置"，如表 5-2 所示。

表 5-2　顺序表

单元地址	下标位置	单元编号
$LOC(a_1)$	0	1
$LOC(a_1)+k$	1	2
$LOC(a_1)+2k$	2	3
$LOC(a_1)+3k$	3	4
...	...	...
$LOC(a_1)+(i-1)k$	i-1	i
...	...	...
$LOC(a_1)+(n-1)k$	n-1	n

在顺序表中，每个结点 a_i 的存储地址是该结点在表中的位置 i 的线性函数。只要知道基地址和每个结点的大小，就可在相同时间内求出任一结点的存储地址。因此，该存储结构是一种随机存取结构。

2）链式存储结构

顺序表要求数据存储是连续的存储空间。在实际工作中，如果线性表的长度变化很大，或者对于长度的估计很难把握，则应该采用线性表的另一种存储结构——链式存储结构来实现。这种存储结构的特点是，逻辑上相邻的数据元素不要求其物理存储位置也相邻。

采用链式存储结构的线性表称为链表。当链表中的每个结点只含有一个指针域时，称为单链表，否则称为多链表。链表由一系列结点（链表中每一个元素称为结点）组成，结点可以在运行时动态生成。每个结点包括两个部分内容，一是存储数据元素的数据域，二是存储下一个结点地址的指针域。指针域中存储的信息称为指针或链。

线性表的链式存储结构采用一组任意的存储单元来存放线性表中的数据元素，这些存储单元可以是连续的，也可以是不连续的。数据元素的逻辑顺序是通过链表中的指针链接次序实现的。

当采用链式存储结构时，一种简单、常用的方法是采用线性单向链表即单链表，其存储方式是，在每个结点中除包含数值域外，只设置一个指针域，用以指向其后继结点。单链表结点结构如图 5-13 所示，其中包含存储数据信息的数据域，用来存放结点的值，以及存储直接后继存储位置的指针域。

| data | next |

图 5-13　单链表结点结构

链表的具体存储表示如下。

（1）用一组任意的存储单元来存放线性表的结点。这组存储单元既可以是连续的，也可以是不连续的。

（2）链表中结点的逻辑次序和物理次序不一定相同。为了能正确表示结点间的逻辑关系，在存储每个结点值的同时，还必须存储指示其后继结点的地址（或位置）信息，该地址称为指针（pointer）或链（link）。

┃例 5.6┃ 有线性表（r,p,b,o,u,g），根据单链表的定义，可得出一个非空的单链表，该单链表存储结构示意图如图 5-14 所示。

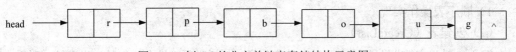

图 5-14　例 5.6 的非空单链表存储结构示意图

显然，单链表中每个结点的存储地址存放在其前驱结点的 next 域中，而开始结点无前驱，故应设头指针 head 指向开始结点。同时，由于终端结点无后继，故终端结点的指针域为空，即 NULL（图中用^表示）。

因为一个指针类型的大小等于一个整型（int）的大小，即占用 4 字节，所以 ListNode 类型的大小就等于元素类型的大小 sizeof（ElemType）加上 4 字节。本例中 ElemType 的类型是字符型，则 ListNode 类型大小是 5 字节。图 5-15 给出了例 5.6 单链表的存储结构示意图。

头指针 head
地址是 150

	...	...
110	b	120
115	g	null
	...	...
120	o	155
125	p	110
	...	...
150	r	125
155	u	115

图 5-15　例 5.6 单链表的存储结构示意图

3. 线性表的常用操作算法设计

以"学生基本信息管理"为研究案例，以线性表的两种存储结构（顺序存储结构和链式存储结构）进行存储，以 C 语言进行算法分析与设计。

"学生基本信息"案例中每条学生的基本信息由学号、姓名、年龄、生源地和联系电话组成，如表 5-3 所示。

表 5-3　学生基本信息表

学号	姓名	年龄	生源地	联系电话
0001	王军	20	呼和浩特	17866137723
0002	李明	19	北京	15344890266
0003	汤晓影	20	上海	13688920036

用结构体类型定义每个学生数据，故每个数据的存储结构可用如下代码描述：

```
typedef struct StuInfo
{
    char stuID[10];            //学号
    char name[20];             //姓名
    int age;                   //年龄
    char city[20];             //生源地
    char tel[20];              //联系电话
} ElemType;
```

1）顺序表操作实现

（1）创建表（CreateList）。

输入：要建立的学生表长度及学生基本信息，包括学号、姓名、年龄、生源地、联系电话。

输出：创建长度为 length 的学生信息表。

代码如下：

```
void CreateList(Sqlist *L)
{ printf("\n 请输入要建立的学生信息表长度：");
  scanf("%d",&L.length);
  printf("\n 请输入学生基本信息:\n");
  for(int k = 0;k<L.length; k++)
  {  scanf("%s",L.elem[k].stuID);            //学号
     scanf("%s",L.elem[k].name);             //姓名
     scanf("%d",&L.elem[k].age);             //年龄
     scanf("%s",L.elem[k].city);             //生源地
     scanf("%s",L.elem[k].tel);              //联系电话
  }
}
```

（2）取元素（GetElem）。

输入：位置 i，i≥1，i≤length。

输出：第 i 个位置元素首地址。

代码如下：

```
    void GetElem(int i,ElemType *e)
    {
        *e=elem[i];
    }
```

（3）定位元素（LocateElem）。

输入：所要定位的元素 e。

输出：e 在顺序表中的位置（从 0 开始计数）。

代码如下：

```
    int LocateElem(ElemType e)
    {
        int  i=0;
        while (i<length&&strcmp(elem[i].stuID,e.stuID )!=0)
            i++;
        if (i>=length)
        return -1;                    //没有找到
        return i;
    }
```

（4）遍历顺序表（OutputList）。

输入：无。

输出：学生基本信息表中所有学生信息。

代码如下：

```
    void OutputList()
    { for(int i=0;i<length;i++)
        { printf("%8s",elem[i].stuID);          //学号
          printf("%10s",elem[i].name);          //姓名
          printf("%9d",elem[i].age) ;           //年龄
          printf("%15s",elem[i].city);          //生源地
          printf("%8s\n",elem[i].tel);          //联系电话
        }
    }
```

（5）插入数据（ListInsert）。

输入：位置 i（从 1 开始计数）及一条学生信息 e。

输出：插入学生信息是否成功。

代码如下：

顺序表插入元素

```
    bool ListInsert(int i,ElemType e)
    { int i,j;
      if(i<1||i>length+1) return false;         //位置不符
      for(j=length-1;j>=i;--j)
        elem[j+1]=elem[j];                       //后移
      elem[j]=e;
      ++length;                                  //表长度加 1
      return true;
    }
```

（6）删除数据（ListDelete）。

输入：要删除学生的所在表位置 i。

输出：删除学生信息是否成功。

代码如下：

顺序表删除元素

```
bool ListDelete(int i)
{ int j;
  if(length==0||i<0||i>length) return false;      //空表或位置不符
  for(j=i;j<=length;i++)
  elem[j-1]=elem[j];                              //前移
  length--;                                       //表长度减1
  return true;
}
```

2）单链表操作实现

通常在单链表的第一个结点之前增设一个结点，称为头结点。头结点通常不存储任何信息。增设头结点的目的是便于在表头插入和删除结点，从而使对链表的操作更加便捷。单链表的结点类型 LNode 定义如下：

```
typedef struct LNode{
 ElemType data;              //值域
 LNode *next;                //指针域
}LNode;
```

（1）求长度（GetListLength）。

输入：单链表。

输出：单链表的长度。

代码如下：

```
int GetListLength(LNode *head)
{ LNode *p=head->next;      //p 指向第一个结点
  int i=0;
  while(p)
    { i++;                  //i 累计
      p=p->next;  }
  return i;
}
```

（2）创建单链表（CreateList）。

输入：一组学生信息。

输出：由一组学生基本信息所构建的单链表。

代码如下：

```
void CreateList(LNode *head)
{
  LNode *s;
  ElemType e;
  printf("当输入学生ID为"!"时结束\n");
  printf("输入学生ID:\n");          //输入学生ID
```

```
    scanf("%s",e.stuID);
    while(strcmp(e.stuID ,"!"))
    { scanf("%s",e.name);                    //输入学生姓名
      scanf("%d",&e.age);                     //输入学生年龄
      scanf("%s",e.city);                     //输入学生生源地
      scanf("%s",e.tel);                      //输入学生联系电话
      s=new LNode;
      s->data=e;
      s->next=head->next;
      head->next=s;
      printf("输入学生ID:\n");
      scanf("%s",e.stuID);
    }
    printf("链表建成。\n");
    }
```

（3）插入数据（ListInsert）。

输入：位置 i（从 1 开始计数）及一条学生信息 e。

输出：插入学生信息是否成功。

代码如下：

单链表插入元素

```
    bool ListInsert(ElemType  e, int i)
    {  LNode *s,*p;
       int j=1;
       s=new LNode;                           //建立一个待插入的结点 s
       s->data=e;
       p=head;
       while(j<i&&p->next!=NULL)
       {  p=p->next;  j++;    }
        if(j==i)                              //查找到位置
        {  s->next=p->next;
           p->next=s;
             return true;  }
         else
        return false;                         //没查找到
     }
```

（4）删除数据（ListDelete）。

输入：要删除学生的所在表位置 i。

输出：删除学生信息是否成功。

代码如下：

单链表删除元素

```
    bool ListDelete(int i)
    {
       LNode *p,*q;
       int j=1;
       q=head; p=q->next;
       if(p==NULL) printf("\n 此链表为空链表!");
```

```
    while ((j<i) && (p->next!=NULL))
    {q=p;p=p->next; j++;}
    if ( p!=NULL)
    {  q->next=p->next;
       delete p;
       return true;
    }
    return false;
}
```

（5）按内容定位元素（LocateElem1）。

输入：所要定位的元素 e。

输出：结点 e 的地址。

代码如下：

```
    Lnode  LocateElem1(ElemType e)
{   LNode *p;
    p=head->next;
    while(p!=NULL&&strcmp(p->data.stuID,e.stuID )!=0)
    p=p->next;
    if(p==NULL)
    {  printf("\n 单链表中不存在该元素");
       return NULL;  }
     return p;
}
```

（6）按序号定位元素（LocateElem2）。

输入：要查找元素的序号 i。

输出：第 i 个结点的指针。

代码如下：

```
    Lnode  LocateElem2(int i)
{  LNode *p;
   int j=1;
   p=head->next;
   if(i<1||i>GetListLength())              //位置不合理
  {  printf("单链表中不存在该元素\n");
    return NULL; }
    while(j<i && p!=NULL)
    {  p=p->next;    j++;  }
    if(j==i)   return p;
}
```

4. 算法分析

1）顺序表部分算法时间复杂度分析

（1）定位算法。若查找的元素是顺序表中第 0 号表项所指元素，数据比较次数为 1，这是最好的情况；若查找的元素是表中末尾的 n-1 号表项所指元素，数据比较次数为 n（设表的长度为 n），这是最坏的情况。查找第 i 号表项的数据比较次数为 i+1，则查找的平均数据比较次数为(1+n)/2。因此，该算法时间复杂度为 O(n)。

（2）插入算法。移动结点的次数由表长 n 和插入位置 i 所决定，算法的时间主要花费在 for 循环中的结点后移语句上，则执行次数是 n-i+1。当 i=n+1 时，移动结点次数为 0，这是最好的情况；当 i=1 时，移动结点次数为 n，这是最坏的情况。平均移动结点次数为(0+n)/2，因此，该算法时间复杂度为 O(n)。

（3）删除算法。结点的移动次数由表长 n 和位置 i 决定：i=n 时，结点的移动次数为 0，这是最好的情况；i=1 时，结点的移动次数为 n-1，这是最坏的情况；平均移动结点次数为（1+n-1)/2=n/2。因此，该算法时间复杂度为 O(n)。

2）单链表部分算法时间复杂度分析

（1）定位算法。有两种定位算法——按内容定位和按序号定位。这两种定位算法所消耗的时间仍是比较数据元素所耗费的时间，依据之前学习的分析过程，两种定位算法的时间复杂度仍为 O(n)（表长仍假设为 n）。

（2）插入和删除算法。这两种算法所消耗的时间也是需要通过比较数据元素来确定插入的位置和删除哪个位置元素所耗费的时间。因此，插入和删除算法的时间复杂度也为 O(n)。

5.2.4　树与二叉树

树形结构是一种重要的非线性结构，其数据元素之间是 1：n 的关系，即层次型的。树形结构的应用非常广泛，如人们日常事务处理中的文件夹的包含关系，家族的家谱和各个单位的行政关系都可以用树来表示。

1. 树和二叉树的定义

1）树的定义

树 T 是由 n(n≥0)个结点组成的有穷集合（不妨用 D 表示）及结点之间关系组成的集合构成的结构。当 n=0 时，称该树为空树；在任何一棵非空的树中，有一个特殊的结点 t∈D，称为该树的根结点；其余结点 D-{t}被分割成 m>0 个不相交的子集 $D_1,D_2,\cdots,D_m$，其中，每一个子集 D_i 又为一棵树，分别称为 t 的子树。图 5-16 表示一棵具有 10 个结点的树，根结点为 A，共有 3 棵子树 T_1={B,E,F,G}、T_2={C,H}、T_3={X,I,J}。子树 T_1 的根为 B，T_{11}={E}、T_{12}={F}、T_{13}={G}构成了 T_1 的 3 棵子树。

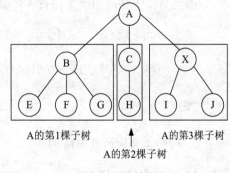

图 5-16　树的定义

2）树的特点

（1）有且仅有一个结点没有前驱结点，该结点为树的根结点。

（2）除了根结点外，每个结点有且仅有一个直接前驱结点。

（3）包括根结点在内，每个结点可以有多个后继结点。

3）树的相关术语

（1）结点的度（degree）：该结点拥有的子树的数目。如图 5-17 所示，结点 A 的度为 3，结点 C 的度为 3，结点 X 的度为 1。

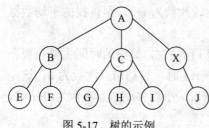

图 5-17　树的示例

（2）树的度：树中结点度的最大值。图 5-17 中树的度为 3。

（3）叶结点（leaf）：度为 0 的结点。例如，图 5-17 中的结点 E、F、G、H、I、J 就是叶结点。

（4）分支结点：度为非 0 的结点。例如，图 5-17 中的结点 A、B、C、X 就是分支结点。

（5）孩子（child）与双亲（parent）：结点的子树的根称为该结点的孩子，相应地，该结点称为孩子的双亲。例如，图 5-17 中结点 B、C 和 X 就是结点 A 的孩子，结点 A 就是结点 B、C 和 X 的双亲，结点 H 就是结点 C 的孩子，结点 C 就是结点 H 的双亲。

（6）兄弟（sibling）：同一个双亲的孩子互称兄弟。例如，图 5-17 中的结点 H、I 和 G 就是兄弟。

（7）层次（level）：根结点为第 1 层，若某结点在第 i 层，则其孩子结点（若存在）为第 i+1 层。例如，图 5-17 中的结点 A 为第 1 层，结点 B 为第 2 层，结点 E 为第 3 层。

（8）树的深度（depth）：树中结点所处的最大层次数。例如，图 5-17 中树的深度为 3。

（9）树林（森林）（forest）：m 棵不相交的树组成的树的集合。对树中的每个结点而言，其子树的集合即为森林。

（10）树的有序性：若树中结点的子树的相对位置不能随意改变，则称该树为有序树，否则称该树为无序树。

4）二叉树的定义

二叉树（binary tree）是由 n≥0 个结点的有穷集合 D 与 D 上关系的集合 R 构成的结构。当 n=0 时，称该二叉树为空二叉树。当 n≥0 时，它为包含一个根结点，以及最多两棵不相交的、分别称为左子树和右子树的二叉树。

5）二叉树的形态

由二叉树定义可知二叉树有 5 种基本形态，如图 5-18 所示。

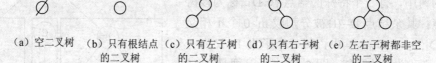

（a）空二叉树　（b）只有根结点　（c）只有左子树　（d）只有右子树　（e）左右子树都非空
　　　　　　　　的二叉树　　　的二叉树　　　的二叉树　　　的二叉树

图 5-18　二叉树的基本形态

2. 树和二叉树的存储结构

1）树的存储结构

树的存储结构有多种，主要有双亲表示法、孩子表示法和孩子-兄弟表示法。

（1）双亲表示法。双亲表示法以一组地址连续的空间存储树中结点，同时在每个结点上附设一个指针指向该结点的双亲在存储空间中的位置，如图 5-19 所示。

（2）孩子表示法。孩子表示法以一组地址连续的空间存储树中结点，同时在每个结点上附设一个指针指向由它

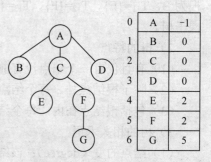

0	A	-1
1	B	0
2	C	0
3	D	0
4	E	2
5	F	2
6	G	5

图 5-19　树的双亲表示法

的所有孩子结点构成的链表，如图 5-20 所示。

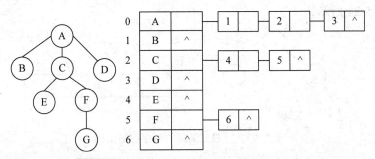

图 5-20　树的孩子表示法

（3）孩子-兄弟表示法。孩子-兄弟表示法以一个链结点存储树中的一个结点，链结点附设 2 个指针分别指向该结点的第一个孩子和下一个兄弟，如图 5-21 所示。

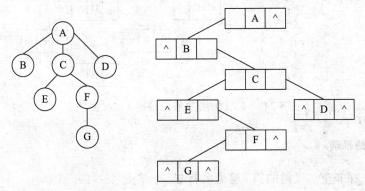

图 5-21　树的孩子-兄弟表示法

2）二叉树的存储结构

二叉树的存储结构也有多种，主要有顺序存储结构、链式存储结构（二叉链存储结构和三叉链存储结构）。

（1）顺序存储结构。顺序存储结构按满二叉树的结点层次自左至右的顺序编号，依次存放二叉树中的数据元素，如图 5-22 所示。

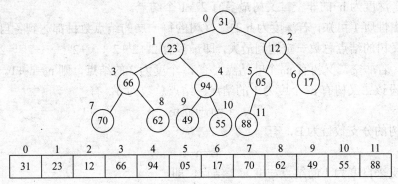

图 5-22　完全二叉树的顺序存储结构

特点：结点间关系蕴含在其存储位置中。对于一般二叉树会浪费存储空间，适用于存储满二叉树和完全二叉树。一般二叉树的顺序存储结构如图 5-23 所示。

（2）链式存储结构。链式存储结构常采用二叉链表表示，每个结点结构由一个数据域和两个指针域构成。数据域存放结点的值，指针域分别指向该结点的左右孩子结点。二叉树的二叉链表如图 5-24 所示。

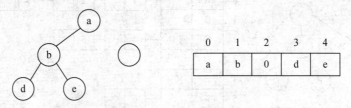

图 5-23   一般二叉树的顺序存储结构

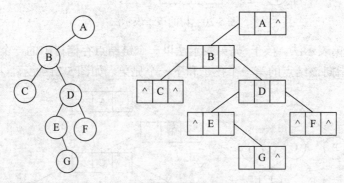

图 5-24   二叉树的链式存储结构（二叉链表）

3. 二叉树的性质

性质 1：一棵非空二叉树的第 i 层最多有 2^{i-1} 个结点（i≥1）。

证明：采用数学归纳法证明如下。

（1）当 i=1 时，结论显然正确。非空二叉树的第 1 层最多只能有一个结点，即树的根结点。

（2）假设对于第 j 层（1≤j≤i-1）结论也正确，即第 j 层最多有 2^{j-1} 个结点。

（3）由定义可知，二叉树中每个结点最多只能有两个孩子结点。若第（i-1）层的每个结点都有两棵非空子树，则第 i 层的结点数目达到最大。第（i-1）层最多有 2^{i-2} 个结点已由假设证明，于是应有 $2 \times 2^{i-2} = 2^{i-1}$ 个结点。

性质 2：深度为 h 的非空二叉树最多有 2^h-1 个结点。

证明：由性质 1 可知，若深度为 h 的二叉树的每一层的结点数目都达到各自所在层的最大值，则二叉树的结点总数一定达到最大，即最多有 $2^0+2^1+2^2+\cdots+2^{i-1}+\cdots+2^{h-1}=2^h-1$ 个结点。

性质 3：若非空二叉树有 n_0 个叶结点，有 n_2 个度为 2 的结点，则 $n_0=n_2+1$。

证明：设该二叉树有 n_1 个度为 1 的结点，结点总数为 n，有

$$n=n_0+n_1+n_2 \tag{1}$$

设二叉树的分支数目为 B，有

$$B=n-1 \tag{2}$$

这些分支来自度为 1 的结点与度为 2 结点，即

$$B=n_1+2n_2 \tag{3}$$

由式（1）~式（3）得

$$n_0=n_2+1$$

满二叉树的定义：若一棵二叉树中的结点，或者为叶结点，或者具有两棵非空子树，并

且叶结点都集中在二叉树的最底层,则称为满二叉树,如图 5-25(a)所示。

完全二叉树的定义:若一棵二叉树中只有最下面两层的结点的度可以小于 2,并且最下面一层的结点(叶结点)都依次排列在该层从左至右的位置上,则称为完全二叉树,如图 5-25(b)所示。

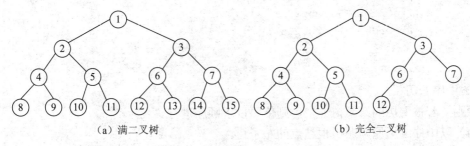

(a)满二叉树   (b)完全二叉树

图 5-25 满二叉树和完全二叉树

性质 4: 具有 n 个结点的完全二叉树的深度 $h = [\log_2 n] + 1$。

证明: 设具有 n 个结点的完全二叉树的深度为 k,根据性质 2 可得

$$2^{k-1} - 1 < n \leq 2^k - 1$$

则有

$$2^{k-1} \leq n < 2^k$$

即 $k - 1 \leq \log_2 n < k$。因为 k 只能是整数,所以 $k = [\log_2 n] + 1$。

4. 遍历二叉树

按照一定的顺序(原则)对二叉树中每一个结点都访问一次(仅访问一次),得到一个由该二叉树的所有结点组成的序列,这一过程称为二叉树的遍历。对二叉树进行遍历的目的是能够对二叉树中的每个结点进行访问。访问的含义有多种,可以是打印结点的值,对结点做各种处理等。访问二叉树中的每个结点不同于线性表的遍历,由于二叉树由根结点和左、右子树 3 部分构成,因此,需要寻求一种规律和顺序来对二叉树进行遍历。若限定先左后右,那么二叉树的遍历方法可分为前序遍历、中序遍历、后序遍历和按层次遍历 4 种。其中,前序遍历、中序遍历和后序遍历以根结点作为参照物。

1)前序遍历

原则: 若被遍历的二叉树非空,则依照以下顺序进行。

(1)访问根结点。

(2)以前序遍历原则遍历根结点的左子树。

(3)以前序遍历原则遍历根结点的右子树。

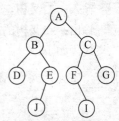

遍历二叉树

如图 5-26 所示的二叉树,根据前序遍历原则共遍历 3 步:第一步,访问根结点 A;第二步,以前序遍历原则遍历根的左子树;第三步,以前序遍历原则遍历根的右子树。由此可见,对二叉树的前序遍历是一个递归的过程。

图 5-26 的二叉树的前序序列为 A,B,D,E,J,C,F,I,G。

根据上述过程,总结出二叉树的前序遍历递归算法如下所示。

输入:二叉树。

输出:二叉树的前序遍历序列。

代码如下:

图 5-26 二叉树的遍历

```
void PreOrder (treenode *T)              //前序遍历二叉树的递归算法
{
   if (T!=NULL)
   {
        printf("%c", T->data);
        PreOrder(T->lchild);
        PreOrder (T->rchild);
   }
}
```

2）中序遍历

原则：若被遍历的二叉树非空，则依照以下顺序进行。

（1）以中序遍历原则遍历根结点的左子树。

（2）访问根结点。

（3）以中序遍历原则遍历根结点的右子树。

类似前序遍历过程，图 5-26 中的二叉树的中序序列为 D,B,J,E,A,F,I,C,G。

总结二叉树的中序遍历算法如下所示。

输入：二叉树。

输出：二叉树的中序遍历序列。

代码如下：

```
void InOrder (treenode *T)               //中序遍历二叉树的递归算法
{
   if (T!=NULL)
   {
        InOrder(T->lchild);
        printf("%c",T->data);
        InOrder (T->rchild);
   }
}
```

3）后序遍历

原则：若被遍历的二叉树非空，则依照以下顺序进行。

（1）以后序遍历原则遍历根结点的左子树。

（2）以后序遍历原则遍历根结点的右子树。

（3）访问根结点。

类似地，图 5-26 中的二叉树的后序序列为 D,J,E,B,I,F,G,C,A。

总结出二叉树的后序遍历算法如下所示。

输入：二叉树。

输出：二叉树的后序遍历序列。

代码如下：

```
void PostOrder (treenode *T)             //后序遍历二叉树的递归算法
{
   if (T != NULL)
   {
```

```
        PostOrder(T->lchild);
        PostOrder (T->rchild);
    printf("%c",T->data);
    }
}
```

4）按层次遍历

原则：按从上到下、从左到右的顺序依次访问二叉树中的每一个结点。

图 5-26 中的二叉树的层次序列为 A,B,C,D,E,F,G,J,I。

5.2.5　排序

在日常生活、工作中经常需要对一批数据进行排序，本节介绍多种排序方法，以适应多种实际要求。

1. 排序的基本概念

1）排序的定义

排序是指将一个数据元素集合或序列重新排列成一个按数据元素某个数据项有序的序列，是计算机程序中的一个重要操作。

假设含有 n 个记录的序列为$\{R_1, R_2, \cdots, R_n\}$，与之对应的关键字序列为$\{K_1, K_2, \cdots, K_n\}$，存在自然数序列 1,2,$\cdots$,n 的一个排列 q1,q2,$\cdots$,qn，使得相应的关键字序列满足关系 $K_{q1} \leqslant K_{q2} \leqslant \cdots \leqslant K_{qn}$，则称记录序列$\{R_{q1}, R_{q2}, \cdots, R_{qn}\}$为一个按关键字序列有序的序列。

2）排序的特点

（1）若关键字是主关键字，则对于任意待排序序列，经排序后得到的结果是唯一的；若关键字是次关键字，则经排序后得到的结果是非唯一的。

（2）若对任意的数据元素序列，假设 $K_i = K_j$（$1 \leqslant i \leqslant n, 1 \leqslant j \leqslant n, i \neq j$），且在排序前的序列中 R_i 领先于 R_j，在排序后的序列中 R_i 仍然领先于 R_j，则称这种排序方法是稳定的；否则，称这种排序方法是不稳定的。

（3）若在排序过程中只涉及内存储器，则称为内排序，参与排序的记录数量通常较少；若在排序过程需要访问外存储器，则称为外排序，参与排序的记录数量通常较大。

2. 插入排序

插入排序的特点是每一趟在前面有序序列中插入待排序记录，最后使全部序列达到有序。

1）直接插入排序

直接插入排序是最简单的排序方法。它的基本方法是，事先提供一个有序表，然后将一个记录插入该有序表中，形成一个新的有序表且记录数自动加 1。

先来看看向有序表中插入一个记录的方法。假设有 4 个关键字的有序序列{36,48,77,99}，待插入的第 5 个关键字为 65，如图 5-27 所示。

{35	48	77	99}	65
		65	77	99
		↑		

图 5-27　插入待插记录 65

先将 65 与 99 比较，65<99，99 向后移动；然后将 65 与 77 比较，65<77，同样 77 向后移动；当将 65 与 48 比较时，65>48，停止移动，将 65 插入 48 之后，形成一个数量增加 1 的有序序列{36,48,65,77,99}。一般情况下，第 i 趟直接插入排序为在前 i-1 个有序序列当中插入第 i 个记录，形成 i 个记录的有序序列。对于给出的初始无序序列，先将第 1 个记录看作已知的第 1 个有序序列，然后从第 2 个记录起逐个进行插入，直到整个序列按关键字有序。

┃**例 5.7**┃ 以初始无序序列{28, 24, 35, 15, 19, 41, 29}为关键字表示的直接插入排序过程示意图，如图 5-28 所示。

初始	28	24	35	15	19	41	29
第一趟	24	28	35	15	19	41	29
第二趟	24	28	35	15	19	41	29
第三趟	15	24	28	35	19	41	29
第四趟	15	19	24	28	35	41	29
第五趟	15	19	24	28	35	41	29
第六趟	15	19	24	28	29	35	41

图 5-28   直接插入排序过程示意图

直接插入排序算法如下所示。

输入：输入一个无序的记录序列。

输出：输出一个有序的记录序列。

代码如下：

```
void  InsertS(Type  a[ ],int n)
{ int i,j;
  for(i=2; i<=n; i++)
  { a[0]=a[i];
    j=i-1;
  while (a[0].key <,a[j].key) {a[j+1]=a[j];j- -;}
        a[j+1]=a[0];  }
}
```

其中，该算法空间上仅用了一个辅助单元；时间上，外层循环执行 n-1 次，每趟内循环执行 i-1，i 是外层循环的控制变量。先分析一趟直接插入排序的情况，排序的基本操作是比较关键字和移动记录，当待排序序列中记录按关键字非递减有序排列（正序）时，所需进行关键字间的比较次数达到最小值 n-1，记录不需要移动；当待排序序列中记录按关键字非递增有序排列（逆序）时，总的比较次数达到最大值 $(n+2)(n-1)/2$，记录移动的次数也达到最大值 $(n+4)(n-1)/2$。若待排序记录是随机的，即待排序序列中的记录可能出现的各种排列概率是相等的，则可以取上述最小值与最大值的平均值作为直接插入排序算法的效率，约为 $O(n^2)$。该排序是一个稳定的排序方法。

2）希尔排序

希尔排序又称缩小增量排序。其方法是，给出一个增量序列{d_0, d_1,…, d_{n-1}}，其中 $d_{n-1}=1$；分别按每个增量 d_i(i=0, …, n-1)对待排序序列进行分割，每次分割成若干子序列，对每个子序列进行间隔为 d_i(i=0, …, n-1)的直接插入排序，待整个待排序序列基本有序时，再对整个序列进行一趟直接插入排序（增量为 1）。

假设一个序列为 9 个记录的关键字序列(38,35,76,44,15,30,11,99,85)，序列按增量 d_0=4 分成 4 组{R_1, R_5, R_9}、{R_2, R_6}、{R_3, R_7}、{R_4, R_8}，并将相隔为 d_0 的记录分在同一组，即在

同一个子序列，分别对每个子序列进行间隔为 d_0 的直接插入排序。第一趟希尔排序过程示意图如图 5-29 所示。

	R_1	R_2	R_3	R_4	R_5	R_6	R_7	R_8	R_9
初始关键字	38	35	76	44	15	30	11	99	85

	R_1				R_5				R_9
第一组	38				15				85

		R_2				R_6			
第二组		35				30			

			R_3				R_7		
第三组			76				11		

				R_4				R_8	
第四组				44				99	

	R_1	R_2	R_3	R_4	R_5	R_6	R_7	R_8	R_9
第一趟希尔排序结果	15	30	11	44	38	35	76	99	85

图 5-29　第一趟希尔排序过程示意图

在第一趟希尔排序结果的基础上，将关键字序列按增量 $d_1=2$ 分成 2 组 $\{R_1, R_3, R_5, R_7, R_9\}$、$\{R_2, R_4, R_6, R_8\}$，并将相隔为 d_1 的记录分在同一组，即在同一个子序列，分别对每个子序列进行间隔为 d_1 的直接插入排序。依此类推，最后整个序列按 $d_{n-1}=1$ 分在同一组。如图 5-30 为第二趟、第三趟希尔排序过程示意图。

	R_1	R_2	R_3	R_4	R_5	R_6	R_7	R_8	R_9
第一趟希尔排序结果	15	30	11	44	38	35	76	99	85

	R_1		R_3		R_5		R_7		R_9
第一组	15		11		38		76		85

		R_2		R_4		R_6		R_8	
第二组		30		44		35		99	

	R_1	R_2	R_3	R_4	R_5	R_6	R_7	R_8	R_9
第二趟希尔排序结果	11	30	15	35	38	44	76	99	85

	R_1	R_2	R_3	R_4	R_5	R_6	R_7	R_8	R_9
第三趟希尔排序结果	11	15	30	35	38	44	76	85	99

图 5-30　第二趟、第三趟希尔排序过程示意图

希尔排序算法如下所示。

输入：输入一个无序的记录序列。

输出：输出一个有序的记录序列。

代码如下：

```
    void  SLInsert ( Type  a[ ],int s,int n)
    {  for(k=s+1; k<=n; ++k)
       if(a[k].key< a[k-s].key)
             { a[0]=a[k];
               for(i=k-s; i>0&&(a[0].key<a[i].key); i-=s)
                 a[i+s]=a[i];
                 a[i+s]=a[0]; }
    }// SLInsert
```

```
void   SLTaxis(Type  a[ ], int step[ ],int m)
{   for(k=0; k<m; ++k)
    SLInsert ( a[ ],step[l], n);
}
```

希尔排序时间上涉及一些未知问题,这里不过多加以叙述。值得注意的是,增量序列的取值应使增量序列中的值无除 1 之外的公因子,最后一个增量必须是 1。希尔排序方法的时间复杂度为 $O(nlog_2n)$,是一个不稳定的排序方法。

3. 交换排序

交换排序主要做法是对两两待排记录的关键码进行比较,若出现与排序要求相反的顺序,则进行位置交换,否则不交换。

1)冒泡排序

在假设按升序排序的前提条件下,设 a[1], a[2],…, a[n]为待排序序列,第一趟冒泡排序的过程是,先将第一个记录关键字与第二个记录的关键字进行比较,若出现逆序(即 a[1].key>a[2].key),则将两个记录进行交换,否则不交换;接下来将第二个记录的关键字与第三个记录的关键字进行比较,方法同上,直到将第(n-1)个记录的关键字与第 n 个记录的关键字进行比较,结果将关键字最大的记录推到最后的位置,第一趟排序结束。依此类推,第 i 趟冒泡排序是对序列的前 n-i+1 个元素从第一个元素开始进行相邻两个元素的比较。直到 n-1 趟结束,待排序列变为有序。

假设以效率最坏的情况举例说明冒泡排序的过程,参与排序的记录个数 n=5,共需要进行 n-1 趟冒泡排序,如图 5-31 所示。

初始	118	115	114	113	111
第一趟	115	114	113	111	118
第二趟	114	113	111	115	118
第三趟	113	111	114	115	118
第四趟	111	113	114	115	118

图 5-31 冒泡排序过程示意图

冒泡排序算法如下所示。

输入:输入一个无序的记录序列。

输出:输出一个有序的记录序列。

代码如下:

```
void  Bubble( Type  a[ ],int n)
{ int  i,j;
   for (i=n;i>=2;i--)
   {
       for(j=1;j<=i-1;j++)
         if (a[j]>a[j+1])
           {t=a[j];a[j]=a[j+1];a[j+1]=t;}
   }
}
```

其中，若初始序列按关键字有序排列，只需进行一趟排序；若初始序列按关键字逆序排列，总共要进行 n-1 趟冒泡，需要进行 n(n-1)/2 次比较。冒泡排序算法时间复杂度为 $O(n^2)$，是一种稳定的排序方法。

2）快速排序

快速排序是将待排序记录分成两组，保证关键字小一些的记录分在前一组，关键字大一些的记录分在后一组，形成部分有序的一趟快速排序结果，再在每组之内继续进行快速排序，直到整个序列有序。它是对冒泡排序方法的改进。

其具体做法是，先以某个记录为支点（也称枢轴），将待排序列分成两组，其中，一组所有记录的关键字大于或等于它，另一组所有记录的关键字小于它。将待排序列按支点记录分成两部分的过程，称为一趟快速排序。对各组不断进行快速排序，直到整个序列按关键字有序。

第一趟快速排序的过程：先设两个指针 low 和 high，起始位置分别指向整个待排序列的第一个和最后一个记录，假设第一个记录的关键字为支点 p 的值，先从 high 所指位置开始向前搜索找到第一个关键字小于 p 的值，并与支点交换位置；然后从 low 所指位置开始向后搜索找到第一个关键字大于 p 的值，并与支点交换位置，重复上述步骤，直到 low=high 为止。至此，将待排序记录分成两组，前面一组均比枢轴关键字小，后面一组均比枢轴关键字大。第一趟快速排序过程示意图如图 5-32 所示。

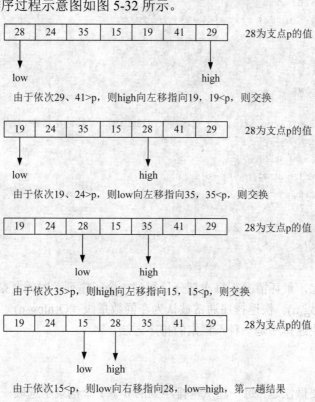

图 5-32　第一趟快速排序过程示意图

在第一趟快速排序结束之后，分别在分成的两组中进行快速排序，直至整个序列按关键字有序排列，如图5-33所示。

| {19 | 24 | 15} | 28 | {35 | 41 | 29} |
| {15} | 19 | {24} | 28 | {29} | 35 | {41} |

图 5-33　快速排序过程示意图

快速排序算法如下所示。

输入：输入一个无序的记录序列。

输出：输出一个有序的记录序列。

代码如下：

```
int Par(Type a[ ],int low, int high)          //第一趟排序
{a[0]=a[low];
 p=a[low].key;
 while(low<high)
{  while(low<high&&a[high].key>=p)high- -;
   a[low]=a[high];
   while(low<high&&a[low].key<=p)low++;
   a[high]=a[low];
}
   a[low]=a[0];
   return low;
}
void QsortPar(Type a[],int low,int high) //其他趟排序
{ if(low<high)
  {p=Par(a,low,high)
   QsortPpar(a,low,p-1);
   QsortPar(a,p+1,high);}
}
 void QuickSort(Type a[],int n)               //整个排序
{  QsortPar(a,1,n);
}
```

该算法在时间上，最坏情况下每次划分只得到一个子序列，时间复杂度为 $O(n^2)$。平均时间复杂度为 $O(nlog_2n)$。快速排序通常被认为在同数量级（$O(nlog_2n)$）下，是排序方法中平均性能最好的。快速排序是一种不稳定的排序方法。

4. 选择排序

选择排序的主要做法是，每一趟从待排序列的 n-i+1 个记录中选取一个关键字最小的记录存放在 i 号位置。这样，由选取记录的顺序，便可得到按关键字有序排列的序列。

1）简单选择排序

其操作方法如下：第一趟，从 n 个记录中找出关键字最小的记录与第一个记录交换；第二趟，从第 2 个记录开始的 n-1 个记录中再选出关键字最小的记录与第二个记录交换；依此类推，第 i 趟，从第 i 个记录开始的 n-i+1 个记录中再选出关键字最小的记录与第 i 个记录交换；直至整个序列按关键字有序排列。

【例 5.8】 以初始无序序列{28, 24, 35, 15, 19, 41, 29}为关键字，进行简单选择排序的过程如图 5-34 所示。

初始	28	24	35	15	19	41	29
第一趟	**15**	24	35	**28**	19	41	29
第二趟	15	**19**	35	28	**24**	41	29
第三趟	15	19	**24**	28	**35**	41	29
第四趟	15	19	24	**28**	35	41	29
第五趟	15	19	24	28	**29**	41	**35**
第六趟	15	19	24	28	29	**35**	**41**

图 5-34　简单选择排序过程示意图

简单选择排序算法如下所示。

输入：输入一个无序的记录序列。

输出：输出一个有序的记录序列。

代码如下：

```
void  Select(Type a[ ],int n)
{
  for(i=1;i<n;i++)
  { t=i;
    for(j=i+1;j<=n;j++)
    if(a[t].key>a[j].key) t=j;
    if(t!=j)  a[t]<->a[i];
  }
}
```

从简单选择排序算法中可以看出，选择排序中记录之间的比较与原始序列的状态无关。简单选择排序移动记录的次数较少，但关键字的比较次数依然是 n(n-1)/2，所以时间复杂度仍为 $O(n^2)$，是一种稳定的排序方法。

2）堆排序

什么是堆？现假设有 n 个元素的序列{$k_1, k_2, \cdots, k_n$}，当且仅当满足下述关系：

（1）$k_i \geq k_{2i}$ 同时 $k_i \geq k_{2i+1}$（称大顶堆），如图 5-35（a）所示。

（2）$k_i \leq k_{2i}$ 同时 $k_i \leq k_{2i+1}$（称小顶堆），如图 5-35（b）所示。

设有 n 个记录，首先将这 n 个记录按关键字建成堆，将堆顶元素输出，得到 n 个记录中关键字最小（或最大）的记录。然后，再将剩下的 n-1 个记录建成堆，输出堆顶记录，得到 n 个记录中关键字次小（或次大）的记录。如此反复，便得到一个按关键字有序排列的序列。这个过程为堆排序（heap sort）。

因此，实现堆排序需要进行以下操作。

（1）将 n 个记录的初始序列按关键字建成堆。

（2）将堆的第一个记录与堆的最后一个记录

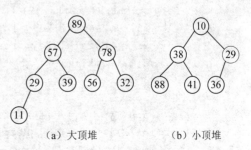

（a）大顶堆　　　（b）小顶堆

图 5-35　两种堆示例

交换位置（即"去掉"最大值或最小值元素），输出堆顶后，将"去掉"最大值或最小值记录后剩下的记录组成的子序列重新转换一个新的堆。

（3）重复上述过程的步骤（2）n-1 次。讨论输出堆顶记录后，对剩余记录重建堆的调整过程（也称筛选）。

调整方法：将根结点与左、右孩子中较小（或较大）的进行交换。若与左孩子交换，则需要继续调整该左子树；若与右孩子交换，则需要继续调整该右子树。堆被重建成后，称这个自根结点到叶结点的调整过程为一次筛选。图 5-36 举例说明了小顶堆的一次筛选的方法。

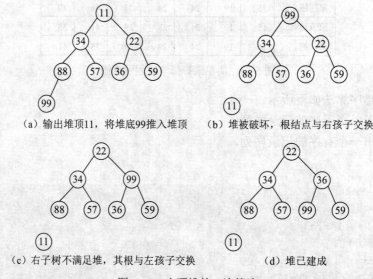

（a）输出堆顶11，将堆底99推入堆顶　　　（b）堆被破坏，根结点与右孩子交换

（c）右子树不满足堆，其根与左孩子交换　　　　（d）堆已建成

图 5-36　小顶堆的一次筛选

再讨论对待排 n 个记录的序列建初始堆的过程。

建堆方法：对与初始序列对应的二叉树，从最后一个非叶结点开始依次到根结点进行调整，使其成为堆。以初始无序序列{55, 39, 36, 98, 46, 13, 25, 89}为关键字，建立初始堆的过程如图 5-37 所示。

堆排序算法如下所示。

输入：输入一个无序的记录序列。

输出：输出一个有序的记录序列。

代码如下：

```
  void HeapRiddling(Type a[],int m1,int m2)//建堆
{ r=a[m1];
   for(k=2*m1;k<=m2;k=k*2)
    { if(k<m2&&a[k].key<a[k+1].key)  k=k+1;
      if(r.key>a[k].key)break;
      a[m1]=a[k];m1=k;  }
    a[m1]=r;
}
void Heaps(Type a[],int n)//调整
{ for(i=n/2;i>0;i--)     HeapRiddling(a,i,n);
  for(i=n;i>1;i--)  {a[1]<- ->a[i]; HeapRiddling(a,1,i-1);}
}
```

堆排序算法调用了 n-1 次筛选算法，时间复杂度也为 O(nlog₂n)，是一种不稳定的排序方法。

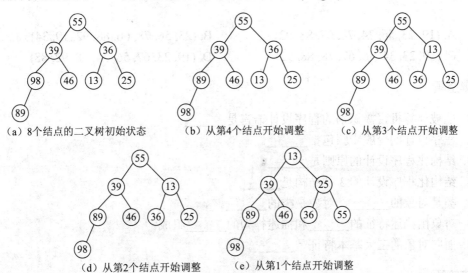

（a）8个结点的二叉树初始状态　　（b）从第4个结点开始调整　　（c）从第3个结点开始调整

（d）从第2个结点开始调整　　（e）从第1个结点开始调整

图 5-37　建堆示例过程

思考与练习

一、选择题

1. 以下说法中，不正确的是_____。
   A. 数据元素是数据的基本单位　　　　B. 数据项是数据中不可分割的最小单位
   C. 数据可由若干个数据项构成　　　　D. 数据元素可由若干数据项构成

2. 算法分析的两个主要方面是_____。
   A. 空间性能和时间性能　　　　　　　B. 正确性和简明性
   C. 可读性和文档性　　　　　　　　　D. 数据复杂性和程序复杂性

3. 在具有 n 个结点的有序单链表中插入一个新结点并仍然有序的时间复杂度是_____。
   A. O(1)　　　　　　B. O(n)　　　　　　C. O(n²)　　　　　　D. O(nlog₂n)

4. 在一个单链表中，已知 q 所指结点是 p 所指结点的直接前驱，若在 q 和 p 之间插入 s 所指结点，则执行操作_____。
   A. s->next=p->next;p->next=s;　　　　B. q->next=s;s->next=p;
   C. p->next=s->next;s->next=p;　　　　D. p->next=s;s->next=q;

5. 按照二叉树的定义，具有 3 个结点的二叉树形态有_____。
   A. 3　　　　　　　　B. 4　　　　　　　　C. 5　　　　　　　　D. 6

6. 以下存储形式中，不是树的存储形式的是_____。
   A. 双亲表示法　　　　　　　　　　　　B. 孩子表示法
   C. 孩子-兄弟表示法　　　　　　　　　 D. 顺序表示法

7. 直接插入排序的时间复杂度为_____。
   A. O(n²)　　　　　B. O(nlog₂n)　　　　C. O(n)　　　　　D. O(log₂n)

8. 对关键字序列 {56,23,78,92,88,67,19,34} 进行增量为 3 的一趟希尔排序的结果为_____。

    A. (19, 23, 56, 34, 78, 67, 88, 92)   B. (23, 56, 78, 66, 88, 92, 19, 34)

    C. (19, 23, 34, 56, 67, 78, 88, 92)   D. (19, 23, 67, 56, 34, 78, 92, 88)

二、填空题

1. 能被计算机直接识别的程序设计语言是_____。

2. 程序设计的一般步骤包括_____。

3. 结构化程序设计的原则是_____。

4. 结构化程序设计的 3 种结构是_____。

5. 类是对象的_____，对象是类的_____。

6. 对象由描述特征的_____和描述行为的_____组成。

7. 面向对象的三大基本特征是_____。

三、简答题

1. 设有数据结构（D,R），其中 D={x_1, x_2, x_3, x_4, x_5}，R={r}，r={(x_1, x_2), (x_2, x_3), (x_3, x_4), (x_4, x_5)}。请画出其逻辑结构图。

2. 一批整数存放在带头结点的单链表中（结点类型为 Lnode），请写出求这些整数的和的算法。算法首部已给出：int getSum(Lnode *L)。

3. 画出具有 3 个结点的树和 3 个结点的二叉树的所有不同形态。

4. 已知一棵二叉树的中序遍历序列为 cbedahgijf，后序遍历序列为 cedbhjigfa，画出该二叉树，并给出该树的前序遍历。

第 6 章
文字处理软件 Word 2016

Office 2016 是由美国微软公司开发的一款办公软件。该软件操作界面直观、人性化较强。相比以往的版本，Office 2016 在功能性、兼容性、稳定性方面都有所提高，同时更注重一些功能的细节优化，因此成为全球应用广泛的办公软件之一。

6.1 Word 2016 概述

Word 2016 是 Office 2016 办公组件之一，是一款文字处理软件，具有有效的组织和编写文档功能，还有强大的排版、表格制作、模板创建文档等功能。在界面方面，Office 2016 将套装内所有应用的标题栏都配上了专属颜色，具有极强的辨识度；在版本方面，Office 2016 有 32 位和 64 位两个版本，64 位版本的 Office 更适合处理庞大的数据报表，而且更安全。

6.1.1 Word 2016 窗口及组成

启动 Word 2016 后，打开如图 6-1 所示的窗口。Word 2016 窗口主要由标题栏、快速访问工具栏、功能区、对话框启动器按钮、文本编辑区、状态栏及视图切换按钮等组成。

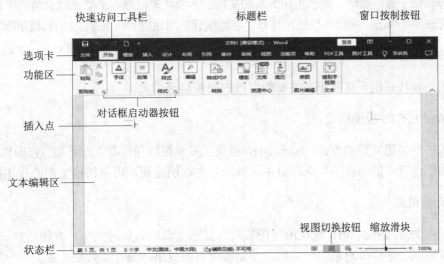

图 6-1 Word 2016 窗口

1. 标题栏

标题栏位于窗口的顶端，显示正在编辑文档的文件名和所使用的软件名。标题栏由快速访问工具栏、文件名和窗口控制按钮等组成。

2. 快速访问工具栏

快速访问工具栏是一组独立于当前显示选项卡的命令，默认状态放置一些常用命令，一般包括"保存"、"撤消"、"新建"和"插入符号"等按钮，用户还可以根据个人需要自定义命令，并调整其所在的位置。

3. 功能区

功能区是位于编辑区上方的长方形区域，用于放置常用的功能按钮及下拉菜单等调整工具。功能区含多个选项卡，不同的选项卡对应不同的工具集合。与 Word 2010 版本相比，Word 2016 多了"PDF 工具""模板素材"功能区。

4. 对话框启动器按钮

对话框启动器按钮位于某个选项组的右下角。虽然 Office 的大多数功能可以在功能区找到，但仍有一些设置项目需要用到对话框启动器按钮。单击此按钮，打开该选项组对应的对话框或任务窗格，在其中可以设置更多的功能。

5. 文本编辑区

文本编辑区显示当前打开文档的内容，供用户编辑和排版。文本输入、图片的插入、表格的编辑都是在文本编辑区完成的。

6. 状态栏

状态栏位于窗口底部，显示正在编辑的文档的多项状态信息，主要包括页面、字数、插入或改写状态等。单击"字数"按钮，打开"字数统计"对话框，可显示文档具体的统计信息。

7. 视图切换按钮

视图切换按钮用于更换正在编辑的文档的视图显示模式。

6.1.2 Word 2016 视图模式

为了扩展使用文档的方式，Word 2016 提供了多种可以使用的工作环境，它们称为视图。在"视图"选项卡的"视图"选项组中，单击各类视图按钮，可以切换文档的视图模式。

1. 页面视图

页面视图是 Word 2016 默认的视图模式，显示页面的布局与大小，方便用户编辑页眉/页脚、页边距、分栏等对象，可以显示所见即所得的效果，与打印效果一致。

2. 阅读视图

阅读视图是模拟阅读方式，即以图书的分栏样式显示，允许用户在同一窗口中单页或双页显示文档，便于阅读内容较多的文档，或详细检查文档的打印效果。此时，用户可以通过键盘的左、右键来切换页面。在阅读视图模式下，可以显示文档的背景、页边距，可对文字进行修改和批注。

3. Web 版式视图

Web 版式视图显示文档在 Web 浏览器中的外观，此时，文本和表格自动换行以适应窗口的大小，即按照窗口的大小显示文本。在此模式下查看文档，不需要拖动滚动条就可以查看整行文字。它适用于发送电子邮件、创建和编辑 Web 网页。

4. 大纲视图

大纲视图主要用于文档的设置和显示标题的层级结构，方便折叠和展开各种层级的文档。该视图适用于编辑内容较多、已经套用多级列表的文档，可以清楚地显示文档的目录，方便用户快速找到所需章节。但大纲视图中无法显示页边距、页眉和页脚、图片、背景等对象。

5. 草稿

草稿是最简化的视图模式，主要用于查看草稿形式的文档，便于快速编辑文本。草稿仅显示标题和正文，不显示页边距、分栏等元素，适合编辑内容和格式比较简单的文档。以前为了节省计算机硬件资源而使用草稿视图，但目前用户计算机的配置均较高，基本不存在 Word 2016 运行遇到障碍的问题，所以草稿视图模式的使用率较低。

6.2　Word 2016 的基本操作

Word 文档的基本操作主要包括文档的创建、保存、打开、关闭，输入文本及编辑文档。

6.2.1　文档的基本操作

1. 新建文档

启动 Word 2016 后，系统会自动创建一个名称为"文档 1"的文件。在已打开文档的情况下新建文档，有以下 4 种方法。

（1）通过"文件"菜单创建：选择"文件"→"新建"命令，在打开的"新建"窗口中选择"空白文档"选项。

（2）通过快速访问工具栏创建：单击"自定义快速访问工具栏"下三角按钮，在打开的下拉列表中选择"新建"命令，创建一个新的文档。

（3）通过组合键创建：按 Ctrl+N 组合键，创建一个新的文档。

（4）通过模板创建：选择"文件"→"新建"命令，打开"新建"窗口，模板列表中提供了丰富的模板，选择任意一种模板，即可创建对应的文档。

2. 保存和命名文档

文档在输入或修改后，内容暂时存放在内存储器中，为了长期保存文档，需要将文档进行保存。

1）保存新文件

新建的文件需要设置文件名和文件位置等信息。选择"文件"→"保存"命令，打开"另存为"窗口，单击"浏览"按钮，打开"另存为"对话框，如图 6-2 所示。设置文件的保存位置和文件名，默认文件类型为.docx，单击"保存"按钮，或者选择"自定义快速访问工具栏"→"保存"命令，完成保存。

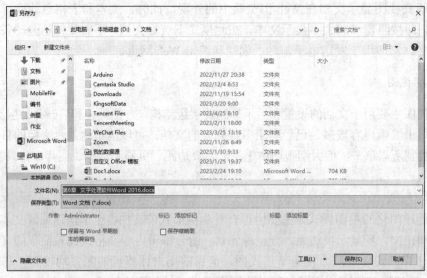

图 6-2 "另存为"对话框

2）保存已存盘文件

当已有文件需要修改内容、更换文件名或文件位置时，可选择"文件"→"另存为"命令，打开"另存为"窗口，单击"浏览"按钮，打开"另存为"对话框，设置新的文件位置或文件名，单击"保存"按钮。

3．打开文档

打开已保存的文件，在内存储器中加载该文件，供用户查看、修改或打印。

1）打开单个文档

选择"文件"→"打开"命令，打开"打开"窗口，单击"浏览"按钮，打开"打开"对话框，在"查找范围"下拉列表中找到文件所在的位置，选中文件名称，单击"打开"按钮。

2）同时打开多个文档

若一次打开多个文档，则在"打开"对话框中选中多个文档（选择连续的文件按住 Shift键，选择不连续的文件按住 Ctrl 键），单击"打开"按钮。

3）打开最近使用的文档

若打开最近使用的文档，则选择"文件"→"打开"命令，打开"打开"窗口，在"最近"列表中选择所要打开的文档即可，默认显示 25 个文档。

4）打开本台计算机文件

若打开本台计算机中默认位置的文档，则选择"文件"→"打开"命令，打开"打开"窗口，在"这台电脑"列表中显示"我的文档"中所有的文件夹和文件，即可打开所需文档。

4．关闭文档

在完成文档的编辑和保存工作后，应当关闭文档，具体方法是选择"文件"→"关闭"命令。另外，如果当前不需要 Word 2016 应用软件，则选择"文件"→"退出"命令，可以关闭软件和所有 Word 文档。

┃例 6.1┃　新建一个 Word 文档，命名为"我爱祖国.docx"，保存在 D 盘根目录下；输入文本"我爱祖国，我们爱祖国"，将文档重命名为"我们爱祖国.docx"，保存在桌面。

具体操作步骤如下。

① 启动程序。选择"开始"→"Microsoft Word 2016"命令，启动 Word 2016 程序。

② 保存新文档。选择"文件"→"保存"命令，打开"另存为"窗口，单击"浏览"按钮，打开"另存为"对话框，在左侧的导航窗格中选择 DATA(D:)，在"文件名"文本框中输入"我爱祖国"，单击"保存"按钮。

③ 输入文本。在文本编辑区的插入点位置，输入文本"我爱祖国，我们爱祖国"。

④ 另存文档。选择"文件"→"另存为"命令，打开"另存为"窗口，单击"浏览"按钮，打开"另存为"对话框，在左侧的导航窗格中选择"桌面"，在"文件名"文本框中输入"我们爱祖国"，单击"保存"按钮。

⑤ 退出程序。选择"文件"→"退出"命令，关闭文档并退出程序。

6.2.2　输入文本

1. 定位插入点

在进行输入、修改或删除等操作时，首先需要定位插入点。在文本编辑区，闪烁的光标"|"所在位置即为插入点。利用鼠标和键盘均可定位插入点。

2. 输入文本

输入文本时，将插入点定位在所要插入文本的位置，插入点会随着输入文本从左向右移动，并自动换行。当一个段落结束时，按 Enter 键，在段落末尾插入一个符号"↵"，称为段落标记或"硬回车"。如果需要在一个段落中换行输入文本，则按 Shift+Enter 组合键，在行尾显示一个符号"↓"，称为手动换行符或"软回车"。

3. 插入符号

输入的文本一般包括普通文本和特殊符号，Word 2016 提供了特殊符号集。插入符号的操作步骤如下。

（1）定位插入点。

（2）单击"插入"→"符号"→"符号"下拉按钮，在打开的下拉列表中选择文档已经使用过的符号。

（3）若未发现所需符号，则在"符号"下拉列表中选择"其他符号"命令，打开"符号"对话框，如图 6-3 所示。在"字体"下拉列表中选择符号、字体，在下方的列表框中选择所需符号，单击"插入"按钮。

4. 插入日期和时间

在日常办公中，用户经常需要在 Word 文档中插入当前的系统日期，如果每天打开文档时都要手动更新日期，无疑既费时又费力。因此 Word 提供了自动插入日期功能，具体操作步骤如下。

（1）定位插入点。

（2）单击"插入"→"文本"→"日期和时间"按钮，打开"日期和时间"对话框，如图 6-4 所示，在"可用格式"列表中选择一种日期或时间模式，选中"自动更新"复选框，单击"确定"按钮。

图 6-3 "符号"对话框

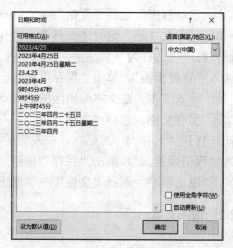

图 6-4 "日期和时间"对话框

6.2.3 编辑文档

输入文本后，可对文档进行适当的编辑。文档编辑的操作主要包括选择、复制、移动、删除、查找与替换等。

1. 选择文本

1）连续文本

（1）选择一行：在选定栏中单击该行。

（2）选择一段：在选定栏中双击该段落，或在该段落中三击。

（3）选择任意行块：按住左键，从行块首处拖动到行块尾处。

（4）选择矩形区域：按住 Alt 键拖动，即可选择拖过的矩形区域。

2）不连续文本

按住 Ctrl 键的同时依次选择要选择的文本。

3）选定整个文档

（1）在选定栏中三击。

（2）按 Ctrl+A 组合键。

（3）单击"开始"→"编辑"→"选择"下拉按钮，在打开的下拉列表中选择"全选"命令。

2. 复制文本

1）利用鼠标复制

选择需要复制的文本，同时按住鼠标左键和 Ctrl 键，并拖动文本到目标位置。这种方法适合复制的文本较少，且与目标位置很近的情况。

2）利用剪贴板复制

（1）选择需要复制的文本，单击"开始"→"剪贴板"→"复制"按钮，将插入点移到目标位置，单击"开始"→"剪贴板"→"粘贴"按钮。

（2）选择需要复制的文本，按 Ctrl+C 组合键，将文本复制到剪贴板，将插入点移至目标位置，按 Ctrl+V 组合键，即可实现复制和粘贴。一般文本的操作，鼠标和键盘配合使用，工作效率高。

3. 移动文本

1）利用鼠标移动

选择需要移动的文本，按住鼠标左键拖动文本到目标位置即可。

2）利用剪贴板移动

（1）选择需要移动的文本，单击"开始"→"剪贴板"→"剪切"按钮，将插入点移到目标位置，单击"开始"→"剪贴板"→"粘贴"按钮。

（2）与复制文本类似，使用 Ctrl+X 组合键和 Ctrl+V 组合键。

4. 删除文本

删除文本是指将指定文本内容从文档中清除。按 Backspace 键可删除插入点前的文本，按 Delete 键可删除插入点后的文本。如果删除的内容较多，可以先选中要删除的文本，再按 Backspace 键或 Delete 键一次性删除。

5. 查找与替换

1）查找

Word 2016 提供的查找功能可以快速搜索指定的文本或特殊字符所在的位置，并将其突出显示。查找分为查找文本和查找特殊字符两种，具体操作步骤如下。

（1）查找文本。单击"开始"→"编辑"→"查找"按钮，打开"导航"任务窗格，在搜索框中输入所要搜索的文本，即可显示其在文档中的所有位置。此功能只能实现没有任何格式的文本查找。

（2）查找特殊字符。单击"开始"→"编辑"→"查找"下拉按钮，在打开的下拉列表中选择"高级查找"命令，打开"查找和替换"对话框，在"查找内容"文本框中可以输入内容、设置相应的格式，实现带格式的文本查找，也可以输入特殊字符进行查找。

2）替换

Word 2016 提供的替换功能可以在当前文档中使用新的文本替换指定的文本，或者对查找的文本格式进行修改。替换功能一般用在长文档中，将某几个词替换，或者删除下载的文本中的软回车、无用符号。替换操作的具体操作步骤如下：单击"开始"→"编辑"→"替换"按钮，打开"查找和替换"对话框，如图 6-5 所示，在相应的位置输入文本，设置格式，即可进行替换操作。

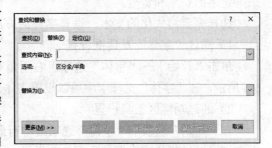

图 6-5 "查找和替换"对话框

【例 6.2】 打开"绘画艺术.docx"文档，在第一段前输入一个新的段落，内容为"绘画艺术"；将最后两个段落合并成一个段落，并移动到第三段"绘画艺术设计的形态……"之前；删除文档中所有的"艺术"文本。

具体操作步骤如下。

① 打开文档。双击"绘画艺术.docx"文档，打开该文档。

② 输入特殊符号。将插入点移到第一段的开始位置，单击"插入"→"符号"→"符号"下拉按钮，在打开的下拉列表中选择"其他符号"命令，打开"符号"对话框，在"字体"下拉列表中选择"Windings"命令，在符号列表框中选择"♠"符号，单击"插入"按钮，单击"关闭"按钮。

③ 输入文本。将插入点定位在"♠"符号后，输入文本"绘画艺术"。

④ 复制特殊符号。选中"♠"符号并右击，在弹出的快捷菜单中选择"复制"命令，将插入点定位在"绘画艺术"后，再次右击，在弹出的快捷菜单中选择"粘贴"命令。

⑤ 合并段落。将插入点移到最后一段的开始位置，按 Backspace 键，删除前一段落的段落标记，即可将两个段落合并。

⑥ 移动文本。选择最后一段，单击"开始"→"剪贴板"→"剪切"按钮，将插入点移到第三段"绘画艺术设计形态……"的开始位置，单击"粘贴"按钮。

⑦ 删除文本。单击"开始"→"编辑"→"替换"按钮，打开"查找和替换"对话框，在"查找内容"文本框中输入"艺术"，在"替换为"文本框中不输入任何内容，单击"全部替换"按钮，单击"关闭"按钮。

⑧ 保存文档。单击自定义快速访问工具栏中的"保存"按钮，退出程序。

6.3　Word 2016 排版

为了使所编辑的整个文档比较美观，需要适当更改其外观，这种操作称为格式化。在 Word 文档中，格式化包括字符格式化、段落排版、页面设置等。

6.3.1　文本格式设置

文本格式设置包括字体、字号、字形、字体颜色、字符间距、文字效果等的设置。字体是字符的形状，包括中文字体和西文字体。在 Word 2016 中，汉字默认为宋体、五号，西文字符默认为 Calibri、五号。字形包括常规、加粗、倾斜和加粗倾斜。字号是指字的大小，用来确定字的长度和宽度。

选择需要格式化的文本，设置字体的方法有如下两种。

1）通过"字体"对话框设置

单击"开始"→"字体"选项组右下角对话框启动器按钮，打开"字体"对话框，如图 6-6 所示。在"字体"选项卡中可以设置字体、字形、字号等效果。

2）通过功能区工具设置

在"开始"选项卡"字体"选项组中有最基本、最常用的设置文本格式的工具按钮，使用它们可以进行相应设置，如图 6-7 所示。

图 6-6　"字体"对话框　　　　图 6-7　"字体"选项组

┃例 6.3┃ 打开"钢琴.docx"文档，将标题"钢琴"字体设置为隶书，字形为加粗，字号为小三，字符间距为加宽，磅值为 3 磅，缩放为 200%；将正文段落中中文文本的字体设置为仿宋，西文文本的字体设置为 Times New Roman，字号均为四号；为正文第一段设置红色双实线下划线；为最后一段文本加着重号，并设置字符边框和字符底纹。

具体操作步骤如下。

① 打开"钢琴.docx"文档。

② 选择"钢琴"二字，单击"开始"→"字体"右下角对话框启动器按钮，打开"字体"对话框，在"字体"选项卡中进行设置。在"中文字体"下拉列表中选择"隶书"选项，在"字形"列表中选择"加粗"选项，在"字号"列表中选择"小三"选项；切换到"高级"选项卡，在"缩放"下拉列表中选择"200%"选项，在"间距"下拉列表中选择"加宽"选项，设置"磅值"为"3 磅"，单击"确定"按钮。

③ 选中正文两个段落的文本，再次打开"字体"对话框，在"中文字体"下拉列表中选择"仿宋"选项，在"西文字体"下拉列表中选择"Times New Roman"选项，在"字号"下拉列表中选择"四号"选项，单击"确定"按钮。

④ 选中正文第一段的文本，打开"字体"对话框，在"字体"选项卡中进行设置。在"下划线线型"下拉列表中选择"双实线"选项，在"下划线颜色"下拉列表中选择"标准色-红色"选项，单击"确定"按钮。

⑤ 选中最后一段文本，打开"字体"对话框，在"字体"选项卡中进行设置。在"着重号"下拉列表中选择"·"选项，单击"确定"按钮。单击"开始"→"字体"→"字符边框"按钮，再单击"开始"→"字体"→"字符底纹"按钮。

⑥ 保存文档。

6.3.2　段落格式设置

段落是文本、图形、对象及其他项目的集合，是文档中的自然段。每个段落末尾以段落标记结束。设置段落格式就是设置整个段落的外观，包括段落的对齐方式、缩进、段间距与行距、边框与底纹、项目符号和分栏等。

在 Word 中，段落格式化的操作只对插入点所在段落或选定的段落起作用。如果只对某一个段落设置格式，则将插入点置于段落中；如果对多个段落设置格式，则需要选择所有段落。设置段落格式有如下两种方法。

1）通过"段落"对话框设置

单击"开始"→"段落"右下角对话框启动器按钮，打开"段落"对话框，如图 6-8 所示，在该对话框中可以进行段落格式设置。

2）通过功能区工具设置

在"开始"选项卡"段落"选项组中单击对齐方式按钮、行和段落间距按钮、项目符号按钮等，如图 6-9 所示，即可进行相应设置。

图 6-8　"段落"对话框　　　　　　图 6-9　"段落"选项组

1. 对齐方式

对齐方式是指文本相对于左右边界的位置。Word 提供了 5 种水平对齐方式，即左对齐、居中、右对齐、两端对齐和分散对齐，文本默认为两端对齐。

2. 段落缩进

段落缩进是指文本与页面边界之间的距离，包括左缩进、右缩进、首行缩进、悬挂缩进。

（1）左（右）缩进：段落中所有行的左（右）边界向右（左）缩进，一般用于五言或者七言绝句的排版。

（2）首行缩进：段落首行向右缩进，其他行不缩进，以作为区分各个段落的标志。中文文本规定首行缩进 2 个字符，英文文本规定首行缩进 5 个字符。

（3）悬挂缩进：段落中除首行以外的所有行向右缩进，首行不缩进。一般用于报纸和杂志等的文档排版。

3. 段落间距

段落间距是指段落与其前后段落之间的距离，包括段前间距和段后间距。

4. 行距

行距是指段落内部各行之间的距离，包括单倍行距、1.5 倍行距、2 倍行距、多倍行距、最小值和固定值。

5. 项目符号和编号

项目符号是指放在文本前起强调效果的点或其他符号；编号是指放在文本前具有一定顺序的字符。用户可以使用系统提供的项目符号和编号，也可以自定义项目符号和编号。

6. 设置段落边框和底纹

1）设置段落边框

设置段落边框是指为整段文字设置边框。选定所需设置边框的段落，单击"开始"→"段落"→"边框"下拉按钮，在打开的下拉列表中选择"边框和底纹"命令，打开"边框和底纹"对话框，在"边框"选项卡中可设置边框的类型、样式、颜色和宽度，如图 6-10 所示。

2）设置段落底纹

设置段落底纹是指为整段文字设置背景效果。选定所需设置底纹的段落，在"边框和底纹"对话框"底纹"选项卡中可设置底纹的填充颜色、图案的样式和颜色，如图 6-11 所示。

图 6-10　"边框和底纹-边框"选项卡

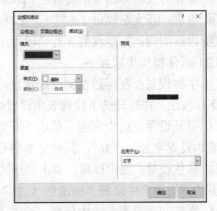

图 6-11　"边框和底纹-底纹"选项卡

┃例 6.4┃ 打开"故乡.docx"文档，设置标题的对齐方式为居中，段前和段后间距均为 1 行；设置正文第一段为左右缩进 5 个字符；设置正文第二段以后的所有段落，首行缩进 2 个字符；设置正文所有段落的行距为固定值 20 磅；设置最后一段的边框为蓝色单实线，底纹的填充颜色为黄色，图案样式为 5%。

具体操作步骤如下。

① 打开"故乡.docx"文档。

② 将插入点移至标题段落"故乡"，单击"开始"→"段落"右下角对话框启动器按钮，打开"段落"对话框，在"对齐方式"下拉列表中选择"居中"选项；设置"段前"为"1 行"，设置"段后"为"1 行"，单击"确定"按钮。

③ 将插入点移到正文第一段，打开"段落"对话框，在"缩进和间距"选项卡"缩进"选项组中设置"左侧"为"5 字符"、"右侧"为"5 字符"，单击"确定"按钮。

④ 选中从第二段开始的所有段落，打开"段落"对话框，在"缩进和间距"选项卡"缩

进"组的"特殊格式"下拉列表中选择"首行缩进"选项,设置"磅值"为"2 字符",单击"确定"按钮。

⑤ 选中正文的所有段落,在"段落"对话框中,设置"行距"为"固定值","设置值"为"20 磅",单击"确定"按钮。

⑥ 将插入点移到最后一段,单击"开始"→"段落"→"边框和底纹"下拉按钮,在打开的下拉列表中选择"边框和底纹"命令,打开"边框和底纹"对话框,在"边框"选项卡"设置"组中选择"方框"选项,线条颜色选择"标准色-蓝色",在"应用于"下拉列表中选择"段落"选项;切换到"底纹"选项卡,设置"填充"为"黄色"、图案的样式为"5%"、"应用于"为"段落",单击"确定"按钮。

▎**例 6.5**▎　某高校组织部即将举办一场党课学习班,需要为这项活动制作一份海报,用于宣传和通知在校大学生。

(1)具体操作要求如下。

① 字体:标题为微软雅黑;正文为黑体;"欢迎……"文本为楷体。

② 字号:标题为 36 磅,正文为小一,"欢迎……"文本为小初。

③ 颜色:标题为红色;正文左半部为深蓝,右半部为白色;"欢迎……"文本为黑色。

④ 字符间距:标题字符加宽 1 个字符。

⑤ 对齐方式:标题居中对齐;"欢迎……"居中对齐;主办方右对齐。

⑥ 缩进:正文左缩进 1.5 厘米,右缩进 1.5 厘米。

⑦ 段落间距:标题段前 3 行、段后 10 行;正文段前 2 行、段后 1 行。

(2)具体操作步骤如下。

① 字体设置:在标题左侧的选定栏,单击选中标题,单击"开始"→"字体"→"字体"下拉按钮,在打开的下拉列表中设置字体为"微软雅黑",其他文本字体设置方法同此。

② 字号设置:选中标题,单击"开始"→"字体"→"字号"下拉按钮,在打开的下拉列表中设置字号为"36",其他文本字号设置方法同此。

③ 颜色设置:选中标题,单击"开始"→"字体"→"文本突出显示颜色"下拉按钮,在打开的下拉列表中选择"标准色-红色"选项,其他文本颜色设置方法同此。

④ 字符间距设置:选中标题,单击"开始"→"字体"右下角对话框启动器按钮,打开"字体"对话框,在"高级"选项卡中设置"间距"为"加宽"、"磅值"为"1 磅"。

⑤ 对齐方式设置:选中标题,单击"开始"→"段落"→"居中"按钮;其他文本对齐方式设置方法同此。

⑥ 缩进设置:在正文第一行左侧的选定栏中拖动选中正文文本,单击"开始"→"段落"右下角对话框启动器按钮,打开"段落"对话框,在"缩进和间距"选项卡"缩进"组中设置"左侧"为"1.5 字符"、"右侧"为"1.5 字符"。

⑦ 段落间距设置:将插入点移到标题所在行,单击"开始"→"段落"右下角对话框启动器按钮,打开"段落"对话框,在"缩进和间距"选项卡"间距"组中设置"段前"为"3 行"、"段后"为"10 行"。正文的段落间距设置方法同此。

⑧ 保存。

(3)总结。

① 这个案例的素材已经给出海报的文本内容,故根据海报的格式进行相应设置即可。

② 文档的默认页面大小为 A4（高度为 29.7 厘米，宽度为 21 厘米），而海报高度和宽度较大，高度和宽度的比例较 A4 也不同，素材已经设置页面的高度为 34 厘米，宽度为 26 厘米。

③ 本案例文本的选取，大部分利用选定栏实现，选定栏适合选取若干行、若干段的文本，选取方便快捷。

④ 在对正文颜色进行设置时，由于正文的左侧和右侧是两种颜色效果，分别选择左侧文本和右侧文本时，采用的是矩形文本选取方法，需要 Alt 键配合使用。

⑤ 此案例中，正文的居中效果没有采用居中对齐方式，而是采用左右缩进方式，以保证文本左侧是对齐的。

⑥ 素材自带了背景效果，利用图片充当页面的背景效果，在下一节介绍。

6.3.3　页面格式设置

页面格式设置主要包括页面设置、设置页眉和页脚、分栏与分节、首字下沉、插入页码、插入脚注和尾注等。

1. 页面设置

Word 2016 提供了丰富的页面设置选项，允许用户根据自己的需要设置页面的大小、页边距、设置页面的边框和底纹等。

1）设置页面大小、页边距

Word 2016 默认的页面大小是 A4，纸张的左、右、上、下都留有空白，即页边距。"布局"选项卡"页面设置"选项组中提供了各种设置按钮，还可单击右下角对话框启动器按钮，打开"页面设置"对话框，如图 6-12 所示。在该对话框中可以设置页边距、纸张方向、纸张大小等。

2）设置页面背景

用户可以根据需要对页面进行装饰，如添加水印效果、调整页面颜色或设置稿纸等。

添加水印效果的目的是声明版权、强化宣传或美化文档。具体操作方法如下：单击"设计"→"页面背景"→"水印"下拉按钮，在打开的下拉列表中可以选择一种水印样式，如图 6-13 所示。

当用户对白纸黑字产生视觉疲劳时，可更改页面颜色。一般长文档的页面颜色调整为"橄榄绿"较好。具体操作方法如下：单击"页面布局"→"页面背景"→"页面颜色"下拉按钮，在打开的下拉列表中选择一种颜色；或选择"填充效果"命令，在打开的"填充效果"对话框中设置"渐变""图案"等效果。

3）设置页面边框

设置页面边框是指为页面的编辑区加边框。单击"设计"→"页面背景"→"页面边框"按钮，打开"边框和底纹"对话框，如图 6-14 所示，根据需要设置自定义边框或艺术型边框。

2. 设置页眉和页脚

页眉和页脚是位于打印纸张的顶部、底部的说明信息，一般由文本或图形组成，通常包括页码、日期、章节标题、作者姓名等。

图 6-12 "页面设置"对话框

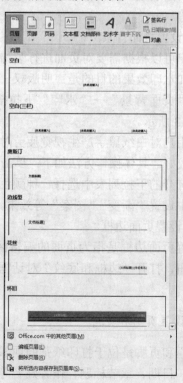

图 6-13 水印样式

1）创建页眉和页脚

单击"插入"→"页眉和页脚"→"页眉"下拉按钮，在打开的下拉列表中选择页眉的样式，如图 6-15 所示；单击"插入"→"页眉和页脚"→"页脚"下拉按钮，在打开的下拉列表中选择页脚的样式。双击页眉或页脚时，可编辑页眉或页脚的内容。

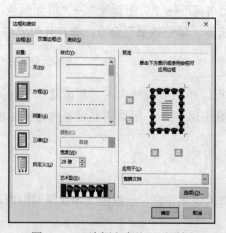

图 6-14 "边框和底纹"对话框

图 6-15 "页眉"下拉列表

2）为奇偶页创建不同的页眉和页脚

如果文档需要双面打印，通常需要为奇数页和偶数页设置不同的页眉和页脚。具体操作方法如下：单击"插入"→"页眉和页脚"→"页眉"或"页脚"下拉按钮，在打开的下拉列表中选择"编辑页眉"或"编辑页脚"命令，激活"页眉和页脚工具-设计"选项卡，选中"选项"→"奇偶页不同"复选框，分别在奇数页和偶数页的页眉或页脚中编辑内容。

3. 分栏与分节

1）分栏

分栏是指按实际排版需求将文本分成若干栏目块，常用于报纸、杂志和词典的排版。分栏有助于版面的美观，便于阅读，同时还能节省纸张。

对整个文档或其中一部分内容设置分栏，具体的操作方法如下：选中所要分栏的文本，单击"布局"→"页面设置"→"分栏"下拉按钮，在打开的下拉列表中选择相应的栏数，或选择"更多分栏"命令，打开"分栏"对话框，如图 6-16 所示。在该对话框中可以选择分栏的格式、栏数、分隔线等。

2）分页与分节

分页符是分隔相邻页之间文档内容的符号，用来标记一页终止并开始下一页的位置。插入分页符的操作方法如下：将插入点移到作为下一页的段落开头位置，单击"布局"→"页面设置"→"分隔符"下拉按钮，在打开的下拉列表中选择"分页符-分页符"命令，如图 6-17 所示。

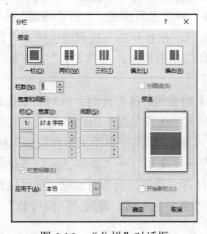

图 6-16　"分栏"对话框

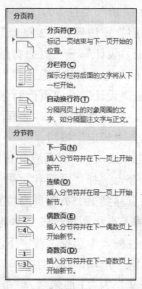

图 6-17　"分隔符"下拉列表

所谓"节"，是用来划分文档结构的一种方式。为了使一个文档的多个部分使用不同的格式，将文档分成若干节，即插入分节符。分节符有以下 4 种不同的类型。

（1）下一页：强制分页，在下一页开始新的一节。

（2）连续：新的一节从下一行开始。

（3）偶数页：新的一节从偶数页开始，若分节符在偶数页上，则下一个奇数页将是空页。

（4）奇数页：新的一节从奇数页开始，若分节符在奇数页上，则下一个偶数页将是空页。

4. 首字下沉

首字下沉是报刊中较为常用的一种文本修饰方式，目的是改善文本的外观，使文档更美

观。设置首字下沉，可使第一段开头的第一个字放大。具体操作方法如下：将插入点移到要设置的文本前，单击"插入"→"文本"→"首字下沉"下拉按钮，在打开的下拉列表中选择"首字下沉选项"命令，打开"首字下沉"对话框，如图 6-18 所示，在该对话框中可以选择下沉的方式、字体、下沉行数等。

【例 6.6】 打开"风波.docx"文档，设置纸张大小的宽度为 20 厘米、高度为 28 厘米，上、下页边距均为 2.5 厘米，左、右页边距均为 2 厘米；页眉距边界 2 厘米；设置一种艺术型边框；设置文本为"风波"的水印效果；设置奇数页的页眉内容为"风波"；设置第一段的首字下沉 3 行，字体为隶书，距正文 1 厘米；将第二段之后的段落分成两栏，加分隔线。

图 6-18   "首字下沉"对话框

具体操作步骤如下。

① 打开"风波.docx"文档。

② 单击"布局"→"页面设置"选项组右下角对话框启动器按钮，打开"页面设置"对话框，切换到"纸张"选项卡，设置"宽度"为"20 厘米"、"高度"为"28 厘米"；切换到"页边距"选项卡，在"页边距"选项组中设置"上"为"2.5 厘米"、"下"为"2.5 厘米"、"左"为"2 厘米"、"右"为"2 厘米"；切换到"布局"选项卡，在"页眉和页脚"选项组中设置"页眉"距边界为"2 厘米"，单击"确定"按钮。

③ 单击"设计"→"页面背景"→"页面边框"按钮，打开"边框和底纹"对话框，在"页面边框"选项卡的"艺术型"下拉列表中选择一种艺术型样式，单击"确定"按钮。

④ 单击"设计"→"页面背景"→"水印"按钮，在打开的下拉列表中选择"自定义水印"命令，打开"水印"对话框，选中"文字水印"单选按钮，在"文字"文本框中输入"风波"，单击"确定"按钮。

⑤ 单击"插入"→"页眉和页脚"→"页眉"下拉按钮，在打开的下拉列表中选择"编辑页眉"命令，选择"页眉和页脚工具-设计"选项卡"选项"组中的"奇偶页不同"复选框，将插入点移到第一页的页眉位置，输入文本"风波"，单击"关闭页眉和页脚"按钮。

⑥ 将插入点移到第一段文本前，单击"插入"→"文本"→"首字下沉"下拉按钮，在打开的下拉列表中选择"首字下沉选项"命令，打开"首字下沉"对话框，在"位置"组中选择"下沉"选项，在"字体"下拉列表中选择"隶书"选项，设置"下沉行数"为 3，设置"距正文"为"1 厘米"，单击"确定"按钮。

⑦ 选中第二段文本，单击"布局"→"页面设置"→"分栏"下拉按钮，在打开的下拉列表中选择"更多分栏"命令，打开"分栏"对话框，在"预设"组中选择"两栏"选项，选中"分隔线"复选框，单击"确定"按钮。

⑧ 保存文档。

5. 插入页码

页码是文档每一页上标明次序的数字，用来统计文档的面数。页码一般添加在页眉或页

脚中。

1）页码的插入

单击"插入"→"页眉和页脚"→"页码"下拉按钮，在打开的下拉列表（图 6-19）中选择页码位置和格式。

2）页码格式的设置

文档中如果需要使用不同默认格式的页码，则需要设置页码格式。单击"插入"→"页眉和页脚"→"页码"下拉按钮，在打开的下拉列表中选择"设置页码格式"命令，打开"页码格式"对话框，如图 6-20 所示。

6. 插入脚注和尾注

脚注和尾注是对文档添加的注释，一般在专业文档中使用较多。在页面底部所加的注释称为脚注，在文档末尾添加的注释称为尾注。注释包括注释引用标记和注释文本两部分。

具体操作方法如下：将插入点移到所要插入脚注或尾注的位置，单击"引用"→"脚注"选项组右下角对话框启动器按钮，打开"脚注和尾注"对话框，如图 6-21 所示。在该对话框中可选择要插入脚注或尾注的位置、编号格式、起始编号等。将插入点移到脚注或尾注区，编辑脚注或尾注的文本。

图 6-19　"页码"下拉列表　图 6-20　"页码格式"对话框　图 6-21　"脚注和尾注"对话框

7. 样式

样式是字体格式和段落格式等特性的集合，是应用于文档中的文本、表格和列表的一套格式特征。利用样式可快速改变文本的外观，当一段文本采用了预先设置好的样式时，它就具有了所有该样式定义的格式，包括字体、字号、颜色、对齐方式、行距和段落间距等。

1）预定义样式

Word 2016 预定义了几十种样式，包括标题 1、标题 2、标题 3 等，用户可根据需要选用这些样式来编排文本和段落。具体操作方法如下：单击"开始"→"样式"选项组右下角对话框启动器按钮，打开"样式"任务窗格，其中显示了所有预定义样式。

2）应用样式

应用样式可以对需要统一格式的文本或段落进行格式化。选择需要应用样式的文本，在

"开始"选项卡"样式"选项组中选择所需的样式即可，如图 6-22 所示。

图 6-22 "样式"选项组

3）创建新样式

用户可以根据需要创建新的样式，具体操作方法如下：单击"开始"→"样式"选项组右下角对话框启动器按钮，打开"样式"任务窗格，单击"新建样式"按钮，打开"根据格式设置创建新样式"对话框，如图 6-23 所示。在该对话框中可以设置样式的名称、样式类型、格式等。

8. 目录

目录是一篇长文档或一本书的大纲提要，用户可以通过目录了解文档的整体结构，从而把握全局内容的框架。创建目录要列出文档中各级或每个标题所在的页码。在 Word 中可以直接将文档中套用样式的内容创建为目录，也可根据需要添加特定内容到目录中。具体操作方法如下：单击"引用"→"目录"→"目录"下拉按钮，打开目录下拉列表，如图 6-24 所示，可在其中选择所需的样式。

图 6-23 "根据格式设置创建新样式"对话框　　图 6-24 "目录"下拉列表

【例 6.7】 打开"目录.docx"文档，对文档的第一行标题文本"黑客技术"应用"标题1"样式，对文档中黑体的文本应用"标题2"样式，对文档中斜体的文本应用"标题3"样式；正文文本设置为四号，首行缩进 2 字符；为文档标题"黑客技术"插入脚注，内容为"黑客技术：对计算机系统和网络的缺陷和漏洞的发现，加以攻击。"；在文档开始位置插入目录，显示标题 2 和标题 3 的内容，令其独占一节；在页脚插入页码，奇数页靠右，偶数页靠左，目录不显示页码。

具体操作步骤如下。

① 打开"目录.docx"文档。

目录

② 将插入点移到第一行标题，在"开始"选项卡"样式"选项组中选择"标题 1"样式；选择第二行文本"引言"，单击"开始"→"编辑"→"选择"下拉按钮，在打开的下拉列表中选择"选定所有格式类似的文本（无数据）"命令，选择"样式"组中的"标题 2"样式；选择文档第一页的斜体文本"（一）黑客技术和网络安全是分不开的"，在"选择"下拉列表中选择"选择格式相似的文本"命令，选择"样式"选项组中的"标题 3"样式。

③ 在"样式"选项组中右击"正文"样式，在弹出的快捷菜单中选择"修改"命令，打开"修改样式"对话框，在"字号"下拉列表中选择"四号"选项，单击"格式"下拉按钮，在打开的下拉列表中选择"段落"命令，打开"段落"对话框，在"特殊格式"下拉列表中，选择"首行缩进"选项，单击"确定"按钮。

④ 将插入点移到第一行"黑客技术"文本后，单击"引用"→"脚注"→"插入脚注"按钮，在页面底端的脚注区输入文本"黑客技术：对计算机系统和网络的缺陷和漏洞的发现，加以攻击。"。

⑤ 将插入点移到文档的开始位置，单击"页面布局"→"页面设置"→"分隔符"下拉按钮，在打开的下拉列表中选择"分节符-下一页"命令。

⑥ 将插入点移到第一页，单击"引用"→"目录"→"目录"下拉按钮，在打开的下拉列表中选择"自动目录 1"命令，手动删除目录中第一行"黑客技术"。

⑦ 单击"插入"→"页眉和页脚"→"页脚"下拉按钮，在打开的下拉列表中选择"编辑页脚"命令，将插入点移到目录所在的页脚，选择"页眉和页脚工具-设计"选项卡"选项"选项组中的"首页不同"复选框。

⑧ 将插入点移到文档的第二页页脚，单击"页眉和页脚工具-设计"→"导航"→"链接到前一条页眉"按钮，在"选项"选项组中选中"奇偶页不同"复选框；在"页眉和页脚"选项组中单击"页码"下拉按钮，在打开的下拉列表中选择"设置页码格式"命令，打开"页码格式"对话框，选中"起始页码"单选按钮，输入"1"，单击"确定"按钮。

⑨ 同步骤⑧，将插入点移到文档的第三页页脚，在"页眉和页脚"选项组中单击"页码"下拉按钮，在打开的下拉列表中选择"页面底端"级联菜单中的"简单-普通数字 3"选项；将插入点移到文档的第三页页脚，单击"页码"下拉按钮，在打开的下拉列表中选择"页面底端"级联菜单中的"简单-普通数字 1"选项，关闭页眉和页脚。

⑩ 保存文档。

6.3.4　邮件合并

邮件合并是指把两个基本元素（主文档和数据源）合并成一个文档。主文档包括保持不变的文本和一些合并域；数据源是多条记录的数据集，包括合并域中的实际内容。通过合并，可以把来自数据源文件中的实际内容分别插入主文档的对应合并域中，产生多个主文档的不同版本。用户可以借助邮件合并功能，批量处理电子邮件，如通知书、邀请函、准考证等，从而提高办公效率。邮件合并操作需要将主文档和数据源文件合并成新文档。

邮件合并

例 6.8　打开"主文档.docx"文档（图 6-25），将"数据源.xlsx"文档（图 6-26）中的"姓名"插入"主文档.docx"文档中"尊敬的"文本后，形成多份邀请函的新文档，命名为"新邀请函.docx"，并保存"主文档.docx"。

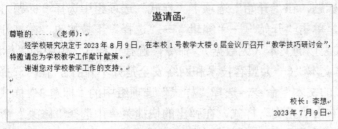

图 6-25　"主文档"文档　　　　　　图 6-26　"数据源"文档

具体操作步骤如下。

① 打开"主文档.docx"文档。

② 将插入点移到文本"尊敬的"后，单击"邮件"→"开始邮件合并"→"开始邮件合并"下拉按钮，在打开的下拉列表中选择"邮件合并分步向导"命令，打开"邮件合并"任务窗格，如图 6-27 所示。

③ 在"选择文档类型"组中默认选中"信函"单选按钮，单击"下一步：开始文档"超链接，打开"选择开始文档"任务窗格，如图 6-28 所示。

④ 默认选中"使用当前文档"单选按钮，单击"下一步：选择收件人"超链接，打开"选择收件人"任务窗格，如图 6-29 所示。

图 6-27　选择文档类型　　　　图 6-28　选择开始文档　　　　图 6-29　选择收件人

⑤ 默认选中"使用现有列表"单选按钮，单击"浏览"超链接，打开"选择数据源"对话框，选中"数据源"文件，单击"打开"按钮，打开"选择表格"对话框，如图 6-30 所示。

⑥ 选中"通讯录"表格，单击"确定"按钮，打开"邮件合并收件人"对话框，如图 6-31 所示。

⑦ 单击"确定"按钮，打开加载数据源任务窗格，如图 6-32 所示。单击"下一步：撰写信函"超链接，打开"撰写信函"任务窗格，如图 6-33 所示。

⑧ 单击"其他项目"超链接，打开"插入合并域"对话框，如图 6-34 所示。

⑨ 在"域"列表框中选择"姓名"，单击"插入"按钮，单击"关闭"按钮。

⑩ 单击"下一步：预览信函"超链接，打开"预览信函"任务窗格，如图 6-35 所示。

⑪ 单击">>"按钮，可以查看每份邀请函。单击"下一步：完成合并"超链接，打开"完成合并"任务窗格，如图 6-36 所示。

⑫ 单击"编辑单个信函"超链接，打开"合并到新文档"对话框，如图 6-37 所示。

图 6-30　"选择表格"对话框　　　　　　图 6-31　"邮件合并收件人"对话框

图 6-32　加载数据源　　　图 6-33　撰写信函　　　图 6-34　"插入合并域"对话框

图 6-35　预览信函　　　　图 6-36　完成合并　　　图 6-37　"合并到新文档"对话框

⑬ 在"合并记录"组中选中"全部"单选按钮，单击"确定"按钮，新建一个名称为"信函1.docx"的文档。

⑭ 将"信函1.docx"文档另存为"新邀请函.docx"。

⑮ 保存"主文档.docx"文档。

6.3.5 模板

Word 2016 提供了一些高级格式设置功能，以优化文档的格式编排。其中，模板功能可以对文档进行快速格式应用。任何文档都是以模板为基础的，模板决定了文档的基本结构和文档设置。模板是针对一篇文档中所有段落或文字的格式设置，内容更丰富。使用模板可以统一文档的风格，加快工作速度。

1. 使用模板创建文档

模板是模板文件的简称，是一种带有特定格式的 Word 文件，其包括特定的字体格式、段落样式、页面设置等，可以作为模型创建其他类似的文档。利用模板创建文档的具体操作步骤如下：选择"文件"→"新建"命令，打开"新建"窗口，在模板库中选择一个模板，如图 6-38 所示，此时会打开一个对话框，单击"创建"按钮，即可创建新文档。

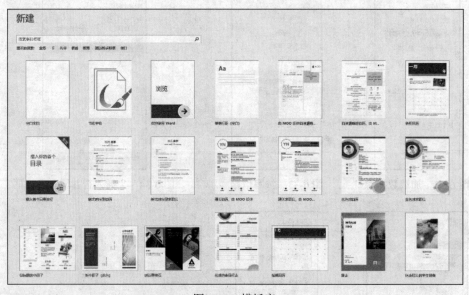

图 6-38　模板库

如果用户所需的模板不在内置模板库中，Word 2016 还提供了联机模板下载功能，可以在模板库上方的搜索框中输入相应的关键字，即可从 Office 官网下载相关模板。

║例 6.9║ 小王对目前的工作条件不太满意，因此他辞掉这份工作后，必须找寻新的工作，请帮他制作一份精美的简历。操作要求如下：利用 Word 中的模板，制作一份格式合理、外观美观的简历。

具体操作步骤如下。

① 启动程序：启动 Microsoft Word 2016 程序。

② 创建文档：选择"文件"→"新建"命令，打开"新建"窗口，在模板库中选择"蓝色球简历"模板，在打开的简历创建对话框中单击"创建"按钮。

③ 输入文本：根据模板中提供的相应模块，输入对应的文本，如姓名、个人信息、联系人、工作经验等。

④ 插入照片：将插入点移到需要插入照片的位置，单击"插入"→"插图"→"图片"按钮，在打开的"插入图片"对话框中，找到"小王.jpg"图片，单击"插入"按钮。

⑤ 保存文档：选择"文件"→"保存"命令，打开"另存为"窗口，单击"浏览"按钮，打开"另存为"对话框，选择适当的保存位置，文档命名为"简历.docx"，单击"保存"按钮。

2. 创建模板

在工作生活中，将文档的外观、格式等保持一致，可使文档整洁、美观。因此，用户可以创建自定义模板用于文档中。创建新的模板可以通过现有文档来实现。

根据现有文档创建模板，是指打开一个已有的文档，对其进行编辑修改后，将其另存为一个模板文件。一般当需要用到的文档设置包含在现有的文档中时，可以该文档为基础创建模板。

6.3.6　长文档排版

建立长文档后，用户可以使用大纲视图来查看和组织文档，以理清文档思路，迅速把握文档的中心思想。

1）使用大纲视图查看文档

Word 2016 的大纲视图用于制作提纲，以缩进文档标题的形式代表在文档结构中的级别。具体操作方法如下：单击"视图"→"视图"→"大纲视图"按钮，切换到大纲视图模式，查看文档结构。

2）使用大纲视图组织文档

在大纲视图中，可以对文档的内容进行修改与调整。一般在大纲视图模式下，经常修改文档中的级别。文档中文本的大纲级别并不是一成不变的，可以按照需要对其进行升级或降级操作。具体操作方法如下：在大纲视图模式下，单击"大纲"→"大纲工具组"→"升级"和"降级"按钮，实现级别调整。

【例 6.10】 王晓是某高校一名四年级学生，临近毕业，毕业论文已经书写完毕，现在需要按照学校关于毕业论文的排版要求进行论文的排版。

（1）具体操作要求如下。

① 正文：中文字体为宋体，西文字体为 Times New Roman，字号均为小四，首行缩进 2 个字符，行距为 1.5 倍。

② 各级标题：一级标题：字体为黑体，字号为三号，加粗，对齐方式为居中，段前、段后间距均为 0 行，行距为 1.5 倍；二级标题：字体为宋体，字号为四号，对齐方式为左对齐，段前、段后间距均为 0 行，行距为 1.5 倍。

③ 页面设置：纸张大小为 A4，上、下页边距均为 2.5 厘米，左、右页边距分别为 3.2 厘米和 2.5 厘米；页眉和页脚距边界均为 1 厘米。

④ 分节符：分别在摘要、正文中的各章、致谢、参考文献后插入分节符。

⑤ 目录：自动生成目录；字号为小四，对齐方式为右对齐。

毕业论文

⑥ 页眉和页脚：页眉中的字体为宋体，字号为五号，居中对齐；页脚中插入页码，居

中对齐。目录的页码使用希腊字母，并且单独编号；正文的页码使用阿拉伯数字。

（2）具体操作步骤如下。

① 打开"毕业论文.docx"文档。

② 新建正文样式：单击"开始"→"样式"选项组右下角对话框启动器按钮，打开"样式"任务窗格，单击"新建样式"按钮，打开"根据格式设置创建新样式"对话框。在"名称"文本框中输入"论文正文"；单击"格式"下拉按钮，在打开的下拉列表中选择"字体"命令，打开"字体"对话框，在此可设置相应的字体格式；在打开的下拉列表中选择"段落"命令，打开"段落"对话框，在此可设置相应的段落格式。

③ 新建其他样式：新建其他样式的方法与新建正文样式同理，分别新建一级标题的样式为"论文标题1"、二级标题的样式为"论文标题2"。

④ 应用一级标题和二级标题样式：将插入点移到"摘要"文本行，在"样式"任务窗格中选择"论文标题1"样式，用同样的方法，将"第×章"、"致谢"和"参考文献"设置为"论文标题1"样式。同理，将"2.1……"等文本设置为"论文标题2"样式。

⑤ 应用正文样式：选中摘要正文的文本，单击"开始"→"编辑"→"选择"下拉按钮，在打开的下拉列表中选择"选定所有格式类似的文本（无数据）"命令，在打开的"样式"任务窗格中选择"论文正文"样式。

⑥ 页面设置：单击"布局"→"页面设置"选项组右下角对话框启动器按钮，打开"页面设置"对话框，在"页边距"选项卡中设置相应的页边距；在"纸张"选项卡中设置纸张大小为A4；在"版式"选项卡中设置页眉和页脚距页边界均为1厘米。

⑦ 插入分页符：将插入点移到"摘要"文本之前，单击"布局"→"页面设置"→"分隔符"下拉按钮，在打开的下拉列表中选择"分节符-下一页"命令；同理，将插入点分别移到"第×章""致谢""参考文献"之前，插入分节符。

⑧ 插入目录：将插入点移到文档的第一页前空白处，单击"引用"→"目录"→"目录"下拉按钮，在打开的下拉列表中选择"自定义目录"命令，打开"目录"对话框，将"显示级别"调整为"2"。

⑨ 编辑页眉：单击"插入"→"页眉和页脚"→"页眉"下拉按钮，在打开的下拉列表中选择"空白页眉"命令，将插入点移到"页眉"文本编辑区，输入"××大学毕业论文"，设置字体为宋体，字号为五号。

⑩ 编辑目录页脚：将插入点移到目录所在页的页脚，单击"页眉和页脚工具-设计"→"页眉和页脚"→"页码"按钮，在打开的下拉列表中选择"设置页码格式"命令，打开"页码格式"对话框，在"编号格式"下拉列表中选择大写希腊字母，单击"确定"按钮。

⑪ 插入目录页码：将插入点移到目录页的页脚，单击"页眉和页脚工具-设计"→"页眉和页脚"→"页码"按钮，在打开的下拉列表中选择"页面底端-普通数字2"命令。

⑫ 编辑正文页脚：将插入点移到正文第一页（目录后）页脚，单击"页眉和页脚工具-设计"→"导航"→"链接到前一条页眉"按钮，在"页码格式"对话框中设置"编号格式"为阿拉伯数字，"起始页码"为"1"，单击"确定"按钮。

⑬ 插入正文页脚：将插入点移到正文第一页的页脚，单击"页眉和页脚工具-设计"→"页眉和页脚"→"页码"按钮，在打开的下拉列表中选择"页面底端-普通数字2"命令。

⑭ 更新目录：将插入点移到目录所在文本，右击，在弹出的快捷菜单中选择"更新目录"命令。

⑮ 保存文档。

（3）小结。

① 在应用样式中，设置摘要为一级标题样式后，其他一级标题样式的设置，也可以采用格式刷复制格式功能来实现。

② 在应用样式之前，所有文本的格式都是相同的，正文的文本内容较多，不适合一一选择设置，故先设置一级标题和二级标题的文本，剩下的文本均为正文样式的文本。

③ 设置应用样式后，应该通过大纲视图模式，查看文档中标题的级别层次结构，看是否有遗漏等设置失误。

④ 分隔符中的下一页分隔符，其功能是使其后的文本换到下一页，同时文档之间产生节；不同的节之间可以设置不同的页眉和页脚格式，包括页码的不同格式。

⑤ 在正文插入页码时，正文第一页所在文档的第二节，故设置页码格式时，插入的页码必须重新设置起始页码为 1，否则，它会默认续前节的页码，插入的页码就不是以数字"1"开头。

⑥ 目录是插入页码之前插入的，故目录的页码是以文档的自然页数设定的页码；由于目录所在页单独编页码，故正文的页码数与原目录页码数不匹配，需要更新目录的页码。

6.4　Word 2016 表格制作

表格是文档中的一个重要组成部分。使用表格，可以使文档内容更形象，文档结构更清晰，也可以表达一些文本所不能表达的信息。Word 2016 提供了强大、便捷的表格制作和编辑功能，可快速创建表格，也可方便地修改表格内容，在表格中输入文字、数据，插入图形等。

6.4.1　创建表格

Word 2016 提供了多种创建表格的方法。

1. 利用"表格"按钮创建

将插入点移到文档中要插入表格的位置，单击"插入"→"表格"→"表格"下拉按钮，在打开的下拉列表中显示插入表格的网格，如图 6-39 所示。

将鼠标指针指向网格的第一个单元格，移动鼠标指针，鼠标指针指向的单元格由白色变成橙色，网格上方显示列数和行数，同时，文档中动态显示表格，单击即可插入一个空白的表格。利用这种方法，最多能创建 8 行 10 列的表格。

2. 利用"插入表格"对话框创建

将插入点移到文档中要插入表格的位置，单击"插入"→"表格"→"表格"下拉按钮，在打开的下拉列表中选择"插入表格"命令，打开"插入表格"对话框，如图 6-40 所示。

在"插入表格"对话框的"表格尺寸"组中分别输入表格的"列数"和"行数"，在"'自动调整'操作"组中可以设置表格的宽度。表格中的水平线称为行线，垂直线称为列线，由行线和列线围起来的小方格称为单元格。表格中的水平单元格组成行，垂直单元格组成列。

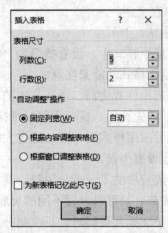

图 6-39　插入表格的网格　　　　图 6-40　"插入表格"对话框

3. 直接绘制表格

利用 Word 提供的绘制表格功能，可以创建不规则的表格。单击"插入"→"表格"→"表格"下拉按钮，在打开的下拉列表中选择"绘制表格"命令，此时，鼠标指针变为铅笔形状。将鼠标指针移到绘制表格的位置，按住鼠标左键并拖动出现表格的外框虚线，释放鼠标左键，即可绘制出表格的外框。此时，显示"表格工具-表设计"功能区，如图 6-41 所示。

图 6-41　"表格工具-表设计"功能区

在表格内部，利用鼠标绘制表格的内框线，得到一个空白表格。如果绘制过程中出现错误，单击"表格工具-布局"→"绘图"→"橡皮擦"按钮，同时，鼠标指针变成橡皮擦的形状，将鼠标指针指向需要擦除的线条，单击即可擦除。

4. 利用内置表格样式快速绘制表格

Word 2016 提供了快速制作表格的方法，可以快速地创建具有特定格式的表格。单击"插入"→"表格"→"表格"下拉按钮，在打开的下拉列表中选择"快速表格"命令，在打开的级联菜单中内置多种表格样式（图 6-42），选择其一即可快速创建一个表格。

5. 内嵌 Excel 电子表格

Word 2016 提供了插入 Excel 电子表格功能，用户需要在文档中插入数据较多的表格时，可以采用内嵌 Excel 电子表格功能对数据进行统计处理。单击"插入"→"表格"→"表格"下拉按钮，在打开的下拉列表中选择"Excel 电子表格"命令，即可插入一张 Excel 电子表格。

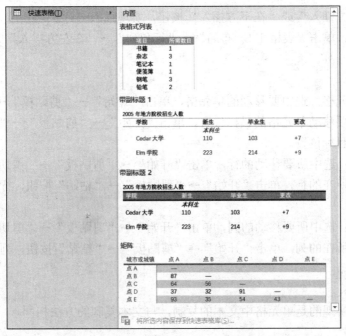

图 6-42　"快速表格"级联菜单中的表格样式

6.4.2　编排表格

1. 编辑表格

1）选择表格

为了对表格进行编辑操作，首先要选择编辑的表格部分。

（1）选择表格：将鼠标指针置于表格中的任意位置，表格的左上角会出现十字花标志，单击此标志，即可选中整个表格。

（2）选择单元格：将鼠标指针指向所要选中的单元格的左下角，鼠标指针变成斜向上的粗箭头，单击即可选中此单元格。

（3）选择行：将鼠标指针指向所要选择的行的左侧，鼠标指针变成斜向上的空心箭头，单击即可选中此行。

（4）选择列：将鼠标指针指向所要选择的列的上方，鼠标指针变成向下的粗箭头，单击即可选中此列。

2）插入表格

（1）插入单元格：将插入点移到表格中需要插入单元格的位置，单击"表格工具-布局"→"行和列"选项组右下角对话框启动器按钮，打开"插入单元格"对话框，如图 6-43 所示。

在该对话框中，选中"活动单元格右移"或"活动单元格下移"单选按钮，实现插入单元格；选中"整行插入"单选按钮，实现插入一行；选中"整列插入"单选按钮，实现插入一列。

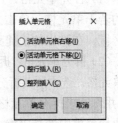

图 6-43　"插入单元格"对话框

（2）插入行：选中表格中要插入行的上方行或下方行，单击"表格工具-布局"→"行和列"→"在上方插入"或"在下方插入"按钮，实现插入一行。

（3）插入列：单击"表格工具-布局"→"行和列"→"在左方插入"或"在右方插入"按钮，实现插入一列。

3）移动

（1）移动单元格：选中要移动的单元格，单击"开始"→"剪贴板"→"剪切"按钮，将插入点移到所要移动单元格的目标位置，单击"开始"→"剪贴板"→"粘贴"按钮，单元格就被移动到目标位置。

（2）移动行：选中所要移动的行，单击"开始"→"剪贴板"→"剪切"按钮，将插入点移到目标位置所在的行，单击"开始"→"剪贴板"→"粘贴"按钮，行就被移动到目标位置的上一行。

（3）移动列：选中所要移动的列，单击"开始"→"剪贴板"→"剪切"按钮，将插入点移到目标位置所在的列，单击"开始"→"剪贴板"→"粘贴"按钮，列就被移动到目标位置的左侧一列。

4）复制表格

表格的复制实现的是单元格中文本的复制，与文本复制的方法相同。

5）删除表格

（1）删除单元格：选中所要删除的单元格，单击"表格工具-布局"→"行和列"→"删除"下拉按钮，在打开的下拉列表中选择"删除单元格"命令，打开"删除单元格"对话框，如图 6-44 所示。

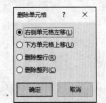

图 6-44　"删除单元格"对话框

在该对话框中，选中"右侧单元格左移"或"下方单元格上移"单选按钮，实现删除单元格；选中"删除整行"单选按钮，实现删除一行；选中"删除整列"单选按钮，实现删除一列。

（2）删除行：选中所要删除的一行或多行，单击"表格工具-布局"→"行和列"→"删除"下拉按钮，在打开的下拉列表中选择"删除行"命令，实现删除行的操作。

（3）删除列：选中所要删除的一列或多列，单击"表格工具-布局"→"行和列"→"删除"下拉按钮，在打开的下拉列表中选择"删除列"命令，实现删除列的操作。

（4）删除表格：将插入点移到表格中的任意位置，单击"表格工具-布局"→"行和列"→"删除"下拉按钮，在打开的下拉列表中选择"删除表格"命令，实现删除整个表格的操作。

6）合并和拆分

在制作表格过程中，有时需要把某些单元格合并或拆分。

（1）合并单元格：合并单元格是将某几个连续的单元格合并成一个单元格。选中需要合并的若干单元格，单击"表格工具-布局"→"合并"→"合并单元格"按钮，或者右击选中区域，在弹出的快捷菜单中选择"合并单元格"命令。

（2）拆分单元格：拆分单元格是将某一个单元格拆分成若干个单元格。选中所要拆分的单元格，单击"表格工具-布局"→"合并"→"拆分单元格"按钮，或者右击选中区域，在弹出的快捷菜单中选择"拆分单元格"命令，打开"拆分单元格"对话框，如图 6-45 所示。在该对话框中，输入单元格拆分的"列数"和"行数"，单击"确定"按钮。

图 6-45　"拆分单元格"对话框

2. 排版表格

1）设置表格的行高和列宽

一般情况下，单元格的行高和列宽由单元格中文本的字体大小和内容多少来自动调整，当然也可以设置特定单元格的行高和列宽。

（1）行高：选中需要设置行高的行，单击"表格工具-布局"→"表"→"属性"按钮，打开"表格属性"对话框，选择"行"选项卡，如图 6-46（a）所示。选中"指定高度"复选框，设置高度的值，单位默认是"厘米"。在"行高值是"下拉列表中选择"最小值"或"固定值"选项。

（2）列宽：选中需要设置列宽的列，单击"表格工具-布局"→"表"→"属性"按钮，打开"表格属性"对话框，选择"列"选项卡，如图 6-46（b）所示。选中"指定宽度"复选框，设置宽度的值，在"度量单位"下拉列表中选择"厘米"或"百分比"选项，单击"前一列"或"后一列"按钮，可以设置其他列的宽度。

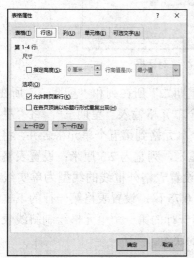
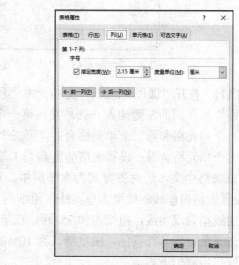

（a）"表格属性"对话框—"行"选项卡　　　　（b）"表格属性"对话框—"列"选项卡

图 6-46　"表格属性"对话框

2）设置表格的格式

（1）字体：为单元格中的文本设置字体，与普通文本一样。

（2）对齐方式：对单元格中的文本设置对齐方式。选中需要设置对齐方式的单元格，单击"表格工具-布局"选项卡"对齐方式"选项组中相应的对齐按钮，如图 6-47 所示。

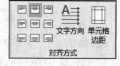

图 6-47　对齐方式

表格的对齐方式有 9 种，第一行为垂直向上 3 种方式，第二行为垂直居中 3 种方式，第三行为垂直向下 3 种方式。

（3）边框和底纹：为表格中的单元格设置边框和底纹。

方法 1：采用为文本设置边框和底纹的方法，选中需要设置边框和底纹的单元格，单击"开始"→"段落"→"边框"按钮，在打开的下拉列表中设置相应的框线和底纹。

方法 2：选中单元格，单击"表格工具-表设计"→"表格样式"→"边框"按钮。单击"表格工具-表设计"→"边框"→"笔样式"下拉按钮，在打开的下拉列表中为边框选择线型；单击"笔划粗细"下拉按钮，在打开的下拉列表中选择边框粗细；单击"笔颜色"下拉按钮，在打开的下拉列表中选择边框的颜色。

　　方法 3：单击"表格工具-表设计"选项卡"边框"选项组右下角对话框启动器按钮，打开"边框和底纹"对话框，如图 6-48 所示。利用该对话框中的"边框"和"底纹"选项卡，分别设置相应的边框和底纹。

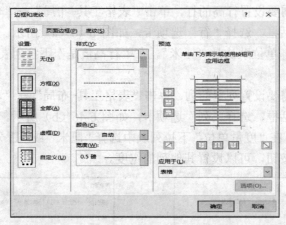

图 6-48　"边框和底纹"对话框

　　例 6.11　打开"课程表.docx"文档，将"星期二"所在列和"星期一"所在列互换；在"星期四"所在列的左侧插入一列，并在第一个单元格输入"星期三"；将"星期一"所在列的第一个单元格和第二个单元格合并，第三个单元格到第五个单元格合并，将第六个单元格和第七个单元格合并；设置表格的行高为 1 厘米，列宽为 2.3 厘米；设置表格的对齐方式为居中，表格中文本的对齐方式为水平居中。设置表格外框线的线型为单实线，粗细为1.5 磅；设置表格内框线的线型为单实线，粗细为 0.75 磅；设置表格第一行的下框线和第五行下框线的线型为双实线，粗细为 0.75 磅。在第一行的第一个单元格绘制斜线表头；将第一行的填充颜色设置为深蓝色，图案样式为 10%的底纹。

　　具体操作步骤如下。

　　① 打开"课程表.docx"文档。

　　② 选中"星期一"所在列，单击"开始"→"剪贴板"→"剪切"按钮，选中"星期二"所在列，单击"剪贴板"→"粘贴"下拉按钮，在打开的下拉列表中选择"插入为新列"命令。

　　③ 选中第四列，单击"表格工具-布局"→"行和列"→"在左侧插入"按钮，在新插入的列的第一个单元格中输入"星期三"。

　　④ 选中第一列的前两个单元格，单击"表格工具-布局"→"合并"→"合并单元格"按钮。后面两次合并单元格的操作相同。

　　⑤ 选中表格，单击"表格工具-布局"→"表"→"属性"按钮，打开"属性"对话框，在"行"选项卡中指定行高度为 1 厘米；切换到"列"选项卡，指定列宽度为 2.3 厘米；切换到"表格"选项卡，指定"对齐方式"为"居中"，单击"确定"按钮。

　　⑥ 选中表格，单击"表格工具-布局"→"对齐方式"→"水平居中"按钮。

　　⑦ 选中表格，单击"表格工具-表设计"→"边框"→"笔划粗细"下拉按钮，在打开的下拉列表中选择"1.5 磅"；单击"表格工具-表设计"→"边框"下拉按钮，在打开的下

拉列表中选择"外侧框线"选项。

⑧ 在"表格工具-表设计"→"边框"选项组中设置"笔划粗细"为"0.75 磅",在"边框"选项组中选择"边框"下拉列表中的"内部框线"命令。

⑨ 选中第一行,在"边框"选项组中选择"笔样式"下拉列表中的"双实线",选择"笔划粗细"下拉列表中的"0.75 磅",在"边框"下拉列表中选择"下框线"命令。

⑩ 类似地,设置"笔样式"为"双实线",单击"表格工具-布局"→"绘图"→"绘制表格"按钮,绘制第五行的下框线。

⑪ 将鼠标指针移到第一个单元格中,单击"表格工具-表设计"→"边框"→"边框"下拉按钮,在打开的下拉列表中选择"斜下框线"命令。

⑫ 选中第一行,在"边框"下拉列表中选择"边框和底纹"命令,打开"边框和底纹"对话框,在"底纹"选项卡中选择填充颜色为"标准色-深蓝色",图案样式选择"10%"。

⑬ 保存文档。

6.4.3　表格样式

Word 2016 为用户提供了 100 多种内置的表格样式,这些内置的表格样式提供了各种现成的表格边框和底纹设置,利用这个功能,可以快速为表格自动套用样式。

1. 套用表格样式

表格编辑后,利用表格样式功能,为其套用一款适合的样式。单击"表格工具-表设计"→"表格样式"→"其他"按钮,在打开的样式库中选择需要的外观样式,如图 6-49 所示。

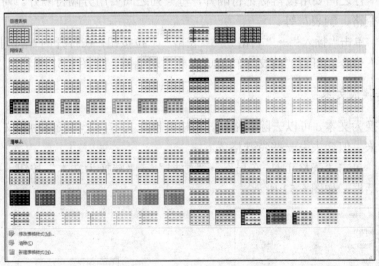

图 6-49　表格样式库

2. 修改表格样式

如果内嵌的表格样式不符合用户的需求,用户可以在原表格样式的基础上进行修改。单击"表格工具-表设计"→"表格样式"→"其他"下拉按钮,在打开的下拉列表中选择"新建表格样式"命令,打开"根据格式化创建新样式"对话框,如图 6-50 所示,用户在"属性"组中可以修改样式名称、样式类型等;在"格式"组中可以修改样式的字体、字号等。

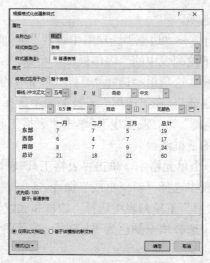

图 6-50　"根据格式化创建新样式"对话框

6.4.4　表格与文本转换

在 Word 2016 中，可以将文本转换为表格，也可以将表格转换为文本。

1. 文本转换成表格

具有一定格式的文本，可以转换成一个表格。在转换前，必须对要转换的文本进行格式化，文本的每一行之间要用段落标记符隔开，每一列之间要用分隔符隔开。列之间的分隔符可以是逗号、空格、制表符等。

选中文本，单击"插入"→"表格"→"表格"下拉按钮，在打开的下拉列表中选择"文本转换成表格"命令，打开"将文字转换成表格"对话框，如图 6-51 所示。

2. 表格转换成文本

将表格转换为文本，可以去除表格线。表格转换成文本，仅将表格中的文本内容按原来的顺序提取出来，但会失去一些特殊格式。

选中表格，单击"表格工具-布局"→"数据"→"转换为文本"按钮，打开"表格转换成文本"对话框，如图 6-52 所示。

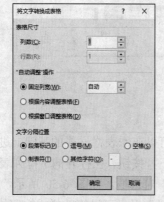
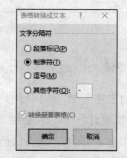

图 6-51　"将文字转换成表格"对话框　　图 6-52　"表格转换成文本"对话框

例 6.12 打开"文本转换表格.docx"文档，将文档中的文本内容转换为表格，再将表格中的内容转换为文本。

具体操作步骤如下。

① 打开"文本转换表格.docx"文档，选中所有文本，单击"插入"→"表格"→"表格"下拉按钮，在打开的下拉列表中选择"文本转换成表格"命令，打开"将文字转换成表格"对话框。

② 在"表格尺寸"组中设置"列数"为 2；在"文本分隔位置"组中选择空格作为分隔符号，单击"确定"按钮。

③ 选定表格，单击"表格工具-布局"→"数据"→"转换为文本"按钮，打开"表格转换成文本"对话框，选中"制表符"单选按钮，单击"确定"按钮。

3. 表格数据处理

1）计算

Word 提供了若干函数，这些函数能实现计算功能，如加、减、求和、求平均值等。单击"表格工具-布局"→"数据"→"公式"按钮，打开"公式"对话框，如图 6-53 所示。在"公式"文本框中显示所使用的函数，其中，SUM()是求和函数，LEFT 是所运算区域为当前单元格左侧的所有数字单元格。如果所运算的区域是上方、下方或是右侧的单元格，则分别用 ABOVE、BELOW 和 RIGHT 表示。在"编号格式"下拉列表中可以选择数据的格式。如果需要使用其他函数，可以在"粘贴函数"下拉列表中选择对应的函数。

2）排序

Word 提供了对数据进行排序的功能，排序又分为升序排序和降序排序。单击"表格工具-布局"→"数据"→"排序"按钮，打开"排序"对话框，如图 6-54 所示。在"主要关键字"下拉列表中选择排序的字段；在"类型"下拉列表中选择字段排序的类型，有笔划、数字、日期和拼音 4 种；排序方式包括升序和降序两种。

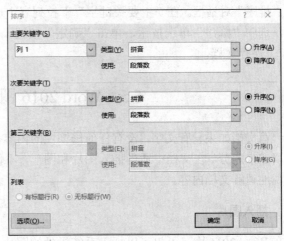

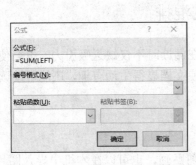

图 6-53　"公式"对话框　　　　　图 6-54　"排序"对话框

例 6.13 制作如图 6-55 所示的表格，命名为"学生成绩单.docx"文档，表格的标题字体为黑体，字号为小三，居中；表格中的文本设置字体为仿宋，字号为四号，水平居中对齐。用函数计算各科总分，并以总分为关键字对表格数据做降序排序。

学生成绩单				
学号	姓名	数学	语文	总分
001	张晓	85	90	
002	石雷	79	93	
003	方笑	73	84	
004	王冉	84	78	

图 6-55　学生成绩单

具体操作步骤如下。

① 打开 Word 2016 应用程序，选择"文件"→"保存"命令，打开"另存为"窗口，单击"浏览"按钮，打开"另存为"对话框，保存位置选择桌面，在"文件名"文本框中输入"学生成绩单"，单击"保存"按钮。

② 输入文本"学生成绩单"，选中文本，单击"开始"→"字体"→"字体"下拉按钮，在打开的下拉列表中选择"黑体"选项，在"字号"下拉列表中选择"小三"选项，单击"开始"→"段落"→"居中"按钮。

③ 按 Enter 键，单击"插入"→"表格"→"表格"下拉按钮，在打开的下拉列表中选择"插入表格"命令，打开"表格"对话框，在"列数"数值框中输入 5，在"行数"数值框中输入 5。

④ 选中表格，单击"开始"→"字体"→"字体"下拉按钮，在打开的下拉列表中选择"仿宋"，在"字号"下拉列表中选择"四号"；单击"表格工具-布局"→"对齐方式"→"水平居中"按钮。

⑤ 将插入点移到"总分"列的第二个单元格，单击"表格工具-布局"→"数据"→"公式"按钮，打开"公式"对话框，在"公式"文本框中输入"=SUM(LEFT)"，单击"确定"按钮。其他 3 个单元格操作相同。

⑥ 选择表格中的第二行～第五行，单击"表格工具-布局"→"数据"→"排序"按钮，打开"排序"对话框。在"主要关键字"下拉列表中选择"列 5"，"类型"默认选择"数字"选项，选中"降序"单选按钮，单击"确定"按钮。

⑦ 保存文档。

6.5　Word 2016 图文混排

一篇文档如果只有文字，没有任何修饰性的内容，在阅读时不仅缺乏吸引力，也会使读者阅读起来疲劳。在文档中适当插入图片和图形，不仅使文档显得生动有趣，还能帮助读者更直观地理解文档内容。

6.5.1　插入图片

在 Word 2016 中，不仅可以插入系统提供的图片、剪贴画，也可以在本机中导入图片，还可以利用屏幕截图功能直接从屏幕中截取画面。

1. 本机图片

在本机磁盘中可以选择要插入的图片，这些图片可以是位图文件，也可以是应用程序所创建的图片。单击"插入"→"插图"→"图片"按钮，打开"插入图片"对话框，选择图片位置并选中图片，单击"插入"按钮，即可插入图片。

2. 联机图片

Word 2016 网络提供了联机图片功能，图片内容丰富、设计精美、构思巧妙，能够表达不同的主题，满足用户制作各种文档的需求。单击"插入"→"插图"→"联机图片"按钮，打开"插入图片"对话框，在搜索框中输入关键字，单击"搜索"按钮，此时会显示搜索出来的图片，选择一张图片，单击"插入"按钮，即可插入该图片。

3. 屏幕截图

如果需要在 Word 文档中使用当前正在编辑的窗口或网页中的某个图片，可以使用 Word 2016 提供的屏幕截图功能来实现。单击"插入"→"插图"→"屏幕截图"按钮，此时处于截屏状态，拖动即可截取框选的图片区域。

6.5.2　图片格式化

1. 调整图片的大小

用户可以根据需要更改图片的大小。单击需要调整的图片，在"图片工具-图片格式"→"大小"→"高度"和"宽度"数值框中输入相应的值；或者单击"图片工具-图片格式"选项卡"大小"选项组右下角对话框启动器按钮，打开"布局"对话框，如图 6-56 所示。在"大小"选项卡中设置图片的高度、宽度、旋转角度及缩放比例等。

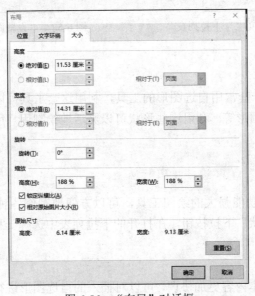

图 6-56　"布局"对话框

2. 美化图片

（1）设置图片的环绕方式。环绕方式是指图片与周围文字的位置关系。单击"图片工具-图片格式"→"排列"→"环绕文字"下拉按钮，在打开的下拉列表提供了 7 种环绕方式，如图 6-57 所示。

（2）设置图片样式。在"图片工具-图片格式"选项卡"图片样式"选项组中不仅提供了多种图片样式，还可以设置图片的边框、效果和版式。

（3）调整图片的亮度和对比度。单击"图片工具-图片格式"→"调整"→"更正"下拉按钮，在打开的下拉列表中选择所需样式，也可选择"图片更正选项"命令，打开"设置图片格式"任务窗格，如图 6-58 所示，在该任务窗格中进行相应的设置。

（4）裁剪图片。插入图片后，如果用户只需要图片的某一部分，则可以利用裁剪功能，对图片进行适当的裁剪。单击"图片工具-图片格式"→"大小"→"裁剪"下拉按钮，在打开的下拉列表中选择一种裁剪方式，即可按对应方式裁剪图片。

图 6-57　"环绕文字"下拉列表　　　　图 6-58　"设置图片格式"任务窗格

6.5.3　绘制图形

Word 2016 提供了一套常用自选图形的工具，利用这套工具可以创建各种类型的常用图形，如长方形、菱形和圆形等。利用这些形状可以灵活地绘制用户所需的图形，使图形达到更加满意的效果。

1. 绘制自选图形

使用 Word 提供的功能强大的绘图工具，可以方便地制作各种图形及标志。单击"插入"→"插图"→"形状"下拉按钮，在打开的下拉列表中选择一种图形，如图 6-59 所示。

2. 编辑自选图形

为使自选图形与文本内容更加协调，可以对插入的自选图形进行适当的编辑操作，如调整图形的大小和位置、设置图形的填充颜色和效果，或者调整形状的样式等。利用"绘图工具-形状格式"选项卡各选项组中的命令即可进行相应的设置。

6.5.4　文本框的使用

文本框是版面中的一个独立区域。文本框中的内容可以随意调整，形成与正文迥然不同的风格。在文本框中可以输入文本，也可以插入图片。文本框用来建立特殊的文本，并且可以进行一些特殊的处理，如设置边框、颜色、版式等。

1. 绘制文本框

Word 2016 插入的图片，无法直接在图片上添加文字、图片等对象，可以借助文本框实现。绘制文本框即手动绘制横排或者竖排文本框。将插入点移到插入文本框的起始位置，单击"插入"→"文本"→"文本框"下拉按钮，打开下拉列表，如图 6-60 所示。选择"绘制文本框"或"绘制竖排文本框"选项，按住鼠标左键向右下方拖动，即可插入一个文本框。

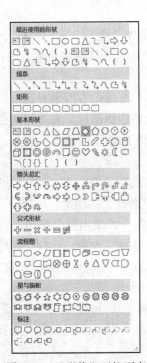

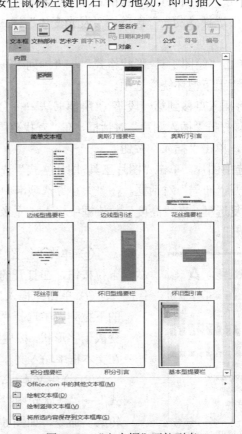

图 6-59　"形状"下拉列表　　　　图 6-60　"文本框"下拉列表

2. 插入内置文本框

Word 2016 提供了 40 多种内置文本框，包括简单的文本框、提要栏和引述栏等。利用内置文本框可以快速地制作一些美观的文档。将插入点移到插入文本框的起始位置，单击"插入"→"文本"→"文本框"下拉按钮，在打开的下拉列表中选择内置样式库中的文本框样式，即可将文本框快速插入文档的目标位置。

3. 编辑文本框

绘制文本框后，可以进行适当的编辑，使其更加美观。具体操作方法如下：在"绘图工具-形状格式"选项卡中的"形状样式"选项组、"排列"选项组、"大小"选项组中进行相应的功能操作。

▌例 6.14▐ 打开"书法的意蕴和旋律.docx"文档，将标题设置成艺术字，选择第 3 行第 5 列的样式，形状效果为"发光变体"样式中的第二种，环绕方式为上下型；在正文的开始位置，插入图片"书法"，设置图片的高度为 4 厘米、宽度为 8 厘米，环绕方式为四周型；在艺术字的右侧插入文本框，文本内容为"2017 年 9 月 10 日"，设置文本框无线条颜色。

具体操作步骤如下。

① 打开"书法的意蕴和旋律.docx"文档，选中"书法的意韵和旋律"文本，单击"插入"→"文本"→"艺术字"下拉按钮，打开"艺术字"下拉列表，选择第 3 行第 5 列的样式。

② 单击"绘图工具-形状格式"→"艺术字样式"→"文本效果"下拉按钮，在打开的下拉列表中选择"发光"选项中"发光变体"样式的第二种（红色，5pt 发光，强调文字颜色 2）。

③ 单击"绘图工具-形状格式"→"排列"→"自动换行"下拉按钮，在打开的下拉列表中选择"上下型环绕"选项。

④ 将插入点移到第一段落（"所谓书法……"）的行首，单击"插入"→"插图"→"图片"按钮，打开"插入图片"对话框，在"查找范围"下拉列表中选择图片的位置，选择"书法"图片，单击"插入"按钮。

⑤ 选中图片，单击"图片工具-图片格式"选项卡"大小"选项组右下角对话框启动器按钮，打开"布局"对话框。在"大小"选项卡中取消选中"锁定纵横比"和"相对原始图片大小"复选框，在"高度"数值框中输入 4 厘米，在"宽度"数值框中输入 8 厘米，单击"确定"按钮。

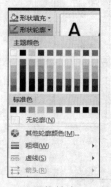

图 6-61 "形状轮廓"下拉列表

⑥ 单击"绘图工具-形状格式"→"排列"→"自动换行"下拉按钮，在打开的下拉列表中选择"四周型"环绕。

⑦ 单击"插入"→"文本"→"文本框"按钮，在打开的下拉列表中选择"绘制横排文本框"命令。此时，鼠标指针变成十字形状，按住鼠标左键向右下方拖动，绘制一个文本框，在文本框中输入文本"2017 年 9 月 10 日"。

⑧ 选中文本框，单击"绘图工具-形状格式"→"形状样式"→"形状轮廓"下拉按钮，在打开的下拉列表中选择"无轮廓"命令，如图 6-61 所示。

⑨ 保存文档。

▌例 6.15▐ 某地教育厅需要下发一份关于教育的红头文件，文件内容已经编辑完毕，现缺少红头文件的红头部分，本案例需要制作政府所需要的红头文件，并将其以模板形式保存，为以后制作红头文件提供方便。

（1）操作要求如下。

按照红头文件的 3 个部分，制作发文机关代字、发文年份和序号、间隔线；将文件制作为模板。

（2）具体操作步骤如下。

① 打开文档：打开"红头文件.docx"文档。

② 插入文本框：单击"插入"→"文本"→"文本框"按钮，在文档开始位置绘制一个文本框。

③ 输入文本：在文本框中输入"××省政府教育厅"。

④ 设置字体：将文本字体设置为宋体，字号为 48 磅，字体颜色为红色，字符间距为 2 磅。

⑤ 编辑文本框：选中文本框，单击"绘图工具-形状格式"→"形状样式"→"形状轮廓"下拉按钮，在打开的下拉列表中选择"无轮廓"命令。

⑥ 绘制直线：单击"插入"→"插图"→"形状"下拉按钮，在打开的下拉列表中选择"线条-形状直线"命令。在文本框下方绘制一条直线，长度大约为文档宽度的一半。

⑦ 美化直线：单击选中绘制的直线，单击"绘图工具-形状格式"→"形状样式"→"形状轮廓"下拉按钮，在打开的下拉列表中选择"标准色-红色"；选择"粗细"为 2.25。

⑧ 绘制五角星：单击"插入"→"插图"→"形状"下拉按钮，在打开的形状列表中选择"星与旗帜-五角星"选项。在直线右侧拖动绘制五角星。

⑨ 美化五角星：单击选中绘制的五角星图形，单击"绘图工具-形状格式"→"形状样式"→"形状轮廓"下拉按钮，在打开的下拉列表中选择"标准色-红色"；单击"绘图工具-形状格式"→"形状样式"→"形状填充"下拉按钮，在打开的下拉列表中选择"标准色-红色"。

⑩ 复制直线：单击选中绘制的直线图形，同时按住 Ctrl 键，拖动直线到五角星右侧。

⑪ 组合图形：选中两条直线和五角星图形，单击"绘图工具-形状格式"→"排序"→"组合"按钮。

⑫ 绘制文本框：在直线上方，再绘制一个文本框。

⑬ 输入文本：在文本框中，输入"教育厅法〔2022〕第 001 号"文本，设置字号为小四；设置文本框为"无轮廓"效果。

⑭ 插入域代码：删除第一个文本框中关于发文单位的文本，按 Ctrl+F9 组合键，插入一个对域代码的花括号{}，在花括号中输入"MacroButton NoMacro[单击此处输入发文单位]"。

⑮ 切换域代码：将插入点移到花括号内部，右击，在弹出的快捷菜单中选择"切换域代码"命令，此时，文本框内容变为"单击此处输入发文单位"。

⑯ 保存模板：选择"文件"→"另存为"命令，打开"另存为"窗口，单击"浏览"按钮，打开"另存为"对话框，在"文件类型"下拉列表中选择"word 模板（*.dotx）"，单击"保存"按钮。

（3）小结。

① 第一个文本框中的文本也可以在编辑区直接输入，但是文本的移动不如文本框自由。

② 文本框默认的轮廓颜色为"自动"色，在本案例中，应设置为无轮廓效果，用户视觉上只能看见文本框中的文本内容。

③ 如果绘制相同的图形，采用复制图形比较快捷，利用鼠标和 Ctrl 键配合实现复制更加高效。

④ 绘制多个图形时，应将其组合成为一个图形，便于移动。

⑤ 美化图形时，直线图形没有填充功能。

⑥ 在第二个文本框中，"〔〕"的输入，单击"插入"→"符号"→"符号"下拉按钮，在打开的下拉列表中选择"其他符号"命令，打开"符号"对话框，在"字体"下拉列表中选择"普通文本"，在"子集"下拉列表中选择"小写字体"，即可在符号列表框中找到这个符号。

⑦ 创建模板后，可以利用已经创建好的模板，创建对应的红头文件。

思考与练习

一、选择题

1. 打开"w1.docx"文档，将当前文档以"w2.docx"为名进行另存为操作，则_____。
   A. 当前文档是 w1.docx
   B. 当前文档是 w2.docx
   C. 当前文档是 w1.docx 和 w2.docx
   D. 这两个文档全部被关闭

2. 在 Word 2016 中，下列关于文档窗口的说法中，正确的是_____。
   A. 只能打开一个文档窗口
   B. 可以同时打开多个文档窗口，被打开的窗口都是活动窗口
   C. 可以同时打开多个文档窗口，但其中只有一个窗口是活动窗口
   D. 可以同时打开多个文档窗口，但在屏幕上只能看到一个文档窗口

3. 文档模板的扩展名是_____。
   A. .docx
   B. .dotx
   C. .txt
   D. .htm

4. 在拖动图形对象时，可以快速复制对象并进行移动的快捷键是_____。
   A. Ctrl
   B. Alt
   C. Shift
   D. Esc

5. 在 Word 2016 中，能够显示页眉和页脚的是_____。
   A. 阅读视图
   B. 页面视图
   C. 大纲视图
   D. Web 版式视图

6. 在 Word 表格中，单元格内输入的信息_____。
   A. 只能是文字
   B. 只能是文字或符号
   C. 只能是图像
   D. 文字、符号、图像均可

7. 在 Word 2016 的编辑状态下，使插入点快速移到文档尾部的组合键是_____。
   A. Alt+End
   B. Ctrl+End
   C. Caps Lock
   D. Shift+End

8. 以下操作中，"段落"对话框中不能完成的是_____。
   A. 改变行与行之间的间距
   B. 改变段与段之间的间距
   C. 改变段落文字的颜色
   D. 改变段落文字的对齐方式

二、操作题

1. 制作求职信。

任务：根据就业市场调研，假定你是一名大学计算机专业四年级学生，你通过招聘网站看到一家企业的招聘信息，想制作一份求职信。

操作要求：文本内容自己拟定，文本格式符合我国书信和书写习惯。

2. 编排年度报告。

任务：某政府部门工作人员，需要制作一份年度报告，总结一年的工作情况，并上交材料存档，对这份文档进行合理的排版。

操作要求：

① 页面设置：纸张大小为 B5，上、下页边距为 3 厘米，左、右页边距为 2 厘米；页眉距顶端 1.5 厘米，指定每页 39 行。

② 页面边框：阴影型。

③ 水印：文字为"政府年度工作报告"，颜色为黄色。

④ 首字下沉：正文第一段首字下沉 2 行，楷体，距正文 1 厘米。

⑤ 插入超链接：为第二段的红色文本插入超链接，内容为"http://www.gov.cn"。

⑥ 封面：插入一个主题封面。

3. 编排家长会通知单。

任务：某中学期末考试结束，即将召开家长会，制作一份家长会通知单，告知家长并附上学生的成绩。

操作要求：打开"家长会通知单.docx"文档，进行以下操作。

① 插入域：利用数据源"一年六班成绩单.xlsx"，插入学生姓名、学号、各科成绩和总成绩。

② 编辑域：设置语文、数学、英语和总成绩保留 2 位小数（标签）。

③ 规则：总成绩大于等于 180 分评定为及格，否则不及格。

④ 编辑收件人：学号为 D1～D10 的学生家长。

⑤ 保存文档：将新生成的通知文档命名为"家长会正式通知单.docx"。

4. 编排国学宣传文档。

任务：吴明是一名在校大学生，学校举办了"弘扬中国文化，从我做起"的文化活动，鼓励大家积极参与，上交各种作品，故他想制作一个 Word 文档。

操作要求：

① 艺术型：艺术字边框为最后一种；艺术字样式为最后一种，内容为"这些字你能写对吗？"；艺术字的字号为一号；艺术字文字方向为垂直；艺术字位置为顶端居右，四周型文字环绕；艺术字填充颜色为白色。

② 页面背景：页面颜色为绿色。

③ 尾注：第二段"谢广明"加尾注；尾注内容为"谢广明：中华诗词学会会员"。

④ 分栏：将前三段分两栏，1 栏宽度为 20 字符，栏间距为 3 字符。

⑤ 底纹：为最后一段文本添加底纹，图案样式为 20%，图案颜色为浅绿。

⑥ 图片：插入"汉字.jpg"图片；自动换行为穿越型环绕；大小为宽 4 厘米、高 4 厘米；效果为右上对角透视。

5. 绘制流程图。

任务：张晓是一名网站开发人员，目前正在开发教育网站，网站的一个重要功能是新会员的注册。张晓需要利用流程图来描绘会员注册的过程，以供开发人员开发。

操作要求：根据提供的效果图，绘制会员注册流程图，如图 6-62 所示。

6. 文章排版。

任务：张老师是某高校的一名教师，最近写了一篇关于本专业的文章，并将其投到某学术期刊，期刊的编辑要求张老师按照给定的排版要求对其文章进行排版。

操作要求：

① 页面设置：纸张大小设置为 A4，上、下页边距分别为 3.5 厘米和 2.2 厘米；左、右页边距均为 2.5 厘米。页面指定行网格，每页 42 行，页脚距页边距为 1.4 厘米。

② 段落：文章的标题、作者、作者单位的中英文部分均设置为居中对齐，非正文的其余部分均设置为两端对齐。

③ 页脚：在页脚位置插入页码，页码居中对齐。

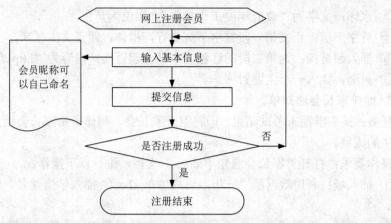

图 6-62　会员注册流程图

④ 字体设置：文章编号设置字体为黑体，字号为小五；文章的标题设置大纲级别为 1 级、样式为标题 1，设置中文字体为黑体、英文字体为 Times New Roman，字号均为三号；作者姓名设置字号为小四，设置中文字体为仿宋，西文字体为 Times New Roman。作者单位、摘要、关键字、中图分类号等中英文文本设置字号为小五、中文字体为宋体，西文字体为 Times New Roman，其中，摘要、关键字、中图分类号等中英文文本的第一个词（冒号前面的部分）设置字体为黑体。

⑤ 为作者姓名后面和作者单位前面添加数字（含中文、英文两部分）。

⑥ 分栏和交叉引用：从正文开始到参考文献列表，页面布局分为对称 2 栏。正文（不含图、表、独立成行的公式）设置字号为五号，中文字体为宋体，西文字体为 Times New Roman，首行缩进为 2 字符，行距为单倍行距；表注和图注设置字号为小五，表注中文字体为黑体，图注中文字体为宋体，西文字体均为 Times New Roman，设置对齐方式为居中；参考文献列表字号为小五，中文字体为宋体，西文字体为 Times New Roman，设置项目编号，编号格式为"[序号]"。

⑦ 大纲和样式：文章中紫色字体文本为论文的第一级标题，大纲级别 2 级，样式为标题 2，多级项目编号格式为"1、2、3、…"，字体为黑体、颜色为黑色、字号为四号，段落行距为最小值 30 磅；文章中蓝色字体文本为论文的第二级标题，大纲级别 3 级，样式为标题 3，对应的多级项目编号格式为"2.1、2.2、…、3.1、3.2、…"，字体为黑体、颜色为黑色、字号为五号，段落行距为最小值 18 磅，段前、段后间距为 3 磅（其中参考文献无多级编号）。

第 7 章
电子表格软件 Excel 2016

7.1 Excel 2016 概述

Excel 是 Office 组件中的一个集电子表格、图表、数据库管理于一体，支持文本和图形编辑的通用电子表格软件，具有功能丰富、用户界面良好等特点。用户可以利用 Excel 进行库存管理，建立财政开支与收入状况表，以及建立复杂的会计账目等。

7.1.1 Excel 2016 窗口

启动 Excel 2016 后，打开如图 7-1 所示的 Excel 2016 窗口。Excel 窗口主要由快速访问工具栏、功能区、名称框、编辑栏、工作区等组成。

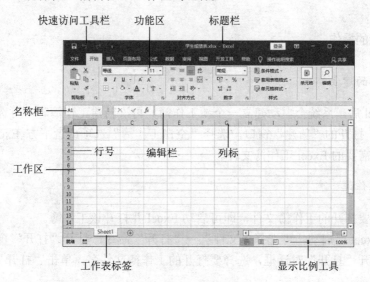

图 7-1　Excel 2016 窗口

7.1.2 Excel 2016 中的基本概念

1. 工作簿

新建一个 Excel 文件即为一个工作簿，其默认扩展名为.xlsx。

2. 工作表

默认工作簿内有一张工作表，名称为 Sheet1。

3. 单元格

工作表中每一行、列交叉处即为一个单元格，工作表区的顶部为列标，用 A～Z、AA～AZ、BA～BZ……XFD 表示，共 16384 列；左侧为行号，用数字 1～1048576 表示，即 Excel 的一个工作表最多可有 16384×1048576 个单元格。每个单元格由所在列标和行号来表示，以指明单元格在工作表中所处的位置，如 A2 单元格，表示位于表中 A 列第 2 行的单元格。

4. 活动单元格

单击某个单元格时，该单元格被加粗变绿，此单元格称为活动单元格，当前工作表中有且仅有一个活动单元格。活动单元格的右下角有一个绿色小方块，称为填充柄。

5. 区域

由连续的单元格组成的矩形区域称为单元格区域，简称区域。区域可以是工作表中的一行、一列或多行和多列的组合。例如，将左上角单元格为 A1，右下角单元格为 F6 的一个区域表示为 A1:F6。

7.2　Excel 2016 的基本操作

7.2.1　工作簿的操作

1. 工作簿的建立

启动 Excel 后，系统会自动建立一个新工作簿。再次新建工作簿时，可选择"文件"→"新建"命令，打开的"新建"窗口，选择"空白工作簿"选项或者下方 Excel 中自带的模板类型，创建需要的 Excel 工作簿文件。

2. 打开工作簿

（1）双击要打开的工作簿文件，即可启动 Excel 并打开该工作簿。

（2）若 Excel 已启动，可选择"文件"→"打开"命令，打开"打开"窗口，单击"浏览"按钮，打开"打开"对话框，选择要打开的工作簿文件名，单击"打开"按钮。

3. 保存工作簿

1）保存工作簿

① 选择"文件"→"保存"命令，可保存正在编辑的文件。

② 单击快速访问工具栏中的"保存"按钮。

③ 按 Ctrl+S 组合键，保存当前正在编辑的文件。

2）另存为工作簿

选择"文件"→"另存为"命令，打开"另存为"窗口，单击"浏览"按钮，打开"另存为"对话框，选择保存位置，输入文件名称，单击"保存"按钮。

4. 关闭工作簿

关闭工作簿常用的方法是选择"文件"→"退出"命令，或者直接单击"关闭"按钮。

例 7.1　创建一个工作簿，命名为"学生成绩表"，将其另存为"全体学生成绩表"，如图 7-2 所示。

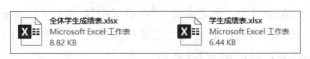

图 7-2　创建工作表示例

具体操作步骤如下。

① 在桌面空白处右击，在弹出的快捷菜单中选择"新建"→"Microsoft Excel 工作表"命令，即可在桌面上创建一个工作簿。

② 右击新创建的工作簿文件，在弹出的快捷菜单中选择"重命名"命令，将其名称改为"学生成绩表"。

③ 双击，打开刚建立的"学生成绩表"工作簿文件，选择"文件"→"另存为"命令，打开"另存为"窗口，单击"浏览"按钮，打开"另存为"对话框，选择保存位置，设置文件名为"全体学生成绩表"，单击"保存"按钮，然后将工作簿关闭。

7.2.2　工作表的操作

1. 切换工作表

单击工作表标签，可在不同的工作表之间进行切换。

2. 选择工作表

选择单个工作表：单击工作表标签即选择该工作表。

选择两个或多个相邻的工作表：先单击该组第一个工作表标签，然后按 Shift 键，单击该组中最后一个工作表标签。

选择两个或多个不相邻的工作表：先单击第一个工作表标签，然后按 Ctrl 键，单击其他工作表标签。

3. 重命名工作表

双击要重命名的工作表标签，或右击选择的工作表标签，在弹出的快捷菜单中选择"重命名"命令，当前名称即被选择，输入一个新名称，按 Enter 键，工作表重命名完成。

4. 增加工作表

右击某个工作表标签，在弹出的快捷菜单中选择"插入"命令，可在选择的工作表前插入一个新的工作表。或者单击"新工作表"按钮，可在所有工作表的末端增加一个新的工作表。

5. 删除工作表

右击需要删除的工作表，在弹出的快捷菜单中选择"删除"命令。

6. 移动工作表

选择要移动的工作表，然后按住鼠标左键并拖动，在拖动的过程中有一个黑三角随之移动，黑三角的位置即工作表要移动到的新位置。

▍例 7.2▍ 打开"学生成绩表"工作簿，将 Sheet1 工作表重命名为"数学成绩"；然后添加两个新的工作表，分别命名为"语文成绩""英语成绩"，再在"语文成绩"和"英语成绩"工作表之间插入一个新的工作表，命名为"计算机成绩"；最后将"计算机成绩"工作表移动到"英语成绩"工作表之后，如图 7-3 所示。

(a) 操作前　　　　　　　　　　(b) 操作后

图 7-3　操作工作表示例

具体操作步骤如下。

① 打开"学生成绩表"工作簿文件，双击 Sheet1 工作表标签，修改名称为"数学成绩"。单击两次"新工作表"按钮，采用同样的方法将其重命名为"语文成绩""英语成绩"。

② 右击"英语成绩"工作表标签，在弹出的快捷菜单中选择"插入"命令，打开"插入"对话框，在"常用"选项卡下选择"工作表"选项，单击"确定"按钮，然后将新工作表命名为"计算机成绩"。

③ 选择"计算机成绩"工作表，按住鼠标左键并将其拖动到"英语成绩"工作表的右侧。

④ 保存工作簿，然后退出 Excel。

7.2.3　单元格及单元格区域的选择

1. 选择单元格

单击单元格或者使用方向键移动到欲选择的单元格，即可选择该单元格。

2. 选择相邻的单元格区域

按住鼠标左键并拖过欲选择的区域，即可选择整个单元格区域。

3. 选择不相邻的单元格区域

按 Ctrl 键单击所需单元格，即可选择不相邻的单元格区域，如图 7-4 所示。

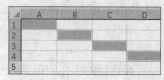

4. 选择整行、整列

单击某一行号或某一列标，即可选择该行或该列。

5. 选择整个工作表

图 7-4　选择不相邻的单元格

单击第 1 行左上方或第 A 列下方的空白按钮，或者按 Ctrl+A 组合键，即可选中整个工作表。

7.2.4　数据的输入

1. 输入常量

1）输入文本

文本通常包含汉字、英文字母、数字、空格符及其他从键盘能输入的符号。一般情况下，文本默认为水平方向左对齐，垂直方向靠下对齐。

2）输入数值

输入数值时，Excel 会自动将它在单元格中右对齐。伴随着输入操作，该数值会同时出现在活动单元格和编辑栏中。当输入的数据长度超出单元格宽度时，Excel 会自动以科学记数法表示。例如，若输入 123456789123456789，则表示为 1.235E+17，E 表示科学记数法，其前面为基数、后面为 10 的指数。

3）输入日期

输入日期时一般用"-"或"/"分割日期的年、月、日。

2. 自动填充数据

在相邻的单元格输入相同的数或具有某种规律的数据时可以利用自动填充功能实现。

1）输入相同的数据

输入相同的数据相当于复制数据。选择其中一个单元格，直接按住鼠标左键向水平或垂直方向拖动填充柄，即可输入相同的数据。

2）填充序列数据

如果要输入的数据具有某种规律，如等差数列、等比数列，则可以单击"开始"→"编辑"→"填充"下拉按钮，在打开的下拉列表中选择"序列"命令，打开"序列"对话框，选择有关序列选项。对于等差数列的填充，还可以先输入等差数列的初始两项，然后选择这两项的单元格，将鼠标指针指向右下方的填充柄并按住鼠标左键向下拖动，系统会根据两个单元格的等差关系，在拖动到的单元格内依次填充有规律的数据。

┃例 7.3┃　在 A1～A6 单元格分别输入数字 2、4、6、8、10、12。

具体操作步骤如下。

① 在 A1 和 A2 单元格中分别输入前两个数据 2 和 4。

② 利用鼠标拖动选择 A1、A2 两个单元格。

③ 将鼠标指针指向 A2 单元格右下角的填充柄处，这时鼠标指针变成十字形状。

④ 按住鼠标左键并拖动填充柄到 A6 单元格，这时 A3～A6 单元格就分别填充了数据 6、8、10、12，如图 7-5 所示。

利用鼠标拖动方式可以填充等差数列。如果要填充等比数列，则需使用填充命令。

┃例 7.4┃　在 B1～B6 单元格中分别输入数字 1、3、9、27、81、243。

具体操作步骤如下。

① 在 B1 单元格输入数据 1。

② 按住鼠标左键，选择 B1～B6 共 6 个单元格。

③ 单击"开始"→"编辑"→"填充"下拉按钮，在打开的下拉列表中选择"序列"命令，打开"序列"对话框，如图 7-6 所示。

图 7-5　等差数列　　　　　　　　图 7-6　"序列"对话框

④ 选择"等比序列"单选按钮，在"步长值"文本框中输入"3"。

⑤ 单击"确定"按钮，完成等比序列的填充。

3）使用自定义序列

用户可以通过自定义序列添加系统中没有的序列。

例 7.5　自定义填充序列，序列中的各个填充序列项依次为"第一名""第二名""第三名""第四名""第五名""第六名"。

具体操作步骤如下。

① 选择"文件"→"选项"命令，打开"Excel 选项"对话框，在"高级"选项卡下单击"常规"→"编辑自定义列表"按钮，打开"自定义序列"对话框。

② 在右侧"输入序列"列表框中分别输入"第一名""第二名""第三名""第四名""第五名""第六名"，注意每输入一项需要按 Enter 键换行，即每个填充序列项占一行（图 7-7），或者各个填充序列项之间用英文标点逗号","分隔，如图 7-8 所示。

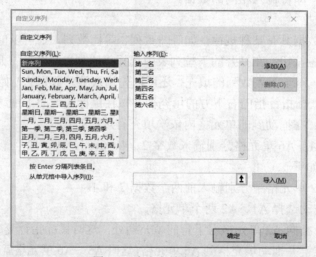

图 7-7　自定义填充序列 1

③ 各填充序列项输入完成后，单击"添加"按钮，该序列即添加到"自定义序列"列表框中，如图 7-9 所示。

④ 单击"确定"按钮，关闭对话框，这时新序列就可以用来填充了。

4）记忆式输入填充

可利用记忆式输入功能，在工作表中输入一列完全相同或部分相同的数据。当在单元格中输入第一个字符或前几个字符（或汉字）时，Excel 会与该列已输入的数据项进行比较，找出相符的数据项，自动填充其余的部分。如果输入的数据项与给出的数据项相同，那么按

Enter 键即可完成输入，否则可以继续输入其他字符。

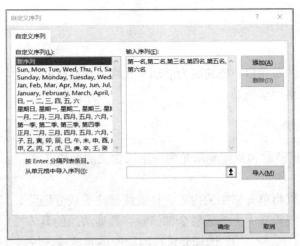

图 7-8　自定义填充序列 2

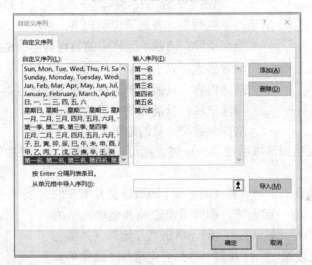

图 7-9　自定义序列添加到"自定义序列"列表框

3. 数据的有效性

为单元格设置数据的有效性，可以防止输入不满足条件的数据。

|例 7.6| 设置 B3 单元格只能输入大于 5 小于 10 的整数。

具体操作步骤如下。

① 选择 B3 单元格，单击"数据"→"数据工具"→"数据验证"下拉按钮，在打开的下拉列表中选择"数据验证"命令，打开"数据验证"对话框，如图 7-10 所示。

② 依据题目要求分别填写有效性条件。

③ 单击"确定"按钮。

设置完毕后，向 B3 单元格里输入 15，查看结果如何。

图 7-10　"数据验证"对话框

7.2.5　数据编辑

1. 数据修改

单击要进行编辑的单元格，使其成为活动单元格，然后在编辑栏中编辑数据；或者双击单元格，直接在单元格中编辑数据。

2. 数据清除和删除

在 Excel 中，数据清除和数据删除是两种不同含义的操作。

1）数据清除

数据清除是指可以将单元格中的内容、格式或批注等成分删除，但不影响单元格本身。因此清除单元格可以清除其中之一或者全部清除。数据清除的具体操作步骤如下。

① 选择要进行清除的单元格或区域。

② 单击"开始"→"编辑"→"清除"下拉按钮，打开如图 7-11 所示的下拉列表，各选项说明如下。

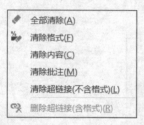

图 7-11　"清除"下拉列表

全部清除：清除单元格中的数据内容、格式、批注、超链接。

清除格式：只清除单元格的格式。

清除内容：只清除单元格中的数据内容。

清除批注：只清除单元格的批注。

清除超链接：只清除单元格的超链接。

如果在选择单元格或区域后按 Delete 键，则可以直接清除单元格中的内容。

2）数据删除

数据删除是指将选择的单元格（或区域）的数据及其所在的单元格（或区域）位置一起删除，删除后将影响其他单元格的位置。选择要删除的单元格（或区域），单击"开始"→"单元格"→"删除"下拉按钮，在打开的下拉列表中选择"删除单元格"命令（或右击，在弹出的快捷菜单中选择"删除"命令），打开"删除文档"对话框，如图 7-12 所示。

图 7-12　"删除文档"对话框

在该对话框中可以选择删除后相邻单元格的移动方式，以填充被删除的单元格留下的空缺。

3. 单元格数据的粘贴

图 7-13　"粘贴"下拉列表

一个单元格含有多种特性，如内容、格式、批注等，如果是公式，还含有有效性规则等。复制单元格数据时，若只需复制其部分特性，则可以单击"开始"→"剪贴板"→"粘贴"下拉按钮，在打开的下拉列表（图 7-13）中按照要求选择所复制的内容。

如果在复制的同时还要进行算术运算、行列转置等操作，则可通过选择性粘贴功能来实现。在图 7-13 中选择"选择性粘贴"命令，打开"选择性粘贴"对话框，如图 7-14 所示，然后按要求进行复制。

4. 单元格、行、列的插入和删除

单击"开始"→"单元格"→"插入"下拉按钮，打开如图 7-15 所示的下拉列表，选择相应的操作命令。

1）插入单元格

选择"插入单元格"命令，打开"插入"对话框，选择插入方式，如图 7-16 所示。

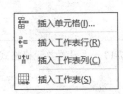

图 7-14　"选择性粘贴"对话框　　图 7-15　"插入"下拉列表　　图 7-16　"插入"对话框

2）插入行、列

（1）选择要插入新行或新列的单元格。

（2）在"插入"下拉列表中选择"插入工作表行"或"插入工作表列"命令，即可完成行或列的插入。

3）删除行、列

要删除行或列，可以使用以下两种方法。

（1）右击行号或列标，在弹出的快捷菜单中选择"删除"命令。

（2）单击某行的行号或某列的列标，单击"开始"→"单元格"→"删除"下拉按钮，在打开的下拉列表中选择"删除工作表行"或"删除工作表列"命令。

7.2.6　格式化工作表

建立和编辑工作表后，就可以对工作表中各单元格的数据进行格式化设置，以使工作表的外观更合理、排列更整齐、重点更突出。

1. 设置单元格格式

除了可以直接在"开始"选项卡中对"字体""对齐方式""数字"等格式进行设置外，还可以在"设置单元格格式"对话框中设置单元格的格式。

打开"设置单元格格式"对话框有以下两种方法。

（1）在"开始"选项卡的"字体"、"对齐方式"或"数字"选项组中单击对话框启动器按钮。

（2）选择需要设置格式的单元格区域并右击，在弹出的快捷菜单中选择"设置单元格格式"命令，打开"设置单元格格式"对话框，可以设置单元格数据类型、单元格内数据的对齐方式、单元格内的字体等，如图 7-17 所示。

图 7-17　"设置单元格格式"对话框

2. 单元格的合并与取消

1）合并单元格

选择需要合并的区域，右击，在弹出的快捷菜单中选择"设置单元格格式"命令，打开"设置单元格格式"对话框，在"对齐"选项卡"文本控制"组中选择"合并单元格"复选框；或者单击"开始"→"对齐方式"→"合并后居中"下拉按钮，在打开的下拉列表中选择合并方式。如果需要合并的区域有数据，则只保留所选区域内左上角的值。

2）取消单元格合并

选择已合并的单元格，右击，在弹出的快捷菜单中选择"设置单元格格式"命令，打开"设置单元格格式"对话框，在"对齐"选项卡"文本控制"组中取消选中"合并单元格"复选框；或者单击"开始"→"对齐方式"→"合并后居中"下拉按钮，在打开的下拉列表中选择"取消单元格合并"命令。如果选择的区域有数据，则数据将保存在取消后左上角的单元格中。

3. 调整列宽与行高

1）使用对话框调整方式

单击"开始"→"单元格"→"格式"按钮，打开如图 7-18 所示的下拉列表。选择"行高"或"列宽"命令，打开"行高"或"列宽"对话框，如图 7-19 所示。在该对话框中，可直接对单元格进行设置。

2）使用鼠标调整方式

如果要调整列宽，可将鼠标指针指向要调整宽度的列的右边框，此时鼠标指针变成✛形状。按住鼠标左键并拖动就可以改变列宽，随着鼠标指针的移动，有一条虚线指示释放鼠标左键时列的右框线的位置，并且鼠标指针的右上角也会显示此时的列宽，如图 7-20所示。

调整行高的方法与此类似。

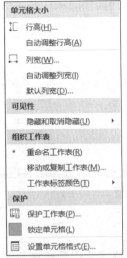

图 7-18　“格式”下拉列表

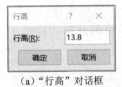

（a）“行高”对话框　（b）“列宽”对话框

图 7-19　调整行高与列宽

	A	B	C	D	E	F	G	H
1	学号	姓名	专业	性别	计算机	外语	语文	
2	20160101	李响	计算机	男	88	65	52	
3	20160102	赵阳	计算机	男	85	76	72	
4	20160103	王小红	计算机	女	78	84	68	
5	20160201	刘大江	数学	男	65	59	82	
6	20160202	姚远	数学	女	86	61	72	
7	20160301	高瑜	物理	女	75	68	66	
8	20160302	周立冬	物理	男	56	72	59	
9	20160303	李玉东	物理	男	65	85	73	
10	20160401	王大宝	历史	男	72	93	86	
11	20160402	钱一凡	历史	男	61	64	64	
12								

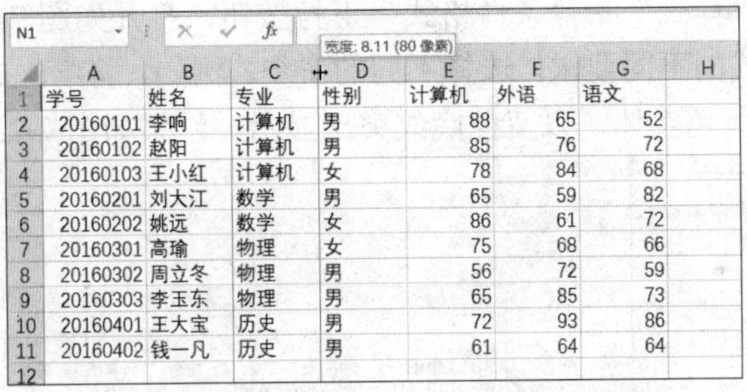

图 7-20　使用鼠标调整单元格列宽

3）调整最适合的列宽与行高

如果要调整为最适合的列宽，可将鼠标指针指向要调整宽度的列的列标右边框，此时鼠标指针变成✛形状，如图 7-21（a）所示，双击，列宽就会自动调整到合适的宽度，如图 7-21（b）所示。

同理，在一行单元格的行号处双击该行的下框线，该行就会按照单元格的内容自动调整到最适合的行高。

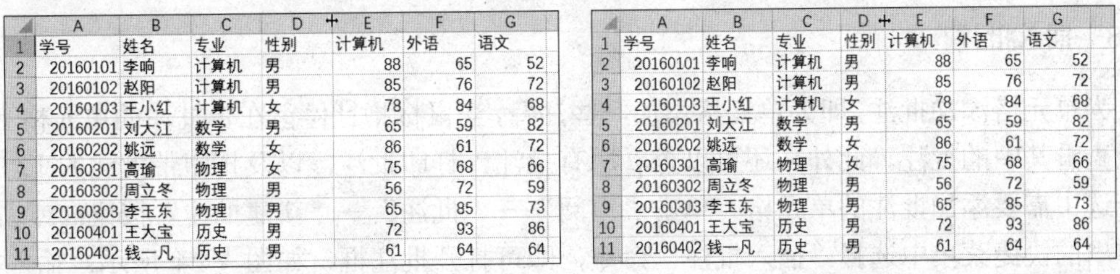

	A	B	C	D	E	F	G
1	学号	姓名	专业	性别	计算机	外语	语文
2	20160101	李响	计算机	男	88	65	52
3	20160102	赵阳	计算机	男	85	76	72
4	20160103	王小红	计算机	女	78	84	68
5	20160201	刘大江	数学	男	65	59	82
6	20160202	姚远	数学	女	86	61	72
7	20160301	高瑜	物理	女	75	68	66
8	20160302	周立冬	物理	男	56	72	59
9	20160303	李玉东	物理	男	65	85	73
10	20160401	王大宝	历史	男	72	93	86
11	20160402	钱一凡	历史	男	61	64	64

（a）调整前的列宽

	A	B	C	D	E	F	G
1	学号	姓名	专业	性别	计算机	外语	语文
2	20160101	李响	计算机	男	88	65	52
3	20160102	赵阳	计算机	男	85	76	72
4	20160103	王小红	计算机	女	78	84	68
5	20160201	刘大江	数学	男	65	59	82
6	20160202	姚远	数学	女	86	61	72
7	20160301	高瑜	物理	女	75	68	66
8	20160302	周立冬	物理	男	56	72	59
9	20160303	李玉东	物理	男	65	85	73
10	20160401	王大宝	历史	男	72	93	86
11	20160402	钱一凡	历史	男	61	64	64

（b）调整后的列宽

图 7-21　调整适合的列宽

4. 隐藏行或列

选择需要隐藏或显示的工作表的行或列，单击“开始”→“单元格”→“格式”下拉按钮,在打开的下拉列表中选择"隐藏和取消隐藏"命令;或者选择需要隐藏或显示的工作表的行或列,右击,在弹出的快捷菜单中选择"隐藏"或"取消隐藏"命令。

5. 套用表格格式

套用表格格式是指一整套可以迅速应用于某一数据区域的内置格式和设置的集合,包括字体大小、图案和对齐方式等设置信息。

自动套用表格格式的具体操作步骤如下。

① 选择需要应用套用表格格式的单元格区域。

② 单击"开始"→"样式"→"套用表格格式"下拉按钮,打开内置套用表格格式库。

③ 根据需要选择一种格式,即可将此样式应用于选择的区域。

7.2.7 条件格式

条件格式是指根据指定的公式或数值确定搜索条件,然后将格式应用到选择范围内符合搜索条件的单元格,并突出显示要检查的动态数据。

单击"开始"→"样式"→"条件格式"下拉按钮,打开如图 7-22 所示的下拉列表。

可以根据设置格式的不同要求,选择不同的命令。例如,将学生成绩表中各科成绩小于60 分的单元格设置为黄色字体,以蓝色底纹突出显示,结果如图 7-23 所示。

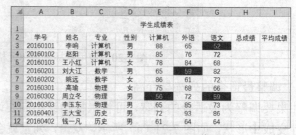

图 7-22 "条件格式"下拉列表　　　图 7-23　条件格式设置示例

对已设置的条件格式,可以利用"条件格式"下拉列表中的"清除规则"命令对格式进行删除。

7.2.8 插入批注

为单元格添加批注,即为单元格添加一些注释,当鼠标指针停留在带批注的单元格上时,可以查看其中的批注。此外,还可以查看所有批注、打印批注,以及打印带批注的工作表。

选中需要添加批注的单元格,单击"审阅"→"批注"→"新建批注"按钮;或右击,在弹出的快捷菜单中选择"插入批注"命令,即可打开批注框,如图 7-24 所示。输入批注文本后,单击批注框外部的工作表区域,完成批注的插入。

如果要对批注进行修改,可选择批注所在的单元格,在"审阅"选项卡"批注"选项组中进行相应设置。

要打印批注,就必须打印包含该批注的工作表。打印位置可以与它出现在工作表中的位置相同,也可以在工作表末尾的列表中。选中工作表,单击"页面布局"→"页面设置"

选项组右下角对话框启动器按钮，打开"页面设置"对话框，切换至"工作表"选项卡，如图 7-25 所示。

图 7-24　插入批注

图 7-25　设置打印批注

如果要在工作表的底部打印批注，则可以在"注释"下拉列表中选择"工作表末尾"选项。如果要在工作表中出现批注的原位置打印批注，则在"批注"下拉列表中选择"如同工作表中的显示"选项。

7.3　公式和常用函数的使用

在大型数据报表中，计算统计工作是不可避免的，Excel 的强大功能正体现在计算上。通过在单元格中输入公式和函数，可以对表中数据进行总计、平均值、汇总及其他更复杂的运算，从而避免用户手工计算的烦琐和错误。修改数据后，公式的计算结果也会自动更新，这更是手工计算无法实现的。

7.3.1　公式的输入

在 Excel 工作表中，可以在编辑栏中输入公式，也可以在单元格中输入公式。

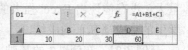

公式和函数的
使用

1. 公式形式

输入的公式形式为"=表达式"。图 7-26 所示为输入求和公式示例。

表达式由运算符、常量、单元格地址、函数及括号等组成，不能包括空格。例如，"=A1*D2+100""=SUM(A1:D1)/C2"是正确的公式形式，而"A1+A2+A3"是错误的，因为前面缺少"="。其中，单元格地址可以用鼠标选取，也可以自行填写。

图 7-26　输入求和公式示例

2. 运算符

Excel 公式中可以使用算术运算符、连接运算符、关系运算符、引用运算符，具体如

表 7-1 所示。本级别运算符的运算次序为从左到右，优先级相同的情况下若想更改次序，可使用圆括号()。

表 7-1 Excel 中的运算符及其表示形式

运算符名称	表示形式
算术运算符	+（加）、-（减）、*（乘）、/（除）、%（百分比）、^（指数）
连接运算符	&，可以将两个文本连接起来，其操作对象可以是带引号的文字，也可以是单元格地址
关系运算符	=（等于）、>（大于）、<（小于）、>=（大于或等于）、<=（小于或等于）、<>（不等于），比较运算的结果为逻辑值 TRUE 或 FALSE
引用运算符	$，引用单元格的绝对地址

【例 7.7】 已知学生成绩表如图 7-27 所示，请求出李响同学的总成绩和平均成绩。

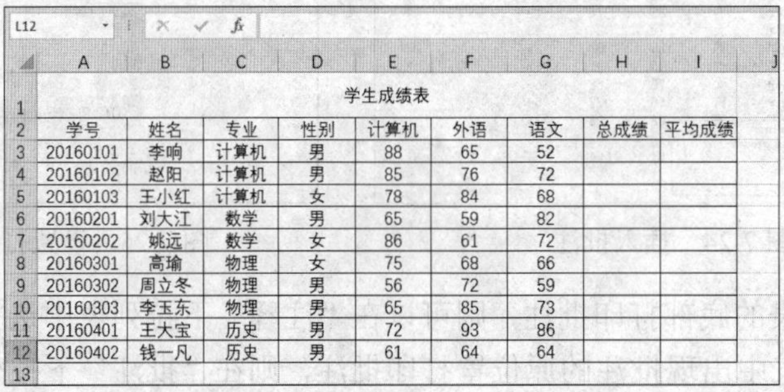

图 7-27 学生成绩表

具体操作步骤如下。

① 选中 H3 单元格，在此单元格中输入公式"=E3+F3+G3"。

② 单击"确认"按钮，这时 H3 单元格中显示公式计算结果为 205。

③ 选中 I3 单元格，在此单元格中输入计算平均成绩的公式"=(E3+F3+ G3)/3"。

④ 单击"确认"按钮，这时，I3 单元格中显示公式计算结果为 68.3333（可通过"设置单元格格式"对话框对小数位数进行设置）。

例 7.7 中使用了两个公式分别计算总成绩和平均成绩。在 I3 单元格求平均成绩，可以输入公式"=(E3+F3+G3)/3"，也可以输入公式"=H3/3"。

7.3.2 公式的复制

在例 7.7 中只求出了一名学生的总成绩和平均成绩，如果要求出每名学生的总成绩和平均成绩，可以在 H4 和 I4 单元格中分别输入公式"=E4+F4+G4"和"=H4/3"，在其他单元格输入类似的公式，可以计算其他同学的总成绩和平均成绩。但是这种方法过程烦琐，工作量大，没有体现出 Excel 强大的计算功能，实际上可以采用公式复制的方法轻松地求出其他学生的总成绩和平均成绩。

【例 7.8】 在例 7.7 的基础上采用公式复制的方法求其他同学的总成绩和平均成绩。

具体操作步骤如下。

① 选择 H3 单元格。

② 将鼠标指针指向 H3 单元格右下角的填充柄，当鼠标指针变成十字形状时，按住鼠标左键并拖动到 H12 单元格，这时可以看到，其他单元格求出了其他同学的总成绩。同理，

可以求出其他同学的平均成绩, 如图 7-28 所示。

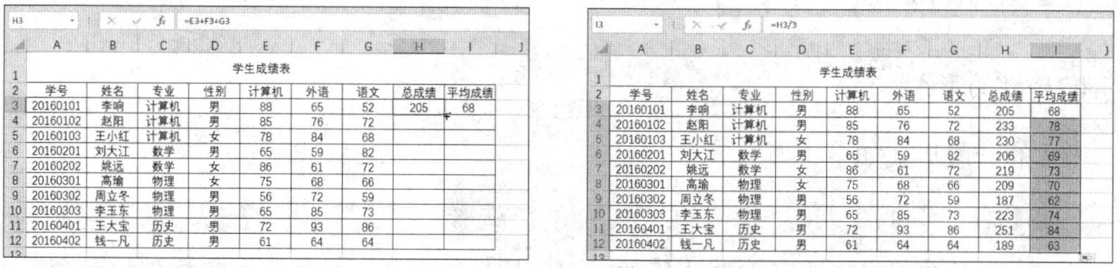

（a）公式复制前 （b）公式复制后

图 7-28 公式复制法求总成绩和平均成绩

7.3.3 单元格地址的引用方式

1. 相对引用

相对引用（或称为相对地址）是指当公式在复制、移动时会根据移动的位置自动调节公式中引用单元格的地址。

相对引用的表示方法是直接使用单元格的地址，即表示为"列标行号"，如 A1、C2、B2:F4 等系统默认为相对引用。

2. 绝对引用

绝对引用（或称绝对地址）是指当复制、移动公式时不会随公式位置变化而改变引用单元格的地址。

绝对引用的表示方法是在列标和行号前都加上符号"$"，即表示为"$列标$行号"，如 $A$1、$C$2、$B$2:$F$4。

3. 混合引用

在复制、移动公式时，公式中单元格的行号或列标只有一个要进行自动调整，而另一个保持不变，这种引用方式称为混合引用（或称混合地址）。

混合引用的表示方法是只在保持不变的行号或列标前加上符号"$"，即表示为"列标$行号"或"$列标行号"，如 A$1、$C2、B$2:$F4 等。

4. 跨工作表的单元格地址引用

公式中可能用到另一工作表单元格中的数据。例如，"=(C4+D4+E4)*Sheet2!:B1"表示计算当前工作表中 C4、D4 和 E4 单元格数据之和与 Sheet2 中 B1 单元格数据的乘积，并存放在当前单元格内。

5. 跨工作簿的单元格地址引用

引用不同工作簿中的单元格时，应在工作表名称前说明工作表所在的工作簿。例如，"=(C4+D4+E4)*[Book1.xlsx]Sheet1!:B1"表示计算当前工作表中 C4、D4 和 E4 单元格数据之和与工作簿 Book1.xlsx 中的工作表 Sheet1 的 B1 单元格数据的乘积，并存放在当前单元格内。

7.3.4　函数的使用

1. 函数的形式

函数的一般形式如下：

> 函数名(参数1,参数2,…)

其中，函数名用来指明函数要执行的运算，是系统保留的名称；大多数函数包含一个或多个参数，各个参数之间用英文逗号隔开，没有参数时，函数名后的圆括号也不能省略，运算结果是函数的返回值。

例如，公式"=SUM(A1:B3)"，其中，SUM是函数名，说明要执行求和运算；区域A1:B3是一个参数，代表参加运算的数据范围为以A1为左上角、B3为右下角的区域。

2. 函数的输入

┃例7.9┃　运用函数，求学生成绩表中学生的总成绩及平均成绩。

方法1：直接输入法。

如果对函数名和使用方法比较熟悉，可以直接在单元格中输入函数。计算总成绩的函数为SUM()，计算平均成绩的函数为AVERAGE()。

具体操作步骤如下。

① 选择H3单元格，输入公式"=SUM(E3:G3)"，拖动右下角的填充柄将函数填充至H12单元格。

② 选择I3单元格，输入公式"=AVERAGE (E3:G3)"，拖动右下角的填充柄将函数填充至I12单元格，如图7-29所示。

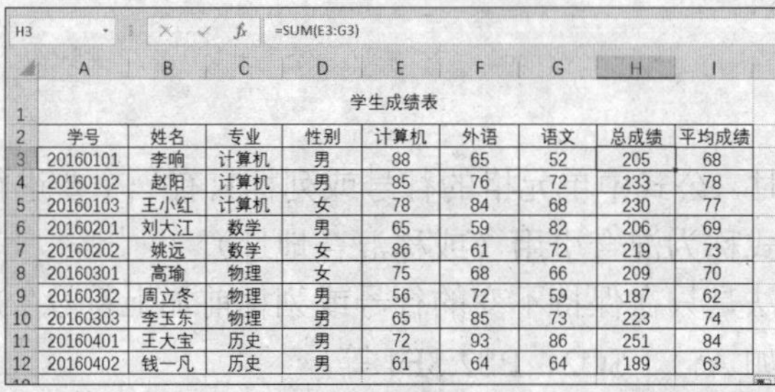

学号	姓名	专业	性别	计算机	外语	语文	总成绩	平均成绩
				学生成绩表				
20160101	李响	计算机	男	88	65	52	205	68
20160102	赵阳	计算机	男	85	76	72	233	78
20160103	王小红	计算机	女	78	84	68	230	77
20160201	刘大江	数学	男	65	59	82	206	69
20160202	姚远	数学	女	86	61	72	219	73
20160301	高瑜	物理	女	75	68	66	209	70
20160302	周立冬	物理	男	56	72	59	187	62
20160303	李玉东	物理	男	65	85	73	223	74
20160401	王大宝	历史	男	72	93	86	251	84
20160402	钱一凡	历史	男	61	64	64	189	63

图7-29　直接输入函数示例

方法2：插入函数法。

Excel提供了几百个函数，要记住所有函数名难度很大，因此，Excel提供了插入函数的方法，指导用户正确输入函数。单击编辑栏中的"插入函数"按钮 *fx*，或单击"公式"→"函数库"→"插入函数"按钮，打开"插入函数"对话框，在此可选择要插入的函数。

具体操作步骤如下。

① 选择H3单元格。

② 单击编辑栏中的"插入函数"按钮 *fx*，或单击"公式"→"函数库"→"插入函数"按钮，打开"插入函数"对话框，如图7-30所示。

"或选择类别"下拉列表中列出了函数的类型，每选择一类，下面的"选择函数"列表

框中就会列出该类的各个函数，每选择一个函数名，该对话框下方就会出现该函数的格式和
功能的简要说明。

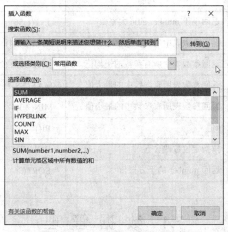

图 7-30　"插入函数"对话框

③ 在"或选择类别"下拉列表中选择"常用函数"选项，在"选择函数"列表中选择
"SUM"函数，单击"确定"按钮，打开"函数参数"对话框，如图 7-31 所示。

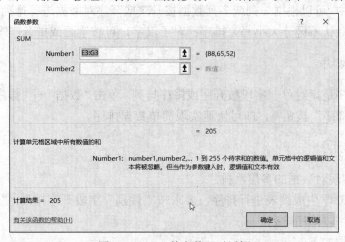

图 7-31　"函数参数"对话框

④ 直接在"Number1"文本框中输入参数，即计算平均值的数据，可以是常量、单元
格或区域，这里输入"E3:G3"。

在输入参数时，也可以在工作表上直接拖动选择参数区域，如果工作表被对话框遮住，
可以单击文本框右侧的折叠按钮，从而使工作表能够显示出来。选择区域后，单击文本框右
侧的展开按钮，可以恢复输入参数的对话框。

⑤ 在完成参数输入后，单击"确定"按钮，这时 H3 单元格中显示出计算的结果。

⑥ 使用同样的方法完成 I3 单元格的计算（选择 AVERAGE 函数）。

⑦ 使用公式复制的方法，完成其他单元格数据的计算。

3. 常用函数

Excel 提供的函数很多，表 7-2 中列出了几个较为常用的函数。

表 7-2　Excel 中的常用函数

函数	功能	举例	结果
INT(number)	返回小于 number 的最大整数	= INT(8.56)	8
SUM(number1,number2,…)	返回参数表中所有参数值之和	=SUM(2,3,4)	9
AVERAGE(number1,number2,…)	返回参数表中所有参数的平均值	=AVERAGE(2,3,4)	3
MAX(number1,number2,…)	返回参数表所有参数中的最大值	=MAX(2,3,4)	4
MIN(number1,number2,…)	返回参数表所有参数中的最小值	=MIN(2,3,4)	2
PI( )	π值	= PI()	3.141592654
ROUND(number,n)	按指定位数四舍五入	= ROUND(76.456,2)	76.46
SQRT(number)	返回 number 的平方根值	= SQRT(36)	6

7.4　数 据 管 理

7.4.1　数据排序

在电子表格中,可以根据一列或多列数据按升序或降序对数据进行排列。对于英文字母,可按字母次序（默认不区分大小写）排序;对于汉字,可按笔画或拼音排序。

1. 简单数据排序

简单数据排序是指对单一字段按升序或降序排列。单击"数据"→"排序和筛选"→"升序"按钮⬆或"降序"按钮⬇,即可快速实现简单数据排序。

2. 复杂数据排序

Excel 可以实现对数据的多层次排序。

【例 7.10】　对学生成绩表进行排序,要求按"性别"字段升序排列,"性别"相同时,按照"总成绩"字段降序排列。

具体操作步骤如下。

① 选择要排序的数据区域,如图 7-32 所示。

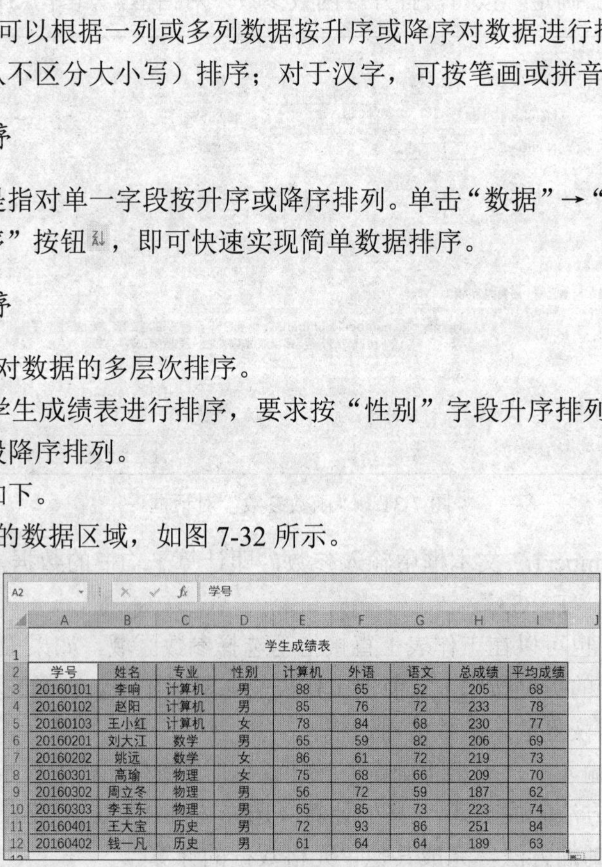

图 7-32　选择要排序的数据区域

② 单击"数据"→"排序和筛选"→"排序"按钮,打开"排序"对话框。

③ 在"主要关键字"下拉列表中选择"性别"选项,在"次序"下拉列表中选择"升

序"选项。

④ 单击"添加条件"按钮,在"次要关键字"下拉列表中选择"总成绩"选项,在"次序"下拉列表中选择"降序"选项,如图 7-33 所示。

图 7-33　添加排序条件

⑤ 单击"确定"按钮,排序结果如图 7-34 所示。

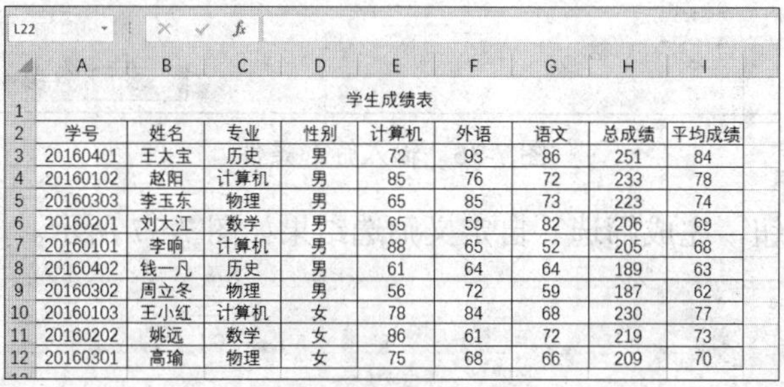

图 7-34　排序结果

7.4.2　数据筛选

数据筛选是将满足条件的数据显示出来,将不满足条件的数据暂时隐藏(没有被删除)。当筛选条件被删除时,隐藏的数据便又恢复显示。

筛选有两种方式:自动筛选和高级筛选。自动筛选对单个字段建立筛选,多字段之间的筛选是逻辑与的关系,操作简便,能满足大部分要求;高级筛选对复杂条件建立筛选,要建立条件区域。

1. 自动筛选

单击"数据"→"排序和筛选"→"筛选"按钮,进入筛选状态,在所需筛选的字段名下拉列表中选择要筛选的确切值,或通过自定义输入筛选的条件。

‖例 7.11‖ 在学生成绩表中筛选出总成绩为 220~250 分的记录。

具体操作步骤如下。

① 选择需要筛选的数据区域(不要选择数据表标题,即不要选择"学生成绩表")。

② 单击"数据"→"排序和筛选"→"筛选"按钮,这时工作表中每个字段名的右侧出现一个下拉按钮,表示激活自动筛选功能,如图 7-35 所示。

③ 单击"总成绩"字段右侧的下拉按钮,在打开的下拉列表中选择"数字筛选"级联菜单中的"介于"命令(也可以选择"自定义筛选"命令),打开"自定义自动筛选方式"对话框,输入筛选条件,如图 7-36 所示。

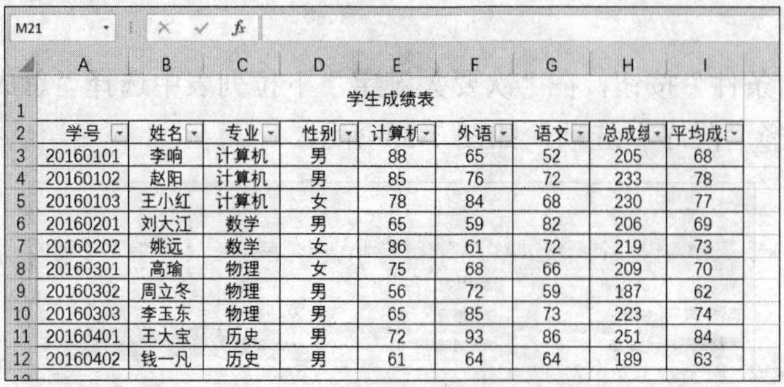

图 7-35　激活自动筛选功能

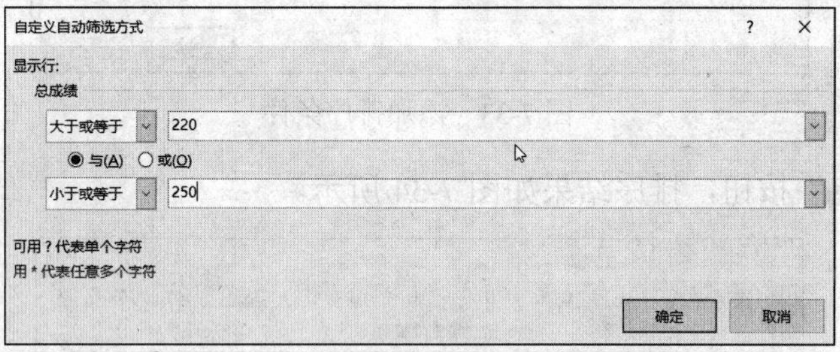

图 7-36　输入筛选条件

单击"确定"按钮，完成筛选。自定义筛选结果如图 7-37 所示。

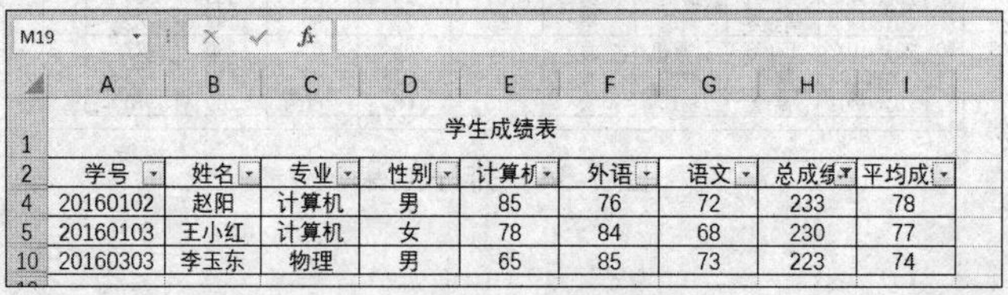

图 7-37　自定义筛选结果

如果要退出自动筛选，显示全部数据，只需再次单击"筛选"按钮即可。

2. 高级筛选

利用自动筛选功能对各字段的筛选是逻辑与的关系，即同时满足几个条件。若要实现逻辑或的关系，则必须借助高级筛选。

使用高级筛选，除了选择数据区域外，还可以在数据以外的任何位置建立条件区域，条件区域至少两行，且首行为与数据相应字段精确匹配的字段。同一行上的条件关系为逻辑与，不同行之间的关系为逻辑或。筛选的结果既可以在原数据清单位置显示，也可以在数据清单以外的位置显示。

例 7.12　筛选出外语成绩大于 80 分或者专业是计算机的男同学。

具体操作步骤如下。

① 在数据清单以外的位置建立条件区域，输入条件，如图 7-38 所示。

② 选择要筛选的数据区域，单击"数据"→"排序和筛选"→"高级"按钮，打开"高级筛选"对话框，选择数据区域和条件区域，如图 7-39 所示。

③ 单击"确定"按钮，完成高级筛选。高级筛选结果如图 7-40 所示。

如果退出高级筛选，显示全部数据，可单击"数据"→"排序和筛选"→"清除"按钮。

学号	姓名	专业	性别	计算机	外语	语文	总成绩	平均成绩
					学生成绩表			
20160101	李响	计算机	男	88	65	52	205	68
20160102	赵阳	计算机	男	85	76	72	233	78
20160103	王小红	计算机	女	78	84	68	230	77
20160201	刘大江	数学	男	65	59	82	206	69
20160202	姚远	数学	女	86	61	72	219	73
20160301	高瑜	物理	女	75	68	66	209	70
20160302	周立冬	物理	男	56	72	59	187	62
20160303	李玉东	物理	男	65	85	73	223	74
20160401	王大宝	历史	男	72	93	86	251	84
20160402	钱一凡	历史	男	61	64	64	189	63
	性别	专业	外语					
	男	计算机						
	男		>80					

图 7-38　在数据清单外建立条件区域并输入条件

图 7-39　数据区域和条件区域的选择

学号	姓名	专业	性别	计算机	外语	语文	总成绩	平均成绩
					学生成绩表			
20160101	李响	计算机	男	88	65	52	205	68
20160102	赵阳	计算机	男	85	76	72	233	78
20160303	李玉东	物理	男	65	85	73	223	74
20160401	王大宝	历史	男	72	93	86	251	84
	性别	专业	外语					
	男	计算机						
	男		>80					

图 7-40　高级筛选结果

7.4.3　分类汇总

分类汇总是对数据按某字段进行分类，将字段值相同的记录作为一类，进行求和、平均、计数等汇总运算。针对同一个分类字段，可进行多种汇总。

在分类汇总之前，需要先按数据分类字段进行排序。

例 7.13　计算各专业学生计算机、外语的平均成绩。

具体操作步骤如下。

分类汇总

① 按分类字段"专业"对数据表中的数据进行排序。

② 选择需要进行分类汇总的数据区域，单击"数据"→"分级显示"→"分类汇总"按钮，打开"分类汇总"对话框，如图 7-41 所示。

③ 在"分类字段"下拉列表中选择"专业"选项，在"汇总方式"下拉列表中选择"平均值"选项，在"选定汇总项"列表中选择"计算机""外语"复选框。

④ 单击"确定"按钮，完成分类汇总。分类汇总结果显示如图 7-42 所示。

若分类汇总表使用完毕，则在"分类汇总"对话框中单击"全部删除"按钮，即可删去分类汇总表。

图 7-41　"分类汇总"对话框　　　　图 7-42　分类汇总结果

7.4.4　数据透视表

前面介绍的分类汇总适合按一个字段进行分类，对一个或多个字段进行汇总。如果用户要求按多个字段进行分类并汇总，则分类汇总就不适用了。因此 Excel 提供了一个有力的工具——数据透视表来解决此类问题。

|例 7.14|　使用学生成绩表的中的数据统计各专业男女生的人数，新建 Sheet2 工作表，以"专业"字段为行标签，以"性别"字段为列标签建立数据透视表，并将该数据透视表放到 Sheet2 工作表 A1 单元格起的区域内。

数据透视表

具体操作步骤如下。

① 选择要建立数据透视表的区域。

② 单击"插入"→"表格"→"数据透视表"按钮，打开"来自表格或区域的数据透视表"对话框，其中"表/区域"文本框用于指定数据透视表分析的数据区域，数据透视表放置的位置选择"新工作表"单选按钮，如图 7-43 所示。

③ 单击"确定"按钮，打开"数据透视表字段"任务窗格，如图 7-44 所示。

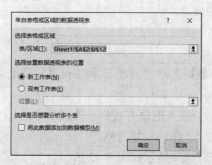

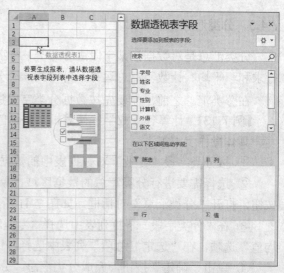

图 7-43　"来自表格或区域的数据透视表"对话框　　　　图 7-44　"数据透视表字段"任务窗格

④ 选择"专业"字段并拖动到"行"标签下，选择"性别"字段并拖动到"列"标签下，选择"姓名"字段并拖动到"值"下，选择完毕后，生成图 7-45 所示的数据透视表。

图 7-45　生成的数据透视表

⑤ 当前数据透视表并没有从 Sheet2 工作表的 A1 单元格开始，因此需要将此表移到 Sheet2 工作表的 A1 单元格开始。选择数据透视表，单击"数据透视表工具-分析"→"操作"→"移动数据透视表"按钮，打开"移动数据透视表"对话框，将"位置"改为"Sheet2!A1"（图 7-46），单击"确定"按钮。

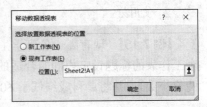

图 7-46　"移动数据透视表"对话框

7.4.5　宏命令的使用

在 Excel 中，除了使用内置的便捷工具能够对数据、图表等迅速进行处理外，还可以直接使用 Visual Basic for Application（VBA）编程语言来完成复杂的功能。现实中，人们在使用 Excel 时需要反复处理某些同样的事务，如将某些单元格进行同一种格式化处理、计算所有班级学生的总成绩和平均成绩等批处理操作，这些都可以使用 VBA 提供的宏命令来完成。简言之，宏命令就是 Excel 中能够自动地、批量地完成一系列操作的命令。

1. 宏命令

宏的快捷命令可以在"视图"选项卡"宏"选项组中找到，包括"查看宏""录制宏""使用相对引用"3 个命令。更多关于 VBA 编程和宏命令的操作需要激活"开发工具"选项卡进行进一步操作。如果"开发工具"选项卡为隐藏状态，则可在功能区任意位置右击，在弹出的快捷菜单中选择"自定义功能区"命令，在打开的"Excel 选项"对话框右侧的"主选项卡"列表中选择"开发工具"复选框，单击"确定"按钮，如图 7-47 所示。

此时，激活"开发工具"选项卡，如图 7-48 所示。

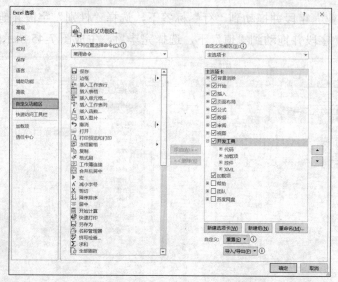

图 7-47 "Excel 选项"对话框

图 7-48 "开发工具"选项卡

2. 使用宏

[例 7.15] 现有高一各班学生成绩工作簿，包括高中一年级三个班的学生成绩表，为每个工作表的标题设定相同的合适的格式，求出各个班级的总成绩及平均成绩（平均成绩保留两位小数），并将单科成绩低于 60 分的学生成绩设为"黄色字体蓝色底纹"的格式。

图 7-49 "录制宏"对话框

具体操作步骤如下。

① 在"高一 1 班"工作表中，单击"开发工具"→"代码"→"录制宏"按钮，打开"录制宏"对话框，设置宏名为"操作 1"，快捷键为 Ctrl+Shift+P，如图 7-49 所示。

② 单击"确定"按钮，开始录制宏命令。

选择 H3 单元格，在编辑栏中插入 SUM()函数，计算当前学生的总成绩。双击 H3 单元格的右下角的填充柄，计算出所有学生的总成绩；选择 I3 单元格，在编辑栏中输入公式"=H3/3"，按 Enter 键，计算出当前学生的平均成绩，双击 I3 单元格右下角的填充柄，计算出所有学生的平均成绩；选择 I3:I12 区域，设置平均成绩保留两位小数。计算成绩后的表如图 7-50 所示。

选择 A1 单元格，单击"开始"→"字体"→"加粗"按钮，单击"颜色"下拉按钮，在打开的下拉列表中选择"标准色-红色"，完成表格标题的格式设置。表格标题设置后的表如图 7-51 所示。

选择 E3:G12 区域，单击"开始"→"样式"→"条件格式"下拉按钮，在打开的下拉列表中选择"突出显示单元格规则"级联菜单中的"小于"命令，在打开的"小于"对话框中将

"为小于以下值的单元格设置格式"设置为"60""自定义格式"，在打开的"设置单元格格式"对话框中的"字体"选项卡下将字体颜色设置为"标准色-黄色"，在"填充"选项卡下将背景色设置为"标准色-蓝色"，单击"确定"按钮，完成条件格式的设置，如图 7-52 所示。

高一1班学生成绩表

学号	姓名	专业	性别	计算机	外语	语文	总成绩	平均成绩
20160101	李响	计算机	男	88	65	52	205	68.33
20160102	赵阳	计算机	男	85	76	72	233	77.67
20160103	王小红	计算机	女	78	84	68	230	76.67
20160401	王大宝	历史	男	72	93	86	251	83.67
20160402	钱一凡	历史	男	61	64	64	189	63.00
20160201	刘大江	数学	男	65	59	82	206	68.67
20160202	姚远	数学	女	86	61	72	219	73.00
20160301	高瑜	物理	女	75	68	66	209	69.67
20160302	周立冬	物理	男	56	72	59	187	62.33
20160303	李玉东	物理	男	65	85	73	223	74.33

图 7-50　计算成绩后的表

高一1班学生成绩表

学号	姓名	专业	性别	计算机	外语	语文	总成绩	平均成绩
20160101	李响	计算机	男	88	65	52	205	68.33
20160102	赵阳	计算机	男	85	76	72	233	77.67
20160103	王小红	计算机	女	78	84	68	230	76.67
20160401	王大宝	历史	男	72	93	86	251	83.67
20160402	钱一凡	历史	男	61	64	64	189	63.00
20160201	刘大江	数学	男	65	59	82	206	68.67
20160202	姚远	数学	女	86	61	72	219	73.00
20160301	高瑜	物理	女	75	68	66	209	69.67
20160302	周立冬	物理	男	56	72	59	187	62.33
20160303	李玉东	物理	男	65	85	73	223	74.33

图 7-51　表格标题设置后的表

高一1班学生成绩表

学号	姓名	专业	性别	计算机	外语	语文	总成绩	平均成绩
20160101	李响	计算机	男	88	65	52	205	68.33
20160102	赵阳	计算机	男	85	76	72	233	77.67
20160103	王小红	计算机	女	78	84	68	230	76.67
20160401	王大宝	历史	男	72	93	86	251	83.67
20160402	钱一凡	历史	男	61	64	64	189	63.00
20160201	刘大江	数学	男	65	59	82	206	68.67
20160202	姚远	数学	女	86	61	72	219	73.00
20160301	高瑜	物理	女	75	68	66	209	69.67
20160302	周立冬	物理	男	56	72	59	187	62.33
20160303	李玉东	物理	男	65	85	73	223	74.33

图 7-52　"高一 1 班"工作表

③ 单击"开发工具"→"代码"→"停止录制"按钮，完成宏命令的录制。

④ 打开"高一 2 班"工作表，同时按 Ctrl+Shift+P 组合键，即可通过宏命令快捷地对"高一 2 班"工作表进行计算总成绩、计算平均成绩、设置表格标题格式、设置条件格式等一系列操作。"高一 2 班"工作表如图 7-53 所示。

高一2班学生成绩表

学号	姓名	专业	性别	计算机	外语	语文	总成绩	平均成绩
20160101	张勤	计算机	男	77	65	55	197	65.67
20160102	李晓明	计算机	男	84	60	77	221	73.67
20160103	高原	计算机	女	77	84	69	230	76.67
20160401	秦浩东	历史	男	72	90	86	248	82.67
20160402	周野	历史	男	61	64	80	205	68.33
20160201	李秋月	数学	男	54	75	66	195	65.00
20160202	韩寒	数学	女	82	61	53	196	65.33
20160301	高佳瑜	物理	女	76	92	55	223	74.33
20160302	周学冬	物理	男	90	72	90	252	84.00
20160303	王玉	物理	男	65	88	80	233	77.67

图 7-53　"高一 2 班"工作表 1

⑤ 使用同样的方法对“高一 3 班”工作表进行处理。

使用快捷键运行宏命令有一些缺点，如快捷键很容易被忘记，并且在其他使用者调用宏命令时需要查找，“开发工具”选项卡提供一些控件以帮助更加便捷地调用宏。在例 7.15 中，可以在“高一 2 班”工作表中，单击“开发工具”→“控件”→“插入”下拉按钮，在打开的下拉列表中选择“表单控件-按钮（窗体控件）”（图 7-54），在表格的空白处拖动画出按钮图标，此时打开“指定宏”对话框。选择“宏名”为“操作 1”，单击“确定”按钮，完成按钮的绘制与设定，此时的工作表如图 7-55 所示。单击“按钮 1”按钮，即可完成对“高一 2 班”工作表的操作。

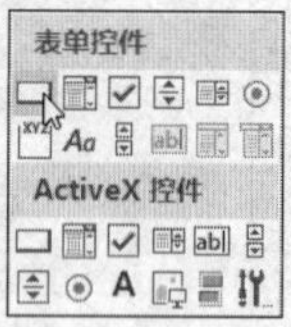

图 7-54 “表单控件”下拉列表

高一2班学生成绩表

学号	姓名	专业	性别	计算机	外语	语文	总成绩	平均成绩
20160101	张勤	计算机	男	77	65	55		
20160102	李晓明	计算机	男	84	60	77		
20160103	高原	计算机	女	77	84	69		
20160401	秦浩东	历史	男	72	90	86		
20160402	周野	历史	男	61	64	80		
20160201	李秋月	数学	男	54	75	66		
20160202	韩寒	数学	女	82	61	53		
20160301	高佳瑜	物理	女	76	92	55		
20160302	周学冬	物理	男	90	72	90		
20160303	王玉	物理	男	65	88	80		

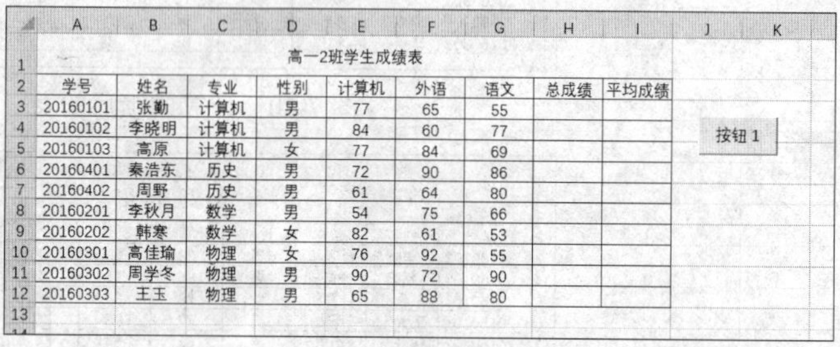

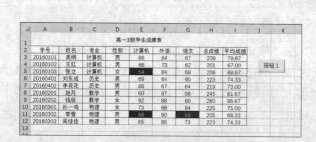

图 7-55 “高一 2 班”工作表 2

右击“按钮 1”按钮，在弹出的快捷菜单中选择“复制”命令，将“按钮 1”按钮复制到“高一 3 班”工作表中，可直接单击按钮完成对该表的操作。此时，高一 3 班”工作表如图 7-56 所示。

3. 删除宏

单击“开发工具”→“代码”→“宏”按钮，打开“宏”对话框，选择要删除的宏命令，单击“删除”按钮即可，如图 7-57 所示。

高一3班学生成绩表

学号	姓名	专业	性别	计算机	外语	语文	总成绩	平均成绩
20160101	吴纲	计算机	男	88	84	67	239	79.67
20160102	王红	计算机	男	66	73	62	201	67.00
20160103	张立	计算机	女	54	84	68	206	68.67
20160401	刘东成	历史	男	69	64	90	223	74.33
20160402	李花花	历史	男	88	67	64	219	73.00
20160201	赵月	数学	男	60	87	98	245	81.67
20160202	钱欣	数学	女	92	88	80	260	86.67
20160301	孙一鸣	物理	女	73	68	84	225	75.00
20160302	李雪	物理	男	56	90	59	205	68.33
20160303	周佳佳	物理	男	65	85	73	223	74.33

图 7-56 “高一 3 班”工作表

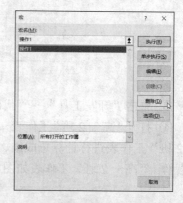

图 7-57 “宏”对话框

7.5 图表的使用

图表功能是 Excel 的重要组成部分，根据工作表中的数据，可以创建直观、形象的图表。Excel 提供了数十种图表类型，用户可以选择恰当的图表表达数据信息，并且可以自定义图表、设置图表各部分的格式。

7.5.1　图表的建立

Excel 图表是依据 Excel 工作表中的数据创建的，所以在创建图表之前，首先选择具有数据的工作表。

在"插入"选项卡"图表"选项组中，选择不同的图表类型可以快速创建图表，如图 7-58 所示；或者先选择建立图表的数据区域，单击"插入"→"图表"选项组右下角对话框启动器按钮，打开"插入图表"对话框，如图 7-59 所示，在"所有图表"选项卡下选择要创建的图表类型，单击"确定"按钮即可创建图表。

图 7-58　"图表"选项组

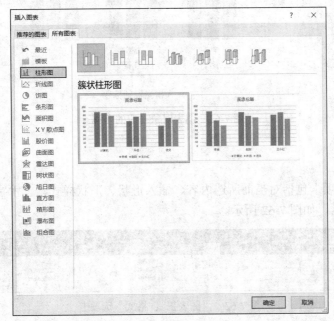

图 7-59　"插入图表"对话框

7.5.2　图表的编辑、格式化

创建一个图表后，"图表工具"选项卡会自动激活，如图 7-60 所示。"图表工具"选项卡包括"图表设计""格式"两个子选项卡。

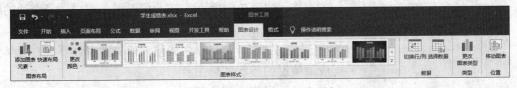

图 7-60　"图表工具"选项卡

1. 图表设计

"图表设计"子选项卡包括对图表布局、图表样式、数据、类型及位置进行设置的工具。选择"图标布局"→"添加图表元素"命令，可以对图表的坐标轴、坐标轴标题、图表标题、数据标签、数据表、误差线、网格线、图例、线条、趋势线、涨跌柱线进行设置。图表对象对应的名称如图 7-61 所示。

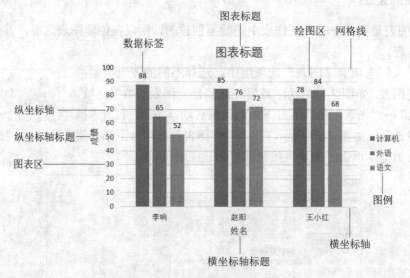

图 7-61　图表对象对应的名称

2. 格式

"格式"子选项卡包括对当前所选内容、插入形状、形状样式、艺术字样式、排列、大小进行设置的工具，如图 7-62 所示。

图 7-62　"图表工具-格式"选项卡

图 7-63　"设置图例格式"任务窗格

单击"图表工具-格式"→"形状样式"选项组右下角对话框启动器按钮，打开"设置图表区格式"任务窗格，在此可以对整个图表的格式进行编辑。若要对图表的某一区域进行格式化，如图例，则可以在"图表区"下拉列表中选择"图例"选项，此时窗格变为"设置图例格式"任务窗格，如图 7-63 所示。在此可以根据要求选择合适的格式进行设置。

【例 7.16】　利用学生成绩表建立查看计算机专业学生成绩情况的簇状柱形图。

具体操作步骤如下。

① 选择"学生成绩表"中计算机专业学生的"姓名""计算机""外语""语文"成绩，如图 7-64 所示。

② 单击"插入"→"图表"→"插入柱形图或条形图"下拉按钮，在打开的下拉列表中选择"二维柱形图-簇状柱形图"命令，生成如图 7-65 所示的图表。

图 7-64　选择数据源

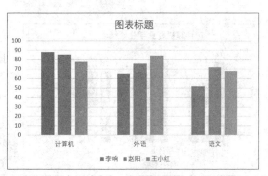

图 7-65　生成图表

③ 当前生成的图表是以各学科成绩为行生成的簇，若查看计算机专业学生的成绩，则应以"姓名"字段为行生成簇，所以需要进行转换。单击"图表工具-图表设计"→"数据"→"切换行/列"按钮，转换后的图表如图 7-66 所示。

④ 单击"图表工具-图表设计"→"图表布局"→"添加图表元素"下拉按钮，在打开的下拉列表中选择"坐标轴标题"级联菜单中的"主要横坐标轴"命令，为图表添加横坐标轴标题，双击图表区中出现的"坐标轴标题"，将标题改为"姓名"；以同样的方法为图表添加纵坐标轴标题，并将名称改为"成绩"，如图 7-67 所示。

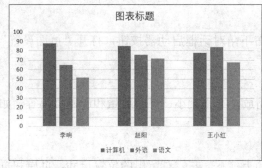

图 7-66　行列转换后的图表

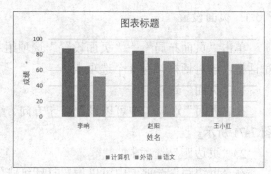

图 7-67　添加坐标轴标题

⑤ 单击"图表工具-图表设计"→"图表布局"→"添加图表元素"下拉按钮，在打开的下拉列表中选择"数据标签"级联菜单中的"数据标签外"命令，为图表添加数据标签，如图 7-68 所示。

⑥ 单击"图表工具-图表设计"→"图表布局"→"添加图表元素"下拉按钮，在打开的下拉列表中选择"图例"级联菜单中的"右侧"命令，将图例移动到图表右侧，如图 7-69 所示。

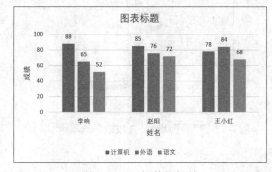

图 7-68　添加数据标签

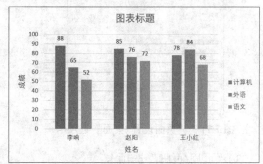

图 7-69　布局后的图表

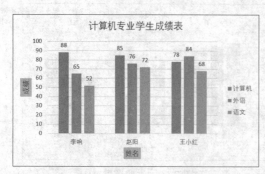

图 7-70 最终生成的图表

⑦ 双击图表标题，将其改为"计算机专业学生成绩表"。将图表标题改成红色字体，选择图表标题，在右侧的"设置图表标题格式"任务窗格中选择"文本选项"选项卡，设置"文本填充"为"纯色填充"，颜色为"红色"；选择横、纵坐标轴并右击，在弹出的快捷菜单中选择"设置坐标轴标题格式"命令，打开"设置坐标轴标题格式"任务窗格，在"标题选项"选项卡下设置"填充"为"纯色填充"，颜色为"橙色"。最终生成的图表如图 7-70 所示。

7.6 工作表的打印

如果已经完成了对工作表的编辑，可以先对打印的内容在屏幕上进行预览，也可以在打印之前为打印文稿做一些必要的设置，如设置页面（纸张大小、方向等），设置页边距（页面的大小，页眉、页脚在页面中的位置），添加页眉和页脚等。

7.6.1 页面设置

单击"页面布局"→"页面设置"选项组右下角对话框启动器按钮，打开"页面设置"对话框，该对话框共有 4 个选项卡。

1）"页面"选项卡

在"页面"选项卡中可以设置打印方向、缩放、纸张大小、打印质量和起始页码等，如图 7-71 所示。

2）"页边距"选项卡

在"页边距"选项卡中可以设置打印纸张的上、下、左、右留出的位置尺寸，页眉和页脚与上、下边界的距离，打印内容在纸张上的对齐方式，如图 7-72 所示。

图 7-71 "页面设置-页面"选项卡

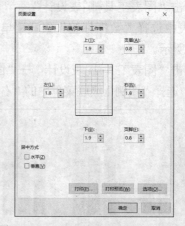

图 7-72 "页面设置-页边距"选项卡

3）"页眉/页脚"选项卡

"页眉/页脚"选项卡中提供了许多预定义的页眉、页脚格式供用户选择，如图 7-73 所示。

如果不满意，可单击"自定义页眉"按钮或"自定义页脚"按钮，在打开的对话框中自行进行设置。

4）"工作表"选项卡

在"工作表"选项卡中可以设置打印区域，指定各个页面上的行标题和列标题，将工作表分成多页时的打印顺序等，如图 7-74 所示。

图 7-73　"页眉/页脚"选项卡　　　　　图 7-74　"工作表"选项卡

7.6.2　打印

经过页面设置后，便可以进行打印了。选择"文件"→"打印"命令，打开"打印"窗口，如图 7-75 所示。

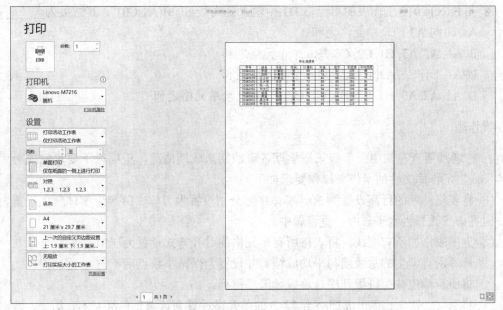

图 7-75　"打印"窗口

此窗口分为两个部分，左侧为打印设置区域，右侧为打印预览区。其中，在左侧打印设置区域可以设置打印份数、选取打印机、设置页面。设置完毕，可在右侧打印预览区查看打印效果，符合要求后单击左上角的"打印"按钮即可打印输出。

思考与练习

一、选择题

1. Excel 2016 的主要功能不包括_____。

    A. 表格处理   B. 数据库管理   C. 图表处理   D. 文字处理

2. 在 Excel 2016 中工作簿文件的扩展名是_____。

    A. .docx   B. .txt   C. .xlsx   D. .xls

3. C3:F11 区域中有_____个单元格。

    A. 28   B. 32   C. 36   D. 80

4. Excel 2016 函数中各参数间的分隔符号一般用_____。

    A. 空格   B. 句号   C. 分号   D. 逗号

5. 当向 Excel 2016 工作表单元格输入公式时，使用单元格地址 B$4 引用 B 列 4 行单元格，该单元格的引用称为_____。

    A. 绝对地址引用   B. 相对地址引用

    C. 交叉地址引用   D. 混合地址引用

6. 在 Excel 2016 工作表的单元格中输入公式时，应先输入_____号。

    A. '   B. @   C. &   D. =

7. 如果将表格中符合某一条件的单元格数目统计出来，应使用函数_____。

    A. IF   B. SUMIF   C. COUNT   D. COUNTIF

8. 在 Excel 2016 工作表的单元格 D1 中输入公式 "=SUM(A1:C3)"，其结果为_____。

    A. A1 与 A3 两个单元格之和

    B. A1, A2, A3, C1, C2, C3 共 6 个单元格之和

    C. A1, B1, C1, A3, B3, C3 共 6 个单元格之和

    D. A1, A2, A3, B1, B2, B3, C1, C2, C3 共 9 个单元格之和

二、操作题

1. 王老师要查看初中一年级第一学期各班的期末成绩情况，根据以下要求完成对"成绩单.xlsx"工作簿文件的操作。操作要求如下。

① 将表格标题的行高设置为 30，字体字号分别设置为黑体、14 磅，字体颜色设置为红色，对齐方式设置为水平居中、垂直居中。

② 为图表添加所有框线，将表格所有单元格的对齐方式设置为居中。

③ 计算所有学生的总成绩与平均成绩，并设置为保留小数点后 1 位。

④ 将所有学生按照班级升序、总成绩降序排列。

⑤ 将语文、数学、英语成绩小于 72 分的单元格设置为黄填充色红文本，历史、政治小于 60 分的单元格设置为浅蓝填充色红文本。

⑥ 按照班级进行分类汇总，查看各科的平均成绩。

2. 某家电卖场总结过去一年的销售业绩，3 个不同地区的销售数据存放在 3 个不同的工作簿中，分别是"东北地区家电全年销量统计表""西北地区家电全年销量统计表""西南地

区家电全年销量统计表"，先根据要求统计各个工作簿的数据，查看各地区的销售情况。操作要求如下。

① 如图 7-76 所示首先对"东北地区家电全年销量统计表"工作簿进行统计，将统计过程录制为宏，其他两个工作簿根据宏命令的快捷键，自动生成结果。

② 根据"销售单价"工作表中各家电的单价计算出东北地区的销售额，并设置为货币格式，货币符号为"¥"，保留 2 位小数。

③ 生成数据透视表，查看每个店每个季度的销售额。将数据透视表存放在当前工作表以 G3 开始的区域内。

④ 根据数据透视图中数据生成二维簇状柱形图，以更加鲜明地显示每个店每个季度销售的差异。

⑤ 将"东北地区家电全年销量统计表"工作簿操作过程录制成宏命令后，将该宏直接应用于"西北地区家电全年销量统计表"和"西南地区家电全年销量统计表"工作簿。

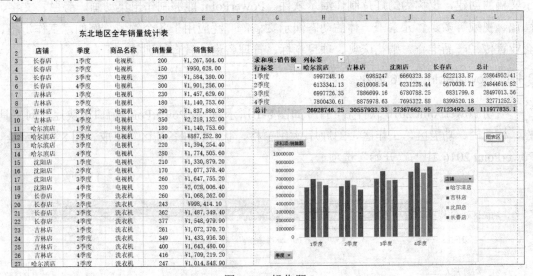

图 7-76 操作题 2

第 8 章

演示文稿软件 PowerPoint 2016

8.1 PowerPoint 2016 概述

PowerPoint 简称 PPT，是 Microsoft Office 办公组件的一个重要组成部分，主要用于演示文稿的创建，也称为幻灯片制作演示软件。PowerPoint 能够制作出集动画、旁白、文字、图像、视频等多媒体元素于一体的动态演示文稿，广泛应用于各个领域。例如，工作汇报、企业宣传、产品推介、婚礼庆典、项目竞标、管理咨询、教育培训等。

8.1.1 PowerPoint 2016 简介

启动 PowerPoint 2016 软件后，打开如图 8-1 所示窗口。PowerPoint 窗口由快速访问工具栏、标题栏、功能区、工作区、幻灯片/大纲窗格、状态栏和备注区等组成。图 8-2 所示是 PowerPoint 2016 中的"开始"选项卡。

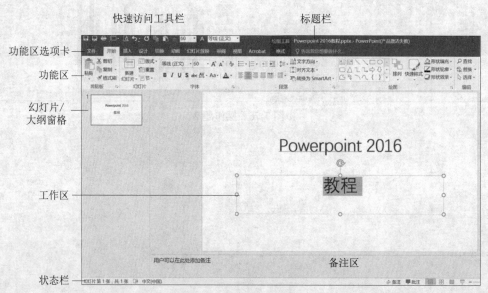

图 8-1　PowerPoint 2016 窗口

8.1.2 PowerPoint 2016 的视图模式

视图是使用 PowerPoint 制作演示文稿的窗口显示方式，如图 8-3 所示。PowerPoint 2016 的视图模式可以分为两类：演示文稿视图和母版视图。其中，演示文稿视图又分为普通视图、大纲视图、幻灯片浏览、备注页和阅读视图，常用于幻灯片的设计与浏览展示；母版视图又分为幻灯片母版、讲义母版、备注母版，主要用于母版的编辑与设置。

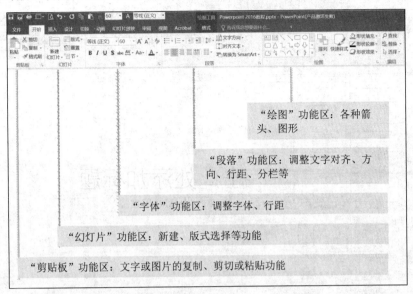

图 8-2　PowerPoint 2016 "开始"选项卡

图 8-3　"视图"选项卡

8.2　演示文稿的基本操作与文本编辑

8.2.1　新建幻灯片

使用 PowerPoint 2016 创建幻灯片，具体操作步骤如下。

① 单击"开始"→"幻灯片"→"新建幻灯片"按钮，即可新建一张幻灯片。

② 单击"开始"→"幻灯片"→"新建幻灯片"下拉按钮，打开如图 8-4 所示的下拉列表。PowerPoint 2016 为用户提供了许多模板，用户可以根据自己的演示主题选择相应的版式。

┃例 8.1┃　新建 PowerPoint 文件，使文稿包含 7 张幻灯片，设计第一张幻灯片为"标题幻灯片"版式，第二张幻灯片为"仅标题"版式，第三张至第六张幻灯片为"两栏内容"版式，第七张幻灯片为"空白"版式，设置完成后以"ppt1-计算机发展简史"命名保存到指定文件下。

具体操作步骤如下。

① 选择"开始"→"所有程序"→"PowerPoint 2016"命令，启动 PowerPoint 2016。

② 选择第一张幻灯片，单击"开始"→"幻灯片"→"版式"下拉按钮，在打开的下拉列表中选择"标题幻灯片"命令。

③ 单击"开始"→"幻灯片"→"新建幻灯片"下拉按钮，在打开的下拉列表中选择"仅标题"命令。按照同样方法新建 5 张幻灯片，其中第三到第六张幻灯片为"两栏内容"

版式，第七张幻灯片为"空白"版式。

图 8-4 幻灯片版式

④ 选择"文件"→"保存"命令或单击快速访问工具栏中的"保存"按钮，打开"另存为"窗口，单击"浏览"按钮，打开"另存为"对话框，选择文件保存位置并输入文件名"ppt1-计算机发展简史"，单击"保存"按钮。

⑤ 单击窗口右上角的"关闭"按钮，关闭 PowerPoint 2016。

8.2.2 幻灯片的文本编辑

在使用自动版式创建的幻灯片中，PowerPoint 2016 为用户预留了输入文本的占位符，如图 8-5 所示。在文本占位符中输入文字的操作步骤如下。

① 选择带有文本占位符的幻灯片。

② 根据占位符的提示信息，单击占位符虚线框内的任意位置，其内有闪动的插入点，此时可以输入文本内容。

③ 输入过程中可按 Enter 键，生成新的段落，否则输入的文本会根据占位符的宽度自动换行。

④ 完成文本输入后，单击占位符外任意位置使占位符的边框消失，完成输入。

⑤ 若修改文本内容，则将鼠标指针指向要修改的文本，此时光标呈"I"形，单击，在文本内出现闪动的插入点，此时可对文本内容进行编辑。

⑥ 调整占位符大小。选择占位符后，其边框上出现 8 个控制点，沿所需的缩放方向拖动控制点，可改变占位符大小，占位符内文本会根据占位符的大小自动重新编排。

⑦ 移动占位符。将鼠标指针指向占位符边框，当鼠标指针变为十字箭头形状时，拖动占位符，即可移动占位符。

⑧ 占位符的删除。单击占位符的边框，使其边框上显示控制点，且矩形框内没有闪动的插入点，此时按 Delete 键，占位符即被删除。

图 8-5　利用占位符输入文字

如果在占位符以外的位置输入文本，则可以使用文本框实现。具体操作步骤如下。

① 单击"插入"→"文本"→"文本框"下拉按钮，在打开的下拉列表中选择"横排文本框"或"竖排文本框"命令。

② 选择所需文本框选项，拖动鼠标指针在幻灯片中"画"出一个文本框，然后在文本框中输入相应的文字。使用此功能可以在幻灯片的任意位置添加文本内容，如图 8-6 所示。

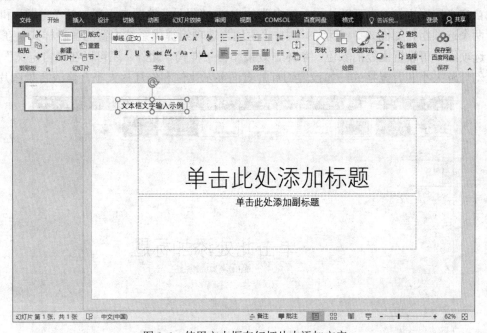

图 8-6　使用文本框在幻灯片中添加文字

③ 文本框大小和位置的调整与占位符相同，文本框的删除与占位符也相同。

如果在幻灯片中插入文本框后没有及时输入文字，当完成其他操作后，会发现刚才插入的文本框消失了，这时只能重新插入文本框，所以插入文本框后要及时地输入文本内容。

插入幻灯片中的文本框可以任意改变大小，将鼠标指针指向文本框，当鼠标指针变为十字箭头形状时，拖动即可改变文本框的位置；将鼠标指针指向文本框边缘的控制点时，鼠标指针变为双向箭头形状，此时拖动控制点，可以方便地改变文本框的大小。

例 8.2 打开"ppt1-计算机发展简史.pptx"文档，在第一张幻灯片标题文本框内输入"计算机发展简史"，在副标题文本框内输入"计算机发展的四个阶段"，在第二张幻灯片标题文本框内输入"计算机发展的四个阶段"，输入完成后以"ppt2-计算机发展简史.pptx"为名另存到指定文件夹中。

具体操作步骤如下。

① 选择第一张幻灯片，单击"单击此处添加标题"标题占位符，输入文本"计算机发展简史"。单击"单击此处添加副标题"标题占位符，输入"计算机发展的四个阶段"。

② 选择第二张幻灯片，单击"单击此处添加标题"标题占位符，输入文本"计算机发展的四个阶段"。

③ 选择"文件"→"另存为"命令，打开"另存为"窗口，单击"浏览"按钮，打开"另存为"对话框，设置保存的位置，在"文件名"文本框中输入"ppt2-计算机发展简史"，单击"保存"按钮。

8.2.3　设置幻灯片主题与版式

1. 设置幻灯片主题

PowerPoint 2016 的主题，就是系统为用户提供的多套页面背景、效果和字体的搭配方案，可以自定义编辑主题，也可以使用系统自带的主题。"设计"选项卡主要包括"主题"和"变体"两个选项组，如图 8-7 所示。其中，"主题"选项组提供系统内置的各种样式；在"变体"选项组中可设置主题的颜色、字体、效果和背景样式。此外，还可以在"自定义"组中设置幻灯片大小和背景格式，如设置幻灯片页面显示比例和幻灯片大小，修改背景图片等。

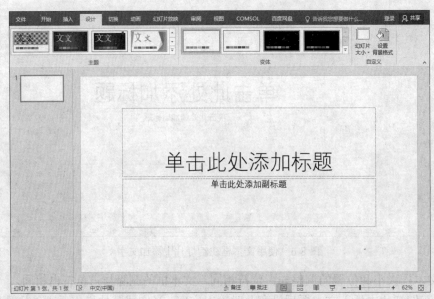

图 8-7　Powerpoint 2016 "设计"选项卡

通过设置主题，可以快速改变幻灯片的字体、颜色、背景、图片和形状的效果，能形成统一的 PowerPoint 风格。

主题要素如图 8-8 所示，主题设置选项列表如图 8-9 所示。

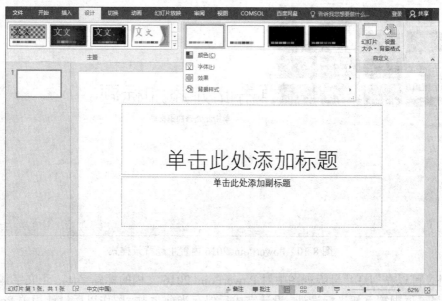

图 8-8 主题要素

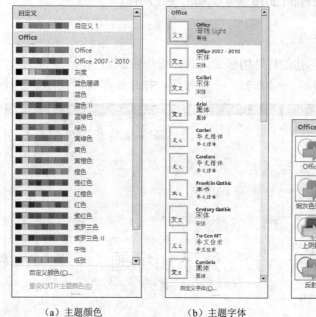

（a）主题颜色　　　　　　　（b）主题字体　　　　　　　（c）主题效果

图 8-9 主题设置选项列表

（1）颜色：用来设置 PowerPoint 中文字和背景的颜色。

（2）字体：用来设置标题和正文的字体，包括中英文。

（3）效果：即字体的阴影、发光等效果。

（4）背景样式：PowerPoint 2016 提供了多种内置主题，如图 8-10 所示，用户可直接引用。

图 8-10　PowerPoint 2016 内置主题背景样式

另外，可以在幻灯片母版视图中对 PowerPoint 2016 文稿的标题字体、正文字体、颜色、背景、页眉、页脚等重新进行设计，设计完成后保存当前主题，留作以后设计相关 PowerPoint 2016 文稿时使用，以实现 PowerPoint 2016 演示文稿的快速制作。

2. 修改幻灯片版式

修改 PowerPoint 2016 已经创建幻灯片的版式，具体操作步骤如下。

① 单击"开始"→"幻灯片"→"版式"下拉按钮，打开如图 8-11 所示的下拉列表。

图 8-11　"版式"下拉列表

② "版式"下拉列表列出了 PowerPoint 2016 为用户提供的不同版式。用户可以根据自

己需要选择相应的版式。

8.2.4　设置幻灯片背景

设置幻灯片背景的具体操作步骤如下：单击"设计"→"自定义"→"设置背景格式"按钮，打开"设置背景格式"任务窗格，如图 8-12 所示，可设置幻灯片的背景为纯色填充、渐变填充、图片或纹理填充、图案填充、隐藏背景图形等。

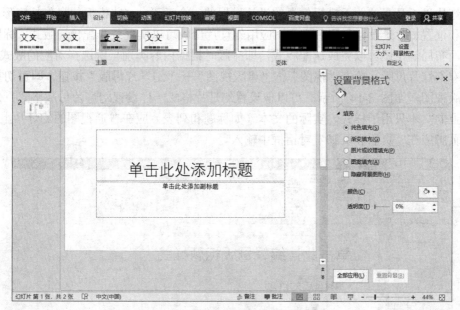

图 8-12　"设置背景格式"任务窗格

8.2.5　幻灯片的段落设置

用户在编辑幻灯片的时候，往往需要对文本内容进行段落设置、行距调整，使内容样式更加好看，具体操作步骤如下。

① 选择需要设置的文本内容，右击，在弹出的快捷菜单中选择"段落"命令。

② 打开"段落"对话框，如图 8-13 所示，可以在"缩进和间距"选项卡"常规"组中选择文本的对齐方式。

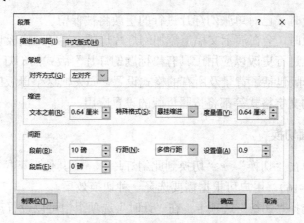

图 8-13　"段落"对话框

③ 可以在"间距"组中设置段前、段后间距，以及行距。

④ 设置完成之后，单击"确定"按钮。

⑤ 还可以选择文本后，单击"开始"→"段落"选项组右下角对话框启动器按钮，打开"段落"对话框，对段落进行设置。

8.2.6　设置幻灯片母版

幻灯片母版是存储关于模板信息的设计模板的一个元素，这些模板信息包括字形、占位符大小和位置、背景设计和配色方案。应用幻灯片母版可以实现统一配色、版式、标题、字体和页面布局等，还可以完成速配版式，即排版时根据内容类别一键选择对应的版式。

查看幻灯片母版，单击"视图"→"母版视图"→"幻灯片母版"按钮，即可切换到幻灯片母版视图，如图 8-14 所示。可以像设置幻灯片格式一样设置幻灯片母版格式；但幻灯片母版上的文本只用于样式，实际的文本（如标题和列表）应在普通视图的幻灯片上输入，页眉和页脚应在"页眉和页脚"对话框中输入。

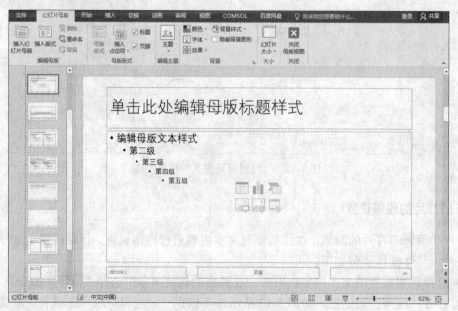

图 8-14　幻灯片母版视图

更改幻灯片母版时，已对单张幻灯片进行的更改将被保留。

在应用设计模板时，会在演示文稿上添加幻灯片母版。通常，模板也包含标题母版，用户可以在标题母版上进行更改以应用于具有"标题幻灯片"版式的幻灯片。

所以，应用于母版包括了背景及所有的格式设置，如果把这个母版应用于幻灯片，不仅是背景，而且所有的文字格式等都将按照母版的设置应用。

8.2.7　幻灯片的页面切换

选择幻灯片，单击"切换"→"切换到此幻灯片"→"其他"下拉按钮（图 8-15），展开切换效果库（图 8-16），用户可根据需要选择一种切换效果。

选择幻灯片，选择"切换"选项卡，在"计时"选项组中可以设置声音及幻灯片的换片方式，如图 8-17 所示。

图 8-15　"切换到此幻灯片"选项组

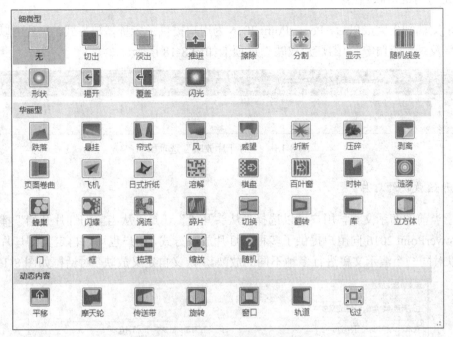

图 8-16　展开幻灯片切换效果库

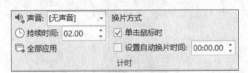

图 8-17　声音及幻灯片换片方式设置

▐例 8.3▌　打开"ppt3-计算机发展简史.pptx"演示文稿文件，为该演示文稿指定一个合适的主题；为第一张幻灯片的副标题、第三张到第六张幻灯片的图片设置动画效果；为第二张幻灯片的 4 个文本框设置超链接，使其链接到相应内容的幻灯片；为所有幻灯片设置多样的切换效果；幻灯片播放全程有背景音乐。设置完成后以"ppt4-计算机发展简史.pptx"命名保存到指定文件夹。

具体操作步骤如下。

① 单击"设计"→"主题"→"其他"下拉按钮，在打开的下拉列表中选择适当的主题样式。

② 选择第一张幻灯片的副标题，单击"动画"→"动画"→"飞入"按钮，单击"动画"→"动画"→"效果选项"下拉按钮，在打开的下拉列表中选择"方向-自底部"命令，即可为第一张幻灯片的副标题设置动画效果。按照同样的方法可为第三张到第六张幻灯片中的图片设置动画效果。

③ 选择第一张幻灯片，单击"切换"→"切换到此幻灯片"→"其他"下拉按钮，在打开

的下拉列表中选择适当的切换效果。按照同样的方法为第二张到第七张幻灯片设置切换方式。

④ 单击"文件"→"另存为"按钮,打开"另存为"窗口,单击"浏览"按钮,打开"另存为"对话框,在"文件名"文本框中输入"ppt4-计算机发展简史"。

⑤ 单击标题栏右侧"关闭"按钮,关闭演示文稿窗口并退出 PowerPoint 2016 程序。

8.2.8　幻灯片的放映

演示文稿制作完成以后,PowerPoint 2016 为用户提供了多种播放方式,并且可以自定义放映类型及录制旁白等。"幻灯片放映"选项卡如图 8-18 所示。

图 8-18　"幻灯片放映"选项卡

1. 开始放映幻灯片

对于当前的演示文稿,用户可以选择"从头开始"还是"从当前幻灯片开始"播放演示文稿。PowerPoint 2016 向用户提供了多种幻灯片放映方式,用户也可以自定义幻灯片放映方式,可以对同一个演示文稿进行多种不同的放映。"定义自定义放映"对话框如图 8-19 所示。

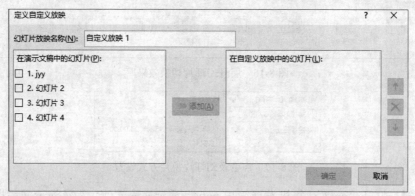

图 8-19　"定义自定义放映"对话框

具体操作步骤如下。

① 单击"幻灯片放映"→开始放映幻灯片"→"自定义幻灯片放映"下拉按钮,在打开的下拉列表中选择"自定义放映"命令,打开"自定义放映"对话框,单击"新建"按钮,打开"定义自定义放映"对话框。

② 输入幻灯片放映名称。

③ 在"在演示文稿中的幻灯片"列表框选择幻灯片,单击"添加"按钮,这时该幻灯片出现在右侧的"在自定义放映中的幻灯片"列表框中。

④ 按照以上步骤,把其余幻灯片添加到"在自定义放映中的幻灯片"列表框中。

⑤ 选择完成后,单击"确定"按钮,返回"自定义放映"对话框。如果需要重新编辑演示文稿,则可单击"编辑"按钮;或单击"删除"按钮,取消之前自定义放映的操作。

⑥ 编辑完成后,单击"放映"按钮。

2. 设置幻灯片放映

单击"幻灯片放映"→"设置"→"设置幻灯片放映"按钮,打开"设置放映方式"对话框,在这里可以进一步设置幻灯片放映方式,如图 8-20 所示。

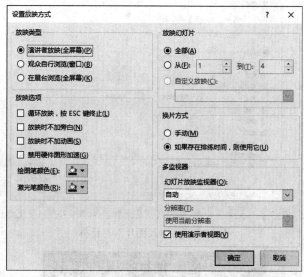

图 8-20　"设置放映方式"对话框

8.3　演示文稿的动画及多媒体效果设计

8.3.1　在幻灯片中插入对象

1. 在幻灯片中插入图片

为了使幻灯片更加生动形象,还可以在其中插入各种图形对象,如图片、剪贴画、自选图形、艺术字、公式、表格、图表、组织结构图等。本节介绍如何在幻灯片中插入图片、表格、图表和组织结构图。

1)插入图片

选择要修改的幻灯片,单击"插入"→"图像"→"图片"按钮,打开"插入图片"对话框,如图 8-21 所示。选择要插入的图片文件,单击"插入"按钮,即将图片插入当前幻灯片中。

2)调整图片大小

粗略调整图片大小可以选择要调整大小的图片,此时图片四周会出现 8 个调整大小的控制点和一个绿色调整角度的控制点,当鼠标指针指向控制点上时会变为双向箭头形状,此时拖动图片控制点即可对图片大小进行粗略设置。

精确设置图片大小可以选择图片,在"图片工具-格式"选项卡"大小"选项组中精确设置图片大小,如图 8-22 所示。

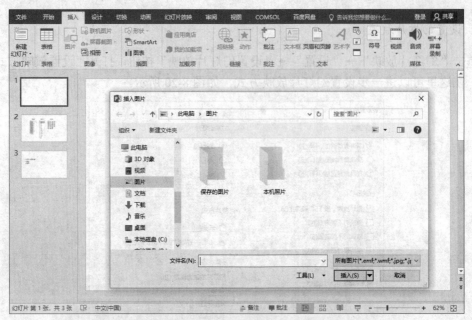

图 8-21 "插入图片"对话框

图 8-22 精确设置图片大小

3）调整图片位置

选择图片，当鼠标指针变为十字箭头形状时，直接拖动图片即可移动图片位置。

4）旋转图片

选择图片，拖动绿色的旋转控制点，即可旋转图片，如图 8-23 所示。

图 8-23 图片旋转控制

5）设置图片的叠放次序

图片的叠放层次影响幻灯片中图片的前后顺序，产生遮盖等效果。设置图片的叠放层次的操作方法如下：选择图片，单击"图片工具-格式"→"排列"→"上移一层"或"下移一层"按钮，即可调整图片的叠放次序，如图 8-24 所示。

2. 在幻灯片中插入形状

单击"插入"→"插图"→"形状"下拉按钮，如图 8-25 所示，在打开的下拉列表中选择需要的形状，单击即可将所需形状插入幻灯片中，根据需要调整形状位置和大小。

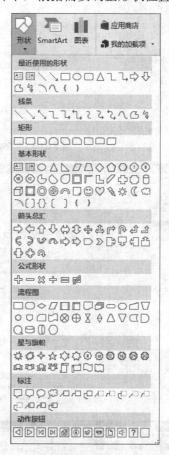

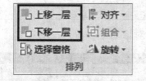

图 8-24　设置图片叠放次序　　　　　图 8-25　插入形状

3. 在幻灯片中插入表格

在 PowerPoint 2016 中制作带有表格的幻灯片有以下两种方法。

方法 1：在创建幻灯片时选择带有"内容"的版式，或修改已有幻灯片的版式，使其成为带"内容"版式的幻灯片。图 8-26 所示为在选择建立"标题与内容"版式的幻灯片中，根据占位符的提示信息，单击"插入表格"按钮，打开"插入表格"对话框，如图 8-27 所示，输入要插入表格的行数和列数，单击"确定"按钮，即在幻灯片中插入表格。

方法 2：在不带有表格占位符的幻灯片中，可以单击"插入"→"表格"→"表格"按钮，在打开的下拉列表中选择相应命令，插入表格，如图 8-28 所示。

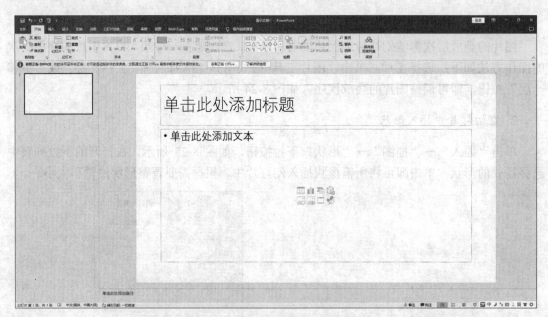

图 8-26 "标题与内容"版式幻灯片

图 8-27 "插入表格"对话框

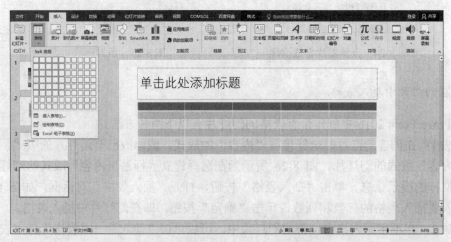

图 8-28 利用"表格"按钮插入表格

无论采用哪种方法插入的表格，其效果是相同的。

利用键盘在表格中移动插入点的操作步骤如下。

① 按 Tab 键：将插入点移动到下一个单元格中。

② 按 Shift+Tab 组合键：将插入点移动到前一个单元格中。

③ 按←（左方向）键：在单元格内插入点向前移动一个字符，在单元格开头时插入点则移到前一个单元格中。

④ 按→（右方向）键：在单元格内插入点向后移动一个字符，在单元格末尾时插入点则移到下一个单元格中。

⑤ 按↑（上方向）键：插入点移动到同列的上一个单元格中。

⑥ 按↓（下方向）键：插入点移动到同列的下一个单元格中。

4. 在幻灯片中插入图表

形象直观的图表与文字数据相比更容易让人理解，在幻灯片中插入图表使幻灯片的显示效果更加清晰。PowerPoint 2016 内置了 Microsoft Graph 图表生成工具，它能提供 18 种不同的图表来满足用户的需要，使制作图表的过程简便而且自动化。

在幻灯片中插入所需的图表，通常是通过在系统提供的样本数据表中输入自己的数据，由系统自动修改与数据相对应的作为样本的图表实现的。

1）利用自动版式建立带图表的幻灯片

如果想制作一张图表幻灯片，在"新建幻灯片"下拉列表中选择一种含有图表占位符的自动版式，如"标题和内容"版式，然后按照提示，单击"插入图表"按钮，打开"插入图表"对话框，如图 8-29 所示，选择要插入图表的类型，单击"确定"按钮，在打开的 Excel 编辑窗口中输入图表数据，如图 8-30 所示，关闭 Excel 窗口，就可以生成相应图表。

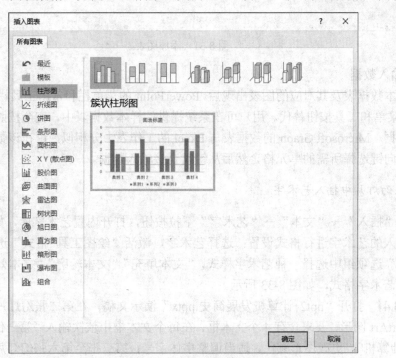

图 8-29　"插入图表"对话框

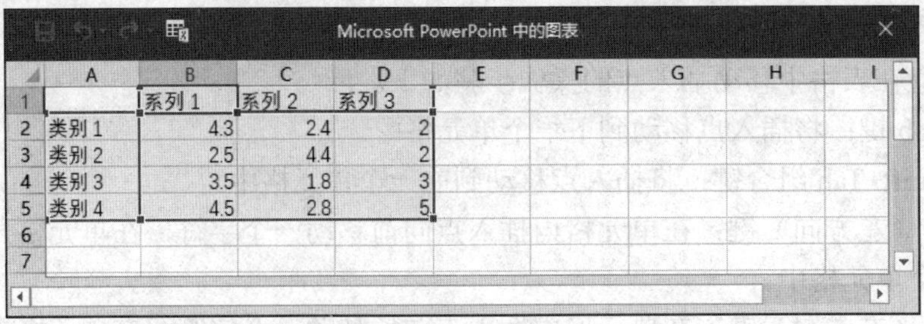

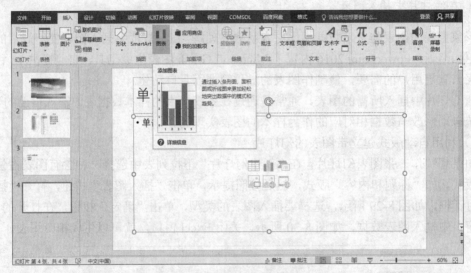

图 8-30　输入图表数据

也可以通过单击"插入"→"插图"→"图表"按钮，如图 8-31 所示，直接插入图表。不论采用上述哪种方法，都可启动 Microsoft Graph，并在当前幻灯片中显示一个样本图表和一个数据表。

图 8-31　添加图表

2）输入数据

当样本数据表及其对应的图表出现后，PowerPoint 的菜单栏和常用工具栏就被 Microsoft Graph 的菜单和工具按钮替代。用户可在系统提供的样本数据表中，完全按照自己的需要重新输入数据。Microsoft Graph 的数据表与 Excel 的工作表十分相似，可在该数据表中用鼠标指针或方向键选择所需的单元格，然后从键盘直接输入数据。

5. 在幻灯片中插入艺术字

单击"插入"→"文本"→"艺术字"下拉按钮，打开内置艺术字库，如图 8-32 所示。

对插入的艺术字进行格式设置：选择艺术字，激活"绘图工具-格式"选项卡，在"艺术字样式"选项组中选择一种艺术字样式，"文本填充""文本轮廓""文本效果"等按钮可用于设置艺术字格式，如图 8-33 所示。

┃例 8.4┃ 打开"ppt2-计算机发展简史.pptx"演示文稿，在第二张幻灯片标题下空白处插入 SmartArt 图形，要求含有 4 个文本框，在每个文本框中依次输入"第一代计算机"……"第四代计算机"，更改图形颜色，适当调整字体字号；第三张至第六张幻灯片，标题内容分别为"ppt-素材.doc"中各段的标题，左侧内容为各段的文字介绍，加项目符号，右侧内容为素材文件夹下存放的相对应的图片；第六张幻灯片插入两张图片（"第四代计算机-1.JPG"在上，"第四代计算机-2.JPG"在下）；第七张幻灯片插入艺术字，内容为"谢谢!"。输入完成后，以"ppt3-计算机发展简史"命名另存到指定文件夹中。

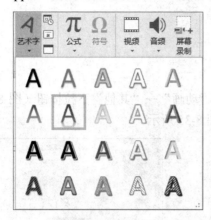

图 8-32　内置艺术字库

图 8-33　艺术字样式

具体操作步骤如下。

① 选择第二张幻灯片，单击"插入"→"插图"→"SmartArt"按钮，打开"选择 SmartArt 图形"对话框，按题目要求，选择"流程"中的"基本流程"选项，单击"确定"按钮。此时默认只有 3 个文本框，选择第三个文本框，单击"SmartArt 工具-设计"→"创建图形"→"添加形状"下拉按钮，在打开的下拉列表中选择"在后面添加形状"命令。

② 在上述 4 个文本框中依次输入"第一代计算机"……"第四代计算机"。

③ 更改图形颜色。选择 SmartArt 图形，单击"SmartArt 工具-设计"→"SmartArt 样式"→"更改颜色"下拉按钮，可以在打开的下拉列表中选择一种颜色，如"彩色-个性色"。

④ 调整上述文本框中的字体字号。选择 SmartArt 图形，单击"开始"→"字体"选项组对话框启动器按钮，打开"字体"对话框，设置"中文字体"为"黑体"，"大小"为"20"，单击"确定"按钮。

⑤ 选择第三张幻灯片，单击"单击此处添加标题"标题占位符，输入文本"第一代计算机：电子管数字计算机（1946-1958 年）"。将"ppt-素材.doc"文档中第一段的文字内容复制到该幻灯片的左侧内容区，选择左侧内容区的文字，单击"开始"→"段落"→"项目符号"按钮，在打开的下拉列表中选择"带填充效果的大方形项目符号"命令。在右侧的文本区域单击"插入"→"图像"→"图片"按钮，打开"插入图片"对话框，从 ppt 素材文件夹中选择图片"第一代计算机.JPG"，单击"插入"按钮即可插入图片。

⑥ 按照上述方法，设置第四张至第六张幻灯片，标题内容分别为"ppt-素材.doc"文档中各段的标题，左侧内容为各段的文字介绍，加项目符号；右侧为 ppt 素材文件夹下存放的对应图片，第六张幻灯片需要插入两张图片（"第四代计算机-1.JPG"在上，"第四代计算机-2.JPG"在下）。

⑦ 插入艺术字。选择第七张幻灯片，单击"插入"→"文本"→"艺术字"下拉按钮，在打开的下拉列表中选择一种样式，此处选择"填充-无，强调文字颜色 2"，输入文字"谢谢!"。

⑧ 选择"文件"→"另存为"命令，打开"另存为"窗口，单击"浏览"按钮，打开

"另存为"对话框，设置保存位置为指定文件夹，文件名为"ppt3-计算机发展简史"，单击"保存"按钮。

8.3.2　幻灯片的动画设置

1. 对象进入效果

1）设置对象飞入效果

选择要设置动画的对象，单击"动画"→"动画"→"其他"下拉按钮（图 8-34），打开动画效果库，选择"进入-轮子"效果，如图 8-35 所示。

动画运用

图 8-34　设置动画效果　　　　　　　　　　图 8-35　动画效果库

2）动画效果选项

选择文本对象，单击"动画"→"动画"→"效果选项"下拉按钮，在打开的下拉列表中选择一种动画效果，如图 8-36 所示。

3）动画持续时间设置

选择对象，在"动画"→"计时"选项组中可修改动画持续时间，如图 8-37 所示。

4）对象的其他进入效果设置

选择对象，单击"动画"→"动画"→"其他"下拉按钮，在打开的下拉列表中选择"更多进入效果"命令，打开"更改进入效果"对话框，如图 8-38 所示，在此可进一步设置动画效果。

图 8-36　"效果选项"下拉列表　　图 8-37　设置动画持续时间　　图 8-38　"更改进入效果"对话框

5）动画声音设置

选择对象，单击"动画"→"高级动画"→"动画窗格"按钮，打开"动画窗格"任务窗格，选择要设置的对象，单击右侧的下拉按钮，在打开的下拉列表（图 8-39）中选择"效果选项"命令，打开"轮子"对话框，设置相关动画效果，如图 8-40 所示。

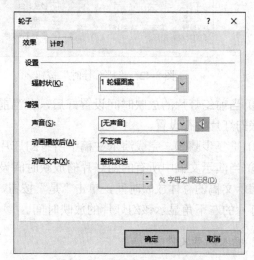

图 8-39　"动画窗格"任务窗格　　　　　图 8-40　设置相关动画效果

2. 设置动画播放顺序

首先为各个对象设置好入场动画，选择对象，单击"动画"→"计时"→"开始"下拉按钮，打开的下拉列表中有"单击时""与上一动画同时""上一动画之后" 3 个命令，如图 8-41 所示。

（1）单击时：单击鼠标后开始动画。

（2）与上一动画同时：与上一个动画同时呈现。

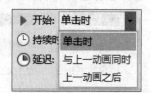

图 8-41　设置动画开始方式

（3）上一动画之后：上一个动画出现后自动呈现。

3. 删除动画

选择设置动画的对象，单击"动画"→"高级动画"→"动画窗格"按钮，打开"动画窗格"任务窗格，单击所选对象右侧的下拉按钮，在打开的下拉列表中选择"删除"命令，即可删除动画。

8.3.3　添加多媒体效果

1. 排练计时

PowerPoint 2016 演示文稿存在的目的主要是协助演示，"排练计时"功能可以帮助设定自动切换时间。如果希望幻灯片自动放映，首先要知道什么时候切换下一张幻灯片，而演示时间往往很难把握，利用"排练计时"功能，可以预先演示一遍幻灯片，并将每张幻灯片所用的时间记录下来，方便后期灵活调整时间的分配。

具体操作步骤如下。

① 单击"幻灯片放映"→"设置"→"排练计时"按钮，如图 8-42 所示。

② 幻灯片放映后，将会自动进入放映排练状态，其左上角将显示"录制"工具栏，并显示预演时间，如图 8-43 所示。

图 8-42　"排练计时"按钮　　　　　图 8-43　"录制"工具栏

③ 当前幻灯片的放映时间设置好后，在当前幻灯片上单击，切换到下一张幻灯片，对下一张幻灯片进行设置。

④ 重复步骤③，完成演示文稿中所有幻灯片的放映时间设置。

⑤ 当演示文稿中所有的幻灯片的放映时间设置完成后，打开"排练计时确认"对话框，确认演示文稿的总体放映时间，单击"是"按钮，保存设置，此时会在幻灯片浏览视图中每张幻灯片的左下角显示该幻灯片的放映时间。

2. 插入影音文件

除了插入各种图形对象外，还可以在幻灯片中插入影片和声音。单击"插入"→"媒体"→"视频"或"音频"按钮，如图 8-44 所示，PowerPoint 2016 会打开剪辑库或相应的对话框，选择已有的视频或音频文件，即可以在 PowerPoint 2016 中插入各种影片和声音。

图 8-44　在幻灯片中插入影片和声音

注　意

插入幻灯片中的影片或声音文件只是采用简单的链接方式，并不会增加演示文稿文件的大小。

插入幻灯片的视频影片将以图形对象的方式出现，用户可以像改变图片大小一样改变视频窗口的大小和位置，单击视频窗口即可播放该视频文件。同样，幻灯片的声音或 CD 乐曲也将以图标的方式出现；播放幻灯片时单击相应的图标即可播放音乐，再次单击可以暂停播放。

8.3.4　幻灯片的美化修饰

1. PowerPoint 的设计原则

设计原则

1）统一原则

统一原则是指幻灯片结构清晰，风格一致，包括统一的配色、文字格式、图形使用的方式和位置等，在幻灯片中形成一致的风格。

当然，统一并不是绝对的，如果幻灯片从第一张到最后一张都是同一种风格，就会缺失个性，因此，统一是相对的。同系列、同种产品、相同观点应做到一致，封面、封尾、中间不同的产品，可以变化不同的风格。

一致的风格需要做到三统一：内容统一、格式统一和动画统一。

2）强调重点原则

强调重点是幻灯片内容设计的核心原则。在设计幻灯片时，要谨记：每张幻灯片都要有鲜明的观点，重点要突出。

幻灯片中的文字应该是纲要性的，因此等于一个章节，只有章节和标题才可以体现明确的观点和重点。

总之，制作幻灯片一定要考虑观众的感受，学会换位思考，从而达到重点突出的效果。

3）形象生动原则

形象生动原则的特点在于简短、简洁，便于向观众传递信息，辅助记忆，让观众有效接收幻灯片的观点和重点。在设计幻灯片时，如果文字量非常大，是不方便观众接受信息的，只有把幻灯片做得简洁，观点才能更加明确和突出。须知相比冷冰冰的文字，人们更愿意看到形象生动的事物，这也是 Excel 中把表单信息转化成图表的原因。

在 PowerPoint 2016 的设计中，为了避免在文稿中过多使用文字，需要牢记多用图型代替文字和多使用图表两条锦囊妙计。

4）多用图型说话

用图型代替文字。这里的"图型"是指图形和模型。图形和模型的配合本身已经表达了幻灯片的观点，也就没有必要再写多余的文字，自然就减少了文字的使用。图型的优势包括表达文字内容、减少冗余文字、表现力强、形象生动 4 个方面。

5）多用图表说话

在进行幻灯片制作时，要想做到形象生动，除了多用图型，还要多用图表说话。图表有直观、表现力强、便于记忆、形象生动的优点，是其他工具无法取代的。

在幻灯片制作中，把结果转化成结论的最好方式就是把文字数据转化成图表。图表的优势与图形很像，区别在于图表本身就形象生动，数据不用通过文字表达，而是通过柱图、饼图、折线图直观地表示。

2. PowerPoint 色彩搭配

1）演示文稿颜色的选择

红色：给人以兴奋、激情、温暖、新鲜的感觉，也可以给眼睛带来较强的刺激，但是也较容易造成精神上疲劳。因为红色是火焰和血液的颜色，人们也常常把红色看成警告、暴力或灾难的象征。

黄色：有鲜明、轻快、辉煌、华贵的特点，但饱和度不足的黄色容易给人带来晦涩、肮脏、平淡、乏味的感觉。

蓝色：是天空和海洋的颜色，有清澈、透明、深远、宽广、神秘的特点，但过于阴暗的蓝色也容易让人感到寒冷、恐怖、茫然或抑郁。

绿色：是生命的象征，有活泼、平和、动感、明亮的特点，但在恐怖片等特殊的场合里，绿色往往是魔鬼、妖怪身上常见的颜色。

橙色：有华丽、健康、快乐、动人的特点，其色感有时比红色还温暖。但是大面积的橙色也非常容易引起人的视觉疲劳。

紫色：是高贵、优雅、神圣、浪漫的颜色，但比较灰暗的紫色也往往代表忧郁、不安、伤痛和疾病。

棕色：是土的颜色，象征浑厚、博大、坚实、稳定，但是也容易让人产生肮脏、保守、陈旧的心理感觉。

白色：有明亮、干净、素朴、典雅的特点。但不同文化业赋予了白色不同的内涵。例如，西方结婚时穿戴的婚纱和东方丧葬时穿戴的孝衣都选择以白色为主色调。

灰色：可以给人陈旧、衰败、平淡、乏味的感觉，但也可以营造出精致、现代、含蓄、典雅的氛围。

黑色：既可以代表阴森、恐怖、悲痛或苦恼，又可以象征安静、沉思、严肃或庄严。

2）演示文稿颜色的搭配

蓝色背景：蓝色是最常用的商务色，蓝色背景的幻灯片稳重、大方，也不缺乏活力。深蓝色的底色最适宜与白色、黄色、浅蓝色的前景对象搭配。

红色背景：红色背景的幻灯片，饱和、温暖，容易调动观众的情绪，较常用的红色背景是枣红、铁锈红等偏深的红色，这样的背景可以与白色、黄色、橙黄色、浅棕色的前景对象搭配。

绿色背景：绿色容易与蓝色、紫色混淆，与红色搭配时也容易造成过于强烈的视觉刺激，所以，使用绿色背景的幻灯片时，前景的颜色最好是白色、黄色或棕色。

紫色背景：紫色可以营造浪漫的效果，但不太容易与其他颜色搭配。使用紫色背景最好安排浅紫色或白色的前景对象，如果要强调视觉对比，也可以使用黄色、橙黄色或黄绿色的前景。

黄色背景：黄色鲜明、整洁，在黄色背景上，可以使用蓝色、紫色的前景作为对比，也可以使用黑色、深灰色等中性色降低黄色的视觉冲击力。

棕色背景：棕色稳定、和谐，容易与其他颜色搭配使用。棕色本身的变化也非常丰富，单纯地使用不同饱和度，不同明亮度的棕色足以设计出完整的幻灯片。

　　灰色背景：使用灰色、黑色的中性色作为背景，可以使幻灯片看上去充满现代气息，这样的背景，可以搭配各种颜色。

　　白色背景：白色是简洁、素雅的代名词，在大面积白色的衬托下，任何颜色的前景对象都不会特别难看。

　　3）演示文稿颜色的注意事项

　　（1）要悦目，不要堆积色彩。

　　（2）不要超过 3 个色系。

　　（3）色的关系：暗室演示宜采用深色背景（深蓝、灰等）配白或浅色文字；明亮房间演示宜采用浅色背景配深色文字，视觉效果会更好

　　（4）避免过于接近的颜色

　　（5）避免刺眼的颜色

　　（6）常用文字颜色组合

3. PowerPoint 2016 文字排版技巧

PowerPoint 2016 文字排版要牢记如下原则。

（1）文字尽量简洁、易懂。

（2）10 行/页，20 字/行（接近）。

（3）字体清晰，标题（44 磅）内容（24～36 磅）。

（4）最少两种颜色，最多 4 种颜色。

（5）图比字好，图文并茂。

（6）适当留白，不能填充太满。

文字排版

思考与练习

选择题

1. 演示文稿保存以后，默认的文件扩展名是_____。

　　A. .pptx　　　　　　　　B. .exe　　　　　　　　C. .bat　　　　　　　　D. .bmp

2. 幻灯片中占位符的作用是_____。

　　A. 表示文本长度　　　　　　　　B. 限制插入对象的数量

　　C. 表示图形大小　　　　　　　　D. 为文本、图形预留位置

3. 幻灯片上可以插入_____多媒体信息。

　　A. 声音、音乐和图片　　　　　　B. 声音和影片

　　C. 声音和动画　　　　　　　　　D. 剪贴画、图片、声音和影片

4. "超级链接"命令可_____。

　　A. 实现幻灯片之间的跳转　　　　B. 实现演示文稿幻灯片的移动

　　C. 中断幻灯片的放映　　　　　　D. 在演示文稿中插入幻灯片

5. 如果要播放演示文稿，可以使用_____。

　　A. 幻灯片视图　　　　　　　　　B. 大纲视图

　　C. 幻灯片浏览视图　　　　　　　D. 幻灯片放映视图

6. 要在选择的幻灯片版式中输入文字，可以_____。

    A. 直接输入文字

    B. 先单击占位符，然后输入文字

    C. 先删除占位符中系统显示的文字，然后输入文字

    D. 先删除占位符，然后输入文字

7. 在演示文稿中，超级链接所链接的目标，不能是_____。

    A. 另一个演示文稿   B. 同一演示文稿的某一张幻灯片

    C. 其他应用程序的文档   D. 幻灯片中的某个对象

8. 下列各项中，不能控制幻灯片外观一致的是_____。

    A. 母版   B. 模板   C. 背景   D. 幻灯片视图

9. 按_____键可以选择多张不连续的幻灯片。

    A. Shift   B. Ctrl   C. Alt   D. Ctrl+Shift

10. 按_____键可以启动幻灯片放映。

    A. Enter   B. F5   C. F6   D. 空格

参 考 文 献

褚华, 2014. 软件设计师教程[M]. 4 版. 北京: 清华大学出版社.

黄纯国, 习海旭, 殷常鸿, 等, 2016. 多媒体技术与应用[M]. 2 版. 北京: 清华大学出版社.

黄建波, 2017. 一本书读懂物联网[M]. 2 版. 北京: 清华大学出版社.

郎波, 2016. Java 语言程序设计[M]. 3 版. 北京: 清华大学出版社.

李泽年, 马克·S.德鲁, 刘江川, 2019. 多媒体技术教程[M]. 于俊清, 胡海苗, 韦世奎, 等译. 2 版. 北京: 机械工业出版社.

神龙工作室, 2018. PPT 2016 幻灯片设计与制作从入门到精通[M]. 3 版. 北京: 人民邮电出版社.

王爱民, 2007. 多媒体技术与应用教材[M]. 北京: 中国水利水电出版社.

王良明, 2019. 云计算通俗讲义[M]. 3 版. 北京: 电子工业出版社.

谢希仁, 2017. 计算机网络[M]. 7 版. 北京: 电子工业出版社.

赵延博, 2018. Microsoft PowerPoint 2016 从入门到精通[M]. 3 版. 北京: 北京师范大学出版社.